曆算全書

五

〔清〕梅文鼎 撰　高峰 點校

中華書局

本册目録

筆算

籌算

度算釋例

兼濟堂纂刻梅勿菴先生曆算全書

筆　算〔一〕

〔一〕是書勿庵曆算書目算學類著録爲勿菴筆算五卷，爲中西算學通初編第二種。初稿約於康熙十九年作於南京，有蔡璿序。是年蔡璿在南京觀行堂刊行梅文鼎算學著作，結集中西算學通初集，刻完序例一卷、籌算七卷後，本欲繼之以筆算等書，因事中輟。康熙三十二年，梅文鼎定稿於天津。康熙四十五年，直隸守道金世揚捐貲刻於保定。康熙五十四年，魯之裕赴宣城拜訪梅文鼎，受梅氏之托，重鏤是書。魯之裕式馨堂文集卷八有梅勿庵筆算序一文，述此事甚確，而魯之裕刻本今未得見。梅毂成兼濟堂曆算全書刊謬引指出康熙五十六年前後，梅文鼎在安徽布政使年希堯南京官署，年氏曾組織刊刻梅氏曆算著述，刻有筆算、方程論等數種。當時魯之裕亦在年氏官署，魯氏所謂鏤板，可能指的是康熙五十六年前後年氏在南京組織的刊刻活動。其梅勿庵筆算序，也可能撰於此時。不過，年氏刻本今亦未見，具體情況不能詳述。曆算全書本據金氏康熙刻本收録，四庫本收入卷三十四至三十八。梅氏叢書輯要收入卷一至卷五，於卷五"開平方法"下增"開帶縱平方捷法"一目，書末附方田通法、古算器攷二種。另外，乾隆四年，真寧范錫彖將此書與李光地曆象本要合爲一帙，以曆算合要（中國科學院自然科學史研究所李儼圖書館藏）爲名，刊於北京國子監。道光十年，陝西朝邑李元春、劉際清輯刊青照堂叢書，將此書收入次編中，題作梅氏筆算。另有算式集要（中國科學院自然科學史研究所李儼圖書館藏）三種本，題作梅氏筆算須知，卷末附方田通法、古算器攷，底本爲梅氏叢書輯要本。

筆算自序

或問："筆算，西人之法耳，子何規規焉？"曰："非也。自圖、書啓而文字興，參兩倚數，畢天下之能事。六書九數，皆原於易，非二事也。古人算具以籌策，縱横布列，略如筮法之掛扐。其字象形爲疏，是故其縱立者一而一，其上横者一而五。珠盤之位，實此權輿。夫用蓍在立卦之後，則籌策之算必不在文字先矣。是故籌策之未立，形聲點畫自足以用；而籌策之所得，又將紀之簡策，以詔方來。書與數之相須，較然明也。近數百年間，再變而爲珠盤，踵事生新，以趨簡易。然觀九章中盈朒、方程，必列副位，厥用仍資筆札，其源流不可想見與！故謂筆算爲西人獨智者，非也。"

曰："今所傳同文算指、西鏡録等書，亦唐九執曆、元明間回回土盤之遺耳，與中算固各有本末矣。"曰："是則然矣，然安知九執以前，不更有始之始者乎？西人之言曆也，自多禄某以來，二千年屢變而密。溯而上之，亦不能言其始於何人。其爲算也，亦若是已矣。夫古者聖人聲教洋溢，無所不通。南車記里之規，隨重譯而四達，我則失之，彼則存之。烏乎！識其然？烏乎！識其不然耶？且夫治理者以理爲歸，治數者以數爲斷，數與理協，中西匪殊，是故禮可以求諸野，官可以問諸郯，必以其西也而擯之，取善之道不如是隘也。況求之於古，抑實有相通之故乎？”

曰：“然則子何以易衡而直？”曰：“旁行者，西國之書也。天方國字自右而左，歐邏巴字自左而右，皆衡列爲行，彼中文字盡然也。彼之文字既衡，故筆算亦横，取其便於彼用耳，非求異於我也。吾之文字既直，故筆算宜直，亦取其便於用耳，非矜勝於彼也，又何惑焉？”

問者以爲然，遂書其語爲序。

康熙癸酉二月初吉，宣城梅文鼎撰。

發　凡

筆算之便與籌算同，然籌仍資筆，而筆則無假於籌，於文人之用尤便。〔筆算無歌括，最便學習，又無妨酬應，久可覆核，皆與籌算同。詳籌算書。〕

筆算易横爲直，以便中土，蓋直下而書者，中土聖人之舊，而吾人所習也，與籌算易直爲横，其理正同。

筆乘原法，以法實相疊，殊混人目。今所更定者，一縱一横，法實各居其所，而縱衡相遇處，得數生焉。不惟便用而已，其所以然之理，亦按圖可知。

筆除原法，得數與原實相離，定位易淆。今所更定者，法實與得數兩兩相對，算理井然，定位尤簡。〔所謂原法者，並據同文算指，乃西士〔一〕之舊式，利西泰所授，而李水部之藻所刻也。厥後有西鏡録等書，稍稍講明定位之用，蓋亦酌取中法而爲之，然於古人"實如法而一"之旨，似猶有隔。玆以法上得零之訣定之，庶令學者一望而知。所冀高賢有以教之，幸甚。〕

〔一〕西士，四庫本作"西土"。

筆算目録

筆算卷一

宣城梅文鼎定九著〔一〕

柏鄉魏荔彤念庭輯　男　乾斅一元

士敏仲文

士説崇寛同校正

錫山後學楊作枚學山訂補

列位法

數始於一，究於九，畢於十，十則又復爲一矣。等而上之，爲百爲千爲萬，乃至兆億，皆得名之爲一，即皆得名之爲二、三、四、五、六、七、八、九，故必先稽其位而列之。併減乘除，以此爲基，非是則算無可施矣。法具如後。〔以一位言之，有自一至九之名，此如同輩之有長幼。合上下之位言之，有單十百千萬之等，此如己身而上有高曾祖父，己身而下又有子孫雲仍，故單以下復有畸零之位也。〕

列位式

萬　千　百　十　零

〔此姑以五位爲式，位有多寡，皆以零數爲根，零亦曰單。〕

〔一〕二年本此後有“男以燕正謀參　孫瑴成玉汝 / 玕成肩琳”十五字，底本挖剷。

假如有數二萬四千七百五十九，依法列之：

二　四　七　五　九

〔凡列數，以最下小數爲單，單上有一位共二位，即是十數，有三位是百，有四位是千，有五位是萬。不必更書十百千萬等字，但稽其有若干位，即得之矣。〕

又如有數四千〇九十六，依法列之：

四　〇　九　六

〔凡數大小相乘〔一〕，中有空者，必作"〇"以存其位。如此式有千有十有單而無百，故於百作"〇"以存其位。〕

又如有數一萬〇八百：

一　〇　八　〇　〇

〔凡數以單位爲根，今此數無千無十而併無單，故必補作三"〇"以成五位，則知首位是一萬矣。〕

又如有數一十二萬九千六百〔二〕：

一　二　九　六　〇　〇

〔原數四位無空，然無十無單，故必補作兩空以成六位，則知首位爲十萬。〕

畸零列位式

凡整數自單而陞，若畸零數則自單而析。故單位者，數之根也。然整數之陞，以十爲等，自單而十而百而千而

〔一〕相乘，曆象合要本作"相承"，近是。

〔二〕此例輯要本删。

萬，皆一法也。〔萬以上，有以十萬爲億，十億爲兆，十兆爲京。自此而垓而秭、壤、溝、澗、正、載，皆以十而變，謂之小數。有以萬萬爲億，億億爲兆，兆兆爲京，以上盡然，皆以自乘而變，謂之大數。今所用者，以萬萬爲億，萬億爲兆，萬兆爲京，以上盡然，皆以萬而變，謂之中數。三者不同，然其列位皆以十爲等，故曰一法也。〕若畸零之式，其故多端，約而言之，亦只二法。其一以十爲等，其一不以十爲等，而各以其所立之率爲等。是二法者又各分二類，列之各有其法。〔詳後。〕

其一以十爲等，分二類。

假如錢糧科則，每田一畝該五分九釐八毫六絲七忽九微三纖四沙八塵九埃二渺一漠。

依法列之：

〇〇五九八六七九三四八九二一

兩錢分釐毫絲忽微纖沙塵埃渺漠

〔右式今所通用，自兩而下，以十之一爲錢，又以錢十之一爲分，分十之一爲釐。如是遞析，爲毫，爲絲、忽，以至渺、漠，皆以十爲等。〕

〔原科則自分起，以至渺、漠，計十二位。今加兩"〇"爲十四位者，乃列位之法也。何也？分之上有錢，錢之上有兩，兩爲單數。凡列畸零之數，必以單數爲根，始便合總。故兩數雖空，必存其位也。〕

凡度法，以丈爲單數，則其十之一爲尺，又十析之，爲寸爲分，爲釐、毫、絲、忽之屬。〔亦有以尺爲單，以寸爲單者，皆如所設。〕

凡量法，以石爲單數，則其十之一爲斗，又十析之，爲升爲合爲勺之屬。〔亦有以斗爲單數者，皆如所設命之。〕法並同上。

右法以十爲等，即以一位爲一名，如上位是兩，下一位即是錢，此爲一類。

假如授時曆法每一平朔二十九日五十三刻零五分九十三秒。依法列之：

二九五三〇五九三

十日十刻十分十秒

〔右式日爲單數，而以日百析之爲刻，又百析之爲分，又百析之爲秒。故列位時必作點以誌之，使知日下二位始爲單刻。由是而分而秒，皆隔兩位而變其名，然仍是以十爲等。〕

〔凡作點必單位，如日爲單位，下又有單刻、單分、單秒之屬。〕

凡開平方，尺有百寸，寸有百分，其法同上。

凡開立方，尺有千寸，寸有千分，則三位而變，即隔三位作點以誌之，法亦同上。

右法雖亦皆以十爲等，而不以一位爲一名，或隔兩位，或隔三位。

前法只尋單位，即知其餘；此法單位之下，仍須各尋單位。蓋前法之分秒只有單，而此法分秒各有十有百，故必以作點之處知其爲單分單秒，是與前法微别，爲又一類也。

其一不以十爲等，而各以其所設之率爲等，亦分二類。

假如回回曆法以六十分爲一度，六十秒爲一分，太陽三十日平行二十九度三十四分一十秒，作何排列？

二九三四一〇

十度十分十秒

〔右以度爲單數，下兩位爲分，又下兩位爲秒，故作點誌之，略同授時。然皆以六十而進，非以百也。〕

〔其自秒以下，爲微、纖等數，凡在授時以百爲數者，回回之法皆以六十爲之。是雖不以十爲等，而所設六十之率，鉅細同法。西洋法亦然。〕

又如古量有以四升爲豆，四豆爲區，四區爲釜，皆以四爲率。

又如楊子雲太玄以三方統九州二十七部八十一家，其遞析也皆以三。

又如測量家以矩度分十二度，每一度又分十二分，是又以十二爲率也。

右諸率皆不用十，而所用之率屢析不易，是爲一類。

假如物重十六兩爲一斤，二十四銖爲一兩。今有物二斤四兩半，作何排列？

二〇四一二
斤十兩十銖

〔此以斤爲單數，斤下二位爲兩，又下二位爲銖。銖與兩皆斤之分秒也，故作點誌之，亦同前法。但銖以二十四爲率，兩以十六爲率，二率不同。〕

又如曆家以甲子六十爲旬周，每日十二時又分初正，〔西曆謂之二十四小時。〕每各四刻，每刻有十五分。今依新法，算得辛未年冬至爲旬周之第五十日二十二時二刻七分，依法列之：

五〇二二二〇七
十日十時刻十分

〔此以日爲單數，下二位析日爲時，又下一位析時爲刻，又下兩位析刻爲分,皆日下之畸零也。然時之率二十四,刻之率四,分之率十五,各率不同,所當細翫。]

右法既不以十爲等,而所用之率又不齊同,是又一類也。〔此二類不以十分爲率,而各有其率,即通分子母之法也。但通分以子母並列,又是一法,别卷詳之。]

併 法

凡數合總,法當用併。有諸數於此,併而合之爲一總數,又名垛積,即珠盤之上法也。〔數相併則相益而多,故亦名加法。在錢穀之用,則所以稽總撒。]

法曰:置所有散數幾宗,各依列位法,自上而下,對位列之,萬千百十單,各以類從。〔單下有畸零,亦以類附。]

列訖,乃併之,自上而下,如畫卦之法。

數滿十者,進位作號,而本位紀其零。

紀號式

丨 〢 〣 〤 〥 〦 〧 〨 〩

〔此古算位也,用以别原數,便稽核也。]

假如有絲八百九十二斤,又一千〇八十八斤,又三百五十斤,合之,若干?

總數	數	散		
二		一		丨
三	三	○	八	‖
三	五	八	九	丨
○	○	八	二	

如上式，散數三宗，依法列位，併之，得總數二千三百三十斤。

假如有絹四丈五尺六寸，又五丈○三寸，又八丈五尺，合之，若干？

總數	數	散		
一				丨
八	八	五	四	丨
○	五	○	五	
九	○	三	六	

此數有丈，又有尺有寸，是帶有畸零也。

依法併之，得總數十八丈零九寸。

九減試法

第一圖

二		一	
三	三	○	八
三	五	八	九
○	○	八	二

八｜八

〔凡九減之法，不論單十百千之位，亦不計〇位，只據現有之數而合計之。〕

〔先減散數，首行八、九、二合得十九，減去二九餘一。以合次行一、八、八，共得十八，減去二九恰盡。只餘三行三、五，合成八數，紀於右。〕

〔次減總數二、三、三，合得八數，紀於左。左右相同，知其不誤。〕

第二圖

一			
八	八	五	四
〇	五	〇	五
九	〇	三	六

〇	〇

〔第二圖先減散數，首行四、五成九，減去餘六。合次行三成九，減去餘五。合三行八、五共十八，成二九，減盡，紀〇於右。〕

〔次以總數一、八、九成二九，減盡，紀〇於左。左右相同，知其無誤。〕

〔或問：九減不計上下之位，何也？曰：此捷法也。凡九減者數不變，假如以九減一十，則仍餘一，減二十則仍餘二，推之百千萬亦然，故不論位。〕

七減試法

第一圖

二		一	
三	三	〇	八
三	五	八	九
〇	〇	八	二

六	六

〔凡七減，與九減不同，須論位，減實數。〕

〔第一圖先減散數，自上而下，頭一排只有一，作一十算。合第二排八、三得十一，共二十一。以七減之，盡。第三排九、八、五合得二十二，以七減之餘一，作一十。合第四排八、二得十，共得二十，以七減之餘六，紀於右。〕

〔次減總數，亦自上起。首位無七有二，合第二位作二十三，以七減之餘二。又合第三位作二十三，以七減之餘二。合末位〇作二十，減二七餘六，紀於左。左右相同，不誤。〕

第二圖

一			
八	八	五	四
〇	五	〇	五
九	〇	三	六

三｜三

〔第二圖先減散數，頭一排四、五、八合十七，以七減之餘三，作三十。合第二排兩個五成十，共四十，以七減之餘五，作五十。合下六、三成九，共五十九，以七減之餘三，紀右。〕

〔次減總數，首兩位十八，以七減之餘四。合第三位〇作四十，以七減之餘五，作五十。合下位九共五十九，以七減之餘三，紀左。左右相同，不誤。〕

畸零併法

假如有物十斤四兩十二銖，又九斤十一兩十二銖，共若干？

答曰：二十斤。

十	二		一
斤	〇、	九、	〇、
十	〇	一	〇
兩	〇、	一、	四、
十	〇	一	一
銖	〇、	二、	二、

〔銖數併得廿四，成一兩，進位。併原數共十六兩，成斤，進位。併原數十九斤，共廿斤。銖率廿四，兩率十六，不同，故以點隔之。〕

〔凡率不同，難用九減、七減，只以減法還原。其法於總數内減原散數一宗，其餘一宗必合減餘，是爲無誤。減法見後，詳通分。〕

假如品官計俸，原歷任過三年〇九個月，今又歷任一年十一個月，共若干？

答曰：共歷任五年〇八個月。

五、	一、	三、
〇	一	〇
八、	一、	九、

〔先併月得二十，再以十二個月成一年，進位紀號，餘八個月。次併一年、三年，加所進一年，共五年，併得五年〇八個月。此因月法十二，非以滿十而進，故以點隔之。此亦非滿十而進，不用九減、七減，只以減法還原。〕

遞加法

假如授時曆歲實三百六十五日二十四刻二十五分，

兩次加氣策一十五日二十一刻八十四分三十七秒五十微，共若干？

答曰：三百九十五日六十七刻九十三分七十五秒。

三	加又	百	三	加	三
九	一	十	八	一	六丨
五	五、	日	〇、	五、	五、
六	二	十	四	二	二
七	一、	刻	六、	一、	四、丨
九	八丨	十	〇	八	二
三	四、	分	九、	四、	五、
七	三丨	十	三	三	〇
五	七、丨	秒	七、	七、	〇、
〇	五	十	五	五	〇
〇	〇、	微	〇、	〇、	〇、

〔百刻成日，百分成刻，百秒成分，百微成秒，故隔位作點。〕

〔雖隔位，皆滿十進，可用試法。〕

〇|〇　　〇|〇

〔先用九減，散數及總數俱無餘，知其不誤。〕

〔再用七減，散數、總數亦俱減盡，知其不誤。〕

〇|〇　　〇|〇

〔九減，散數、總數俱無餘，不誤。〕

〔七減，亦俱盡，無誤。〕

此遞併法，借前總數當散數用之，如此則可以層累而加。

〔前條三百八十〇日四十六刻奇，是從歲前冬至算至本年小寒。此

條三百九十五日六十八刻弱,是又算至本年大寒。〕

截小總法〔凡併法頭項太多者,截分小總則易清,乃垛積之捷法。〕

假如河工一十二宗,一宗[一]〔五千〇十四工〕,又〔三千三百工〕,又〔八百九十一工〕,又〔二千〇九十工〕,又〔九百〇九工〕,又〔一千〇八十工〕,又〔二千〇二十工〕,又〔九十一工〕,又〔六百六十七工〕,又〔四千七百工〕,又〔七百三十工〕,又〔八十二工〕,問:共數。

答曰:二萬一千五百七十四工。

法曰:〔先以河工十二宗任分爲三段,依法併之,各成小總。再合各小總,依法併之,爲一大總,合問。〕

一				丨
一	二		三	五丨
二	〇	八	三	〇丨
九	九	九	〇	一
五	〇	一	〇	四

四		二	一	丨
一		〇	〇	九‖
〇	九	二	八	〇丨
〇	一	〇	〇	九

六	‖		四	
一	丨	七	七	六
七	八	三	〇	六
九	二	〇	〇	七

萬	二			一丨
千	一	六	四	一
百	五	一	一	二丨
十	七	七	〇	九丨
工	四	九	〇	五

〔或有極多至百十宗者,宜多分小總。小總又併爲小總,末乃併爲一大總。變繁爲簡,最便覆核。〕

〔一〕宗,原作"工",據輯要本改。

減　法

凡數相較，法當用減。有兩數於此以相減，則得其大小之較也。有全數於此，減其所去，則得其留餘之數也。

〔在錢穀之用，則減爲開除，減餘爲實在。若收受，則所減爲已完，減餘爲未完。其法與併法正相對，其用亦相需也。〕

法曰：置原數於右，置減數於左，依列位法，自上而下，對位列之。〔若兩數相較，則以大數列右，以當原數，小數列左爲減數。〕乃以兩數相較，以少減多。〔原數必多，減數必少。若原數反少，則有轉減。〕減訖，列減餘之數於左行。

凡減自下小數起，本位無可減，借上位一數，化十而減之，則於上位作點以爲誌。〔還原時，即用此點爲進位之誌。或不用點，用短直亦同。〕

假如有庫銀十萬兩，支放過五萬九千五百〇三兩，問：存庫若干？

答曰：四萬〇四百九十七兩。

存留	支放	原銀
		一
四	五	丨〇
〇	九	丨〇
四	五	丨〇
九	〇	丨〇
七	三	〇

〔此因原數萬以下俱空,故皆用借十作點之法。自最下兩位起,兩位空,作點於上位借十兩,減三存七。支數原無十兩,因借減之點宜減十兩,而十兩亦空,復作點於上位借一百,内減一十存九十。支數五百,加借點共六百,亦作點借一千,減六百存四百。支數九千,湊借點成一萬,作點於萬位,湊原支五萬共六萬。又作點於首位借十萬,減六萬存四萬。〕

還原用併法,〔即借用本圖。〕從兩位起,以支放三兩併存留七兩,得十兩,作點於十兩位。湊存留九十兩成一百兩,又作點於百兩位。湊支放五百、存留四百,併得一千,作點於千位。湊支放九千成一萬,作點於萬位。湊支放五萬、存留四萬,共成十萬,作點於首位。至此,存留、支放俱無可輳,淨十萬兩,作一十萬字於原銀位,合總無差。

遞減法

假如有應進貢貂皮一千五百張,收過九百〇五張,次年補收四百九十五張,仍欠若干?

答曰:一百張。

仍欠	續收	欠	收	原額
		〇		|一
一	四	五	九	|五
〇	九	九	〇	|〇
〇	五	五	五	〇

〔以頭一次九百〇五張依法減原額一千五百張,得減餘五百九十五張,爲欠數。〕

〔次以補收四百九十五張減欠數五百九十五張，得減餘一百張，爲仍欠數。〕

〔因兩次遞減，亦減兩次試之。〕

〔九減試法：〕

一│一　六│六

〔七減試法：〕

〇│〇　二│二

〔先以原額減餘數列右，合收、欠、減餘數列左。〕

〔次以欠數取減餘列右，合續收、仍欠、減餘列左。〕

還原：〔倒用前圖。〕以仍欠一百併續收四百九十五，得五百九十五，合前欠數。又以欠五百九十五併先收九百〇五，得一千五百，合原額。凡遞減者，亦以遞併還原。

透支轉減法

假如有錢一萬五千〇三十文，陸續支用過一萬六千〇五十文，該有透支若干？

答曰：淨多支一千〇二十文。

多支	原錢	支用
〇	一	一
一	五	六
〇	〇	〇
二	三	五
〇	〇	〇

三	三

〔九減支用餘三,九減原錢及透支,亦餘三。〕

六	六

〔七減支用餘六,七減原錢及多支,亦餘六。〕

此因支數多於原數,故以原數轉減支數,而得透支之數。〔凡兩數相較多寡,皆做此。〕

還原:以多支一千○二十併原錢一萬五千○三十,得一萬六千○五十,合支用數。

畸零减法

假如有地丁銀三千五百零三兩,徵完三千二百一十兩零三錢五分,仍未完若干?

答曰:二百九十二兩六錢五分。

未完	已完	額編
○	三	三
二	二丨	五
九	一	○
二	○丨	三
六	三丨	○
五	五	○

九减

二	二

七減

六 | 六

〔試法：皆以額編爲總，紀右；以已完未完爲散，紀左。〕

還原：以已完、未完相併，得數合額編之數。〔此原數至兩而止，因減而有錢與分之數，蓋以兩爲單數〔一〕，其錢爲兩十之一分，又爲錢十之一，皆畸零也。〕

假如授時曆每月二節氣共三十〇日四十三刻六十八分七十五秒，經朔二十九日五十三刻〇五分九十三秒，兩數不同，是生月閏，該若干？

答曰：月閏九十〇刻六十二分八十二秒。

月閏	太陰經朔	太陽節氣
〇	二	三
〇	九	〇
九	五	四
〇	三	三
六	〇	六
二	五	八
八	九	七
二	三	五

此經朔減節氣也。

經朔小，節氣大，相減之較，是爲月閏。

〔一〕單數，輯要本作“單位”。

還原：以月閏併經朔得總，即仍合節氣之數。

試法：

〇｜〇

〔九減節氣，減盡無餘，紀〇於右；合經朔、月閏，九減無餘，紀〇於左。〕

〇｜〇

〔七減節氣，亦減盡無餘，紀〇於右；合經朔、月閏，七減無餘，紀〇於左。〕

假如品官計俸以三年爲滿，今歷任過一年零七箇月，該補若干？

答曰：該補一年零五箇月。

該補	已歷	定例
一、	一、|	三、
〇	〇	〇
五、	七、	〇、

〔此以十二個月爲一年，故減法不同。〕

〔先減七個月，月位無可減，作點於年位，借一年爲十二月，減七存五。〕

〔次減一年，併所借一點共二年，以減三年，餘一年。〕

還原：以已歷一年〇七箇月、補俸一年〇五箇月相併得三年，合總。

假如有海濱田一百三十一頃四十畝，被潮坍損二頃八十五畝一百五十九步，仍餘若干？

答曰：仍存田一百二十八頃五十四畝八十一步。

解曰：此以百畝成頃，二百四十步爲畝，故列位時須作點別之，而減法亦不同。

原田		坍損	仍存
一		〇	一
三	|	〇	二
一、	|	二、	八、
四	|	八	五
〇、	|	五、	四、
||		一	〇
||||		五	八
〇、		九、	一、

〔先減一百五十九步,原數無步,作點於畝位,借一畝爲二百四十步,紀號於原位,乃如法減之。〕

還原:以坍損田及仍存田相併,得原田數,合總。

右二式畸零之率不同,難用九減、七減,只以併法還原。〔餘詳通分。〕

錢糧四柱法

四柱者,舊管、新收、開除、實在也。各衙門造册,必歸四柱,則收放可稽。在筆算爲減、併合用。蓋舊管、新收用併法,開除用減法,其實在則減餘也。亦有減盡無餘者,則無實在,即於實在項下直注曰"無"。其事件創立,前無所承者,則無舊管。亦有存留不動之項,則有舊管而無新收。其法並同。〔如無舊管,則注曰"舊管無"。或無新收,則亦曰"新收無"。〕

若所出浮於所入,則爲透支,當用轉減之法也。〔開除本用以減，今反將併舊管、新收，以減開除，故曰轉減。〕凡轉減者，亦當於實在項下注明。〔如云"實在無""外多支若干"是也。〕式如後。

假如藩庫原存地丁銀一十二萬〇三百〇三兩，今於康熙三十年徵收一百四十一萬〇五十五兩六錢，節次支放過一百二十二萬二千〇五兩六錢。問：該存留若干？

答曰：三十萬〇八千三百五十三兩。

實在	開除	共	新收	舊管
〇	一	一	一	
三	二	五	四	一
〇	二	三	一	二
八	二	〇	〇	〇
三	〇	三	〇	三
五	〇	五	五	〇
三	五	八	五	三
〇	六	六	六	

〔先用併法，得舊管、新收共一百五十三萬〇三百五十八兩六錢。再用減法，於共數内減去開除一百廿二萬二千〇五兩六錢，得實在存留三十萬〇八千三百五十三兩。〕

四	四

〔以舊管、新收共數與開除、實在併數，各依試法，左右列減餘相同，知其不誤。九減、七減並餘四，可省一圖。〕

假如倉内原存米四千四百石，新收某處解到米五百〇三石，麥三千六百石，奉文支放兵米五千石。問：實在若干？

答曰：米支放訖，仍缺額九十七石；麥實在三千六百石，存倉。

米：

外缺項	實在	開除	新收	舊管
〇	無	五		四
〇		〇	五	四
九		〇	〇	〇
七		〇	三	〇

〔法以舊管、新收共米四千九百〇三石，轉減開除五千石，得缺項九十七石。〕

麥：

實在	開除	新收	舊管
三	無	三	無
六		六	
〇		〇	
〇		〇	

〔九試〕

五｜五

〔七試〕

二｜二

〔試法：合舊管新收，加入缺項，而九減、七減之，紀餘於右。又單用開除一項，九減、七減，紀餘於左。以左右相同，知其無誤。凡轉減者，倣此試之。〕

假如某鎮軍餉原存二千一百〇三兩，支放過正月分口糧折銀一千八百〇九兩，續於二月有某處解到協濟銀三千五百兩，於四月内發過草料銀八百九十二兩，又製造盔甲銀用過九百九十九兩五錢，續准某軍門公文發到餉銀一千〇九十兩。問：今庫内現存若干？

答曰：仍存二千九百九十二兩五錢。

	共數	院發	協濟	原存
千	六	一	三	二
百	六	〇	五	一
十	九	九	〇	〇
兩	三	〇	〇	三

	共支數	盔甲	草料	口糧
千	三			一‖
百	七	九	八	八‖
十	〇	九	九	〇‖
兩	〇	九	二	九
錢	五	五		

以上先用併法，變六宗爲兩宗，然後相減。

	存	支	共
千	二	三丨	六
百	九	七	六
十	九	〇	九
兩	二	〇丨	三
錢	五	五	

若依四柱法，則當以協濟三千五百兩、院發一千〇九十兩，另併爲新收四千五百九十兩。

計開：

	實在	開除	新收	舊管
千	二	三	四	二
百	九	七	五	一
十	九	〇	九	〇
兩	二	〇	〇	三
錢	五	五		

〔九試〕

六｜六

〔七試〕

三｜三

〔右試法，並以舊管、新收併爲一宗而九減之，紀餘於右；以開除、實在併爲一宗而九減之，紀餘於左。〕

〔七減亦然，所不同者，開除、實在減至錢數，則舊管、新收亦必減至〇錢位止，然後左右相較，可以無誤。此七減之要訣，所當熟翫。〕

淮倉銷算〔一〕〔邸抄附録爲式。〕

户部題爲差委司屬官員事，查得淮倉監督，將任内自康熙廿九年九月初六日起，至三十年八月初七日止，收放錢糧數目，造册具題前來。查册開舊管銀三萬八千一百一兩五錢三分零，米麥四萬五千一百六十九石九斗三升零；新收銀一萬二千一百四十八兩九錢九分零，米麥一萬七千三百六十九石二斗六升零；又收過商税等

〔一〕此條輯要本删。

銀三萬一千六十四兩八錢六分零。内相符准銷銀一萬八千三百一十五兩一錢五分零,米麥一千一百一十九石八斗四升零;行查催解銀三萬五百五十四兩八錢零,米麥一萬三千二百五十石八斗二升零;存剩銀三萬二千四百四十五兩四錢三分零,米麥四萬八千一百六十八石五斗三升零。將解支款項開後:一解部銀一萬七千六百二兩三錢五分零,米一百三石,每石九錢,折銀九十二兩七錢;麥一千一十六石八斗四升零,每石五錢,折銀五百八兩四錢二分零等語,查前項銀兩,已經解到收訖,無庸議。一給門軍口糧銀七百一十二兩八錢等語,查係應給之項,無庸議。一解河工銀五千八百一十三兩二錢六分零,查未開解交年月日期,應令開明報部之日查核。一給淮安等衛廿九年分行糧銀五千三百兩三錢二分零,米麥一萬三千二百五十石八斗二升零,月糧銀一萬四千七百三十二兩九錢,查總漕未奏銷,應俟奏銷到日查核。一解淮安府銀四千七百八兩三錢二分零,查廿八、九兩年解府銀兩,尚未動支,今何得又行起解?應令作速解部。一存剩銀三萬二千四百四十五兩四錢三分零,米麥四萬八千一百六十八石五斗三升零,應將此解部米麥存倉備用。又收過房田税契銀四百二兩六分六釐零,查前項銀兩已經解到收訖,無庸議者。奉旨依議。今以四柱法核之如後。

銀:

	舊管	新收	又商稅	共	准銷	查催	共	存剩
萬	三|	一	三	|八	一	三	四	三
千	八	二	一	|一	八	〇	八	二
百	一|	一	〇	|三	三	五	八	四
十	〇|	四	六	|一	一	五	六	四
兩	一、||	八、	四、	|五、	五、	四、	九、	五、
錢	五|	九	八	三	一	八	九	四
分	三	九	六	八	五	〇	五	三

米麥：

	舊管	新收	共	准銷	查催	共	存剩
萬	四|	一	|六		一	一	四
千	五	七	二	一	三	四	八
百	一|	三	|五	一	二	三	一
十	六|	六	三	一|	五	七	六
石	九、|	九、	|九、	九、||	〇、	〇、	八、
斗	九	二	一	八	八	六	五
升	三	六	九	四	二	六	三

〔按此即原題四柱册也。舊管者,即四柱之舊管也。新收及商税,皆新收也。准銷即開除,存剩即實在。其行查催解銀,則四柱中原作開除,而部不准銷,改入實在之數也。〕法:〔以准銷、查催共數,與舊管、新收共數相減,即得存剩。〕

細賬：

以上並依法合總無訛。

一解部銀　一七六〇二、三五
一給門軍口糧　七一二、八
共准銷銀　一八三一五、一五
（萬千百十兩、錢分）
一行查解河工銀　五八一三、二六
一行查淮安衛行糧銀　五三〇〇、三二
一月糧銀　一四七三二、九
一催解淮安府銀　四七〇八、三二
共行查催解銀　三〇五五四、八〇
（萬千百十兩、錢分）
米　一〇三、
麥　一〇一六、八四
共准銷米麥　一一一九、八四
（千百十石、斗升）
行查米麥　一三二五〇、八二仍原數不動

外有房田稅契銀，另項附銷，不在四柱之內。

筆算卷二

乘　法

以數生數，是之謂乘。數不能自生，相得乃生，故乘亦曰因。〔生則不窮，故乘有陞義。生則日積，故乘有載義。〕有一位乘，有多位乘，〔或分一位曰因，多位曰乘，然古皆謂之乘，今從古。〕皆有法，有實，有得數。

列位圖式

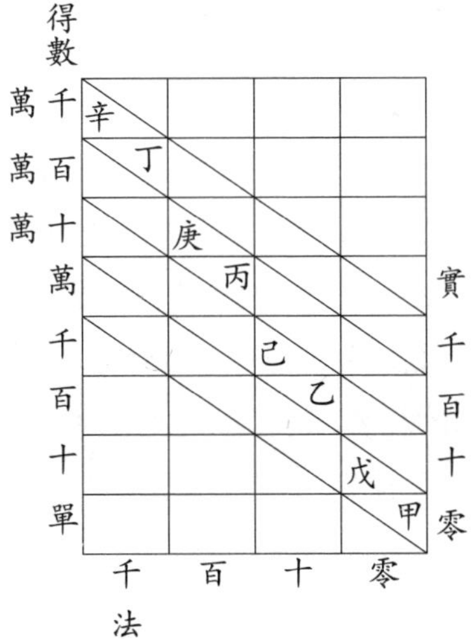

〔凡實數縱列於右，凡法數横列於下，縱横相遇，而得數生焉。〕

〔直行所對者，法數也。斜行所對者，實數也。而紀得數，則以横行定之。〕

〔或問：實何以對斜行？曰：法有進位，故得數斜陞，是故右第一行是法單位乘出之數也，其次行則法十位乘出之數也，又次而百而千，視此矣，故其乘得數不出斜格。此虚位也，單十百千周流迭居，皆於臨時定之。〕

凡乘出數，皆有本位，有進位。如有十數，又有零數，〔三四一十二、四四一十六之類。〕則紀零於本位，〔本格之右方。〕紀十於進位。〔上一格之左方。〕有十數，無零數，則紀十於進位，而本位作〇。〔五四成二十、五六成三十之類。〕有零數，無十數，則紀零於本位，而進位作〇。〔一一如一、二二如四之類。〕凡法實有空位，則本位、進位俱紀〇。

凡乘皆從法尾位起，〔即右第一行。〕對定實數相乘，自下而上，如畫卦之法。右行乘畢，挨乘左行。每移一行，必進上一位，其各行中斜對實數，自下而上，皆如右行法。

凡法與實有空位，則無可乘，然必於本位、進位各作〇，以存其位。〔若實尾有空位，則於合總時補之。〕

凡各行乘訖，必覆核之。乃以併法合總，而紀於左方，以爲得數。實尾有幾〇，皆補作於總數之下。

凡乘訖定位，皆於原實内尋原問每數爲根，以横行對定得數命爲法尾數，則上下之位皆定。

凡數單乘單成單，〔甲爲本位，戊爲進位。〕十乘十成百，〔乙爲本位，己爲進位。〕百乘百成萬，〔丙爲本位，庚爲進位。〕千乘千成百萬，〔丁爲本位，辛爲進位。〕前圖可明。

定位又法。〔法曰[一]：有本數，有大數，有小數。如原問是每畝之價，而原實恰止於畝數，是本數也。凡本數，即用得數尾位命爲法尾數。若原問是每畝之價，而原實只有十畝，或只有百畝，是大數也。凡大數，當於得數尾位下增〇，然後於所增〇位命爲法尾數。若大幾位，亦增幾〇，皆增至每位止，即命末〇爲法尾數也。若原問是每畝之價，而原實不止於畝，畝下帶有分釐，是小數也。凡小數，當於得數之尾截去之，原帶畸零幾位，亦截去幾位，然後命之，即所截之上一位爲法尾數是也。〕

凡乘畢，恐其有誤，宜用除法還原。〔置得數爲實，以法數爲法除之，即得原實；或置得數爲實，以實數爲法除之，亦得法數。〕不則以九減、七減試之，尤捷。

試法：

〔先以法數如法九減之，而紀其餘於右，如甲。次以實數亦九減之，而紀其餘於左，如乙。再以左右兩減餘相乘得數，仍九減之，而紀其餘於上方，如丙。末以得數亦九減之，而紀其餘於下方，如丁。丁丙相同，即知無誤。七減亦然。〕

又式：

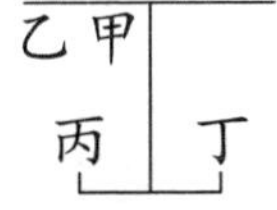

〔先以法數、實數各如法九減之，而並紀其餘，如甲與乙。次以兩減餘

〔一〕輯要本"曰"下補"先審看原問原實之尾位"十字。

相乘得數，仍九減之，而紀其餘，如丙，以上並居左方。末以得數亦九減之，而紀其餘於右方，如丁。視丙丁相同，即知無誤。如甲乙二者内有一〇，即丙亦〇。又或甲爲一數，即丙數同乙，皆不用乘。七減亦然。〕

一位乘式

假如有熟田三千五百一十九畝，每畝編銀六分，問：該若干？

答曰：二百一十一兩一錢四分。

	乘得數				
百	二	一	丨	實	
十	一	三	八	三	
兩	一	〇	〇丨	五	
錢	一	五	六	一	
分	四		四	九	根
法尾			六分	法	

〔法從下起，先以法數六乘實數九，呼六九五十四，紀四於本位，紀五於進位。進乘實數一，呼一六得六，紀六於本位，紀〇於進位。進乘實數五，呼五六成三十，紀〇於本位，紀三於進位。進乘實數三，呼三六一十八，紀八於本位，紀一於進位。乘畢，以併法合總。〕

定位法：因原問是每畝科則，就於右行原實内尋每畝數爲定位之根。横對左行得數，命法尾分，則其餘皆定。〔根是九畝，横對是四分，則上位是錢，又上是兩，又上十兩，又上是百兩，定所得爲二百一十一兩一錢四分。〕

九試：

七試：

定位又法：〔此本數也，實止畝，故得數尾即法尾分位。〕

兩位以上乘式

假如有金九錢八分五釐，每兩價銀八兩八錢，問：該若干？

答曰：八兩六錢六分八釐。

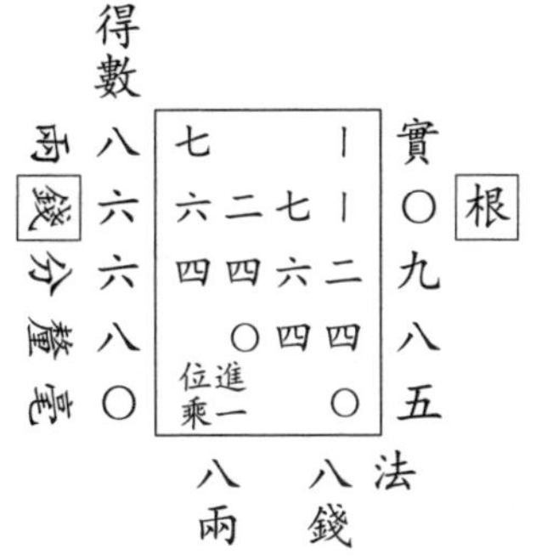

〔先以法八錢乘實數五，呼五八成四十，紀〇於本位，紀四於進位。進乘實數八，呼八八六十四，紀四於本位，紀六於進位。進乘實數九，呼八九七十二，紀二於本位，紀七於進位。〕

〔次進一位，以法八兩乘實五，呼五八成四十，紀〇於本位，紀四於進位。進乘實八，呼八八六十四，紀四本位，紀六進位。進乘實九，呼

八九七十二,紀二本位,紀七進位。乘畢,以併法合總。〕

定位法:〔原問每兩之價,而實無兩,當於實九錢上補作〇兩位爲根,以横對得數,定爲法尾錢,即上下之位俱定。〕

定位又法:〔此小數也,原問以每兩價爲法,而實有錢、分、釐共小三位,即於得數截去尾三位,定第四位爲六錢。〕

九試:

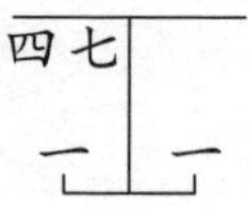

七試:

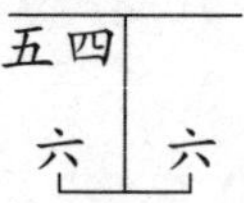

〔法實減餘,平列左上,相乘而減之列左下,得數減餘列右下,以相同爲定。〕

假如有錢三十萬零五百八十文,每千賣銀九錢零五釐,該若干?

答曰:二百七十二兩零二分四釐九毫。

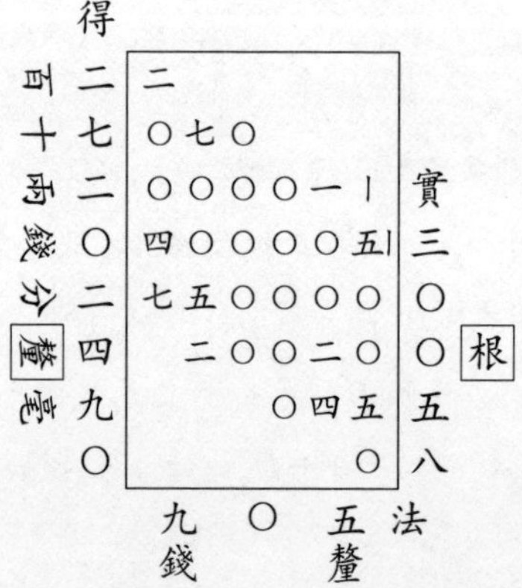

〔先以法數五乘實數八,紀四〇。次乘實數五,紀二五。次乘實數〇〇,本位、進位俱紀〇。次乘實數三,紀一五。〕

〔進一位,以法數〇乘實,〇無可乘,於本位、進位各紀〇,以存其位。〕

〔又進一位,以法數九乘實數八,紀七二。進乘實數五,紀四五。進乘兩〇,紀〇。進乘實數三,紀二七。〕

〔乘畢,以併法合總。〕

定位:〔原問是每千之價,當於原實内尋千位爲根,以對得數,命爲法尾釐,則其餘皆定。〕

定位又法:〔此亦小數也。實有十文,於原問每千爲小兩位,當於得數截去末兩位,定爲法尾釐。〕

九試:　　七試:

省空位式:

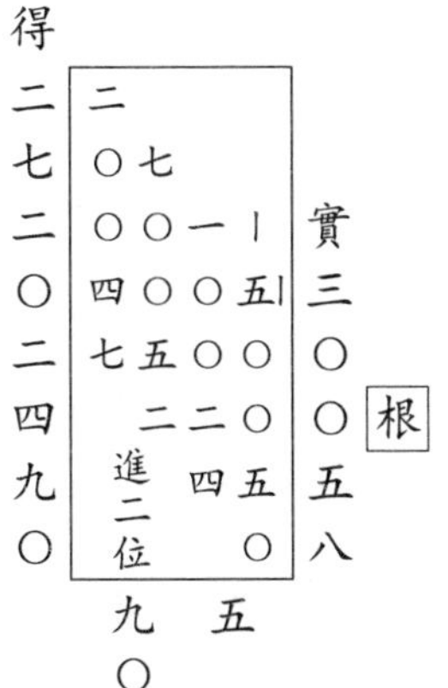

〔此即前問也。因法有空位，省不乘，但於法首九錢超進二位乘之，即得數無訛，與前法同。本宜進一位乘九錢，今進兩位，以合空位之數。若法有兩空，即進三位。以上倣論。〕

假如星命家以年月日時配成八字，〔以七百二十乘七百二十。〕問：共該若干？

答曰：五十一萬八千四百。

	得數						
十	五	四					
萬	一	一	九	一		實	
十	八		四	〇	四	七	
百	四				四	二	
十	〇	七		二		〇	根
		百		十		法	

〔如法乘訖，併之，得五一八四。〕

定位〔一〕：〔原問七百二十年月下每一數中，各配七百二十日時，宜於原實下補作〇單位爲根，以對得數，定法尾十。〕

或用又法：〔實數止於十，大於每數一位，乃大數也。宜徑於得數增一〇位，定法尾十。〕

解曰：〔六十年各十二月，則前四字七百二十；六十日各十二時，下四字亦七百二十。故以相乘，即能盡八字之變。〕

假如西曆天度每週三百六十，今有星行天三百週，該若干〔二〕？

〔一〕定位，原作"定一"，據康熙本、曆象合要本、輯要本改。
〔二〕此算例輯要本無。

答曰：一十萬零八千度。

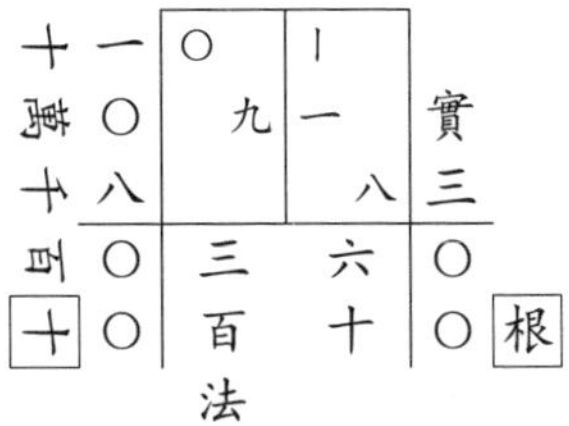

〔依法乘訖，用併法合總，得一〇八。〕

定位：〔原問是每週之度，今實數是三百週，當於原實下補作兩〇，至每週位止。以此爲根，横對得數，定法尾十度，而得數空，補作一〇。上一位爲百度位，得數亦空，又補作〇，是得數無百無十也。再上爲千爲萬爲十萬，定所得爲一十萬〇八千。〕

或用又法：〔星行三百週，大於每週兩位，乃大數也。法徑於得數下增兩〇，定末〇爲法尾十度，即得數皆定。〕

法實互用式：

十	一	〇 丨	實
萬	〇	一 九	三
千	八	八	六
百	〇	三	法
尾	法	百	
		週	

〔此先置三百六十爲實，而以三百週爲法乘之也，得數一〇八，與前法同。但變兩位乘爲一位乘，其用更簡。〕

定位：〔用大數法，以實止十度，無每位，徑於得數下補作一〇，定爲法尾百，即得數定爲十萬〇八千。〕

假如有珠三分五釐，每兩值銀二十四兩，該若干？

答曰：八錢四分。

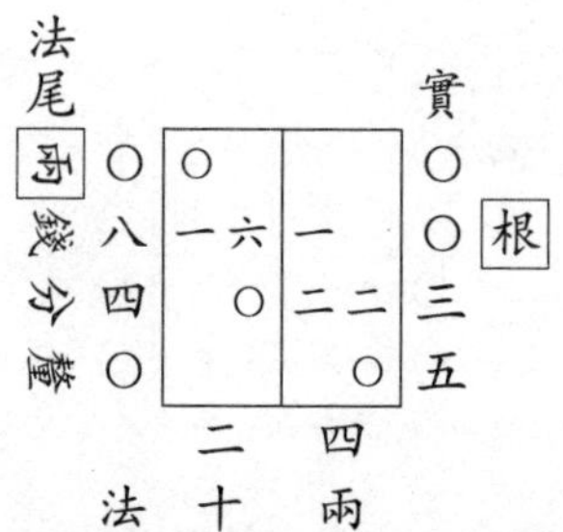

依法乘而併之，得八四〇。

定位：〔原問珠每兩價，今實數只有分，乃進位作〇於錢位，又上作〇於兩位。兩爲根，橫對得數，爲法尾數兩，而兩位空，補作〇，定所得爲八錢四分。〕

定位又法：〔此小數法也，實有分釐，在原問每兩下三位，宜截去得數末三位，定法尾數兩，而得數只三位，無可截，乃補作〇於得數之上，然後截之，定爲〇兩。〕

此與前條金價，並畸零乘法也。〔餘詳通分。〕

省乘法〔古謂之加法。〕

假如有漕糧三百六十石，每石帶耗米四斗，問：正耗共若干？

答曰：共五百〇四石。

	共得	加四	原數
百	五	一	三
十	〇	二二	六
石	四	四	〇

此就身加法也。〔原數即當得數不動，只挨身加四。〕

〔先於六十石加四六二十四石，又於三百石加三四一百二十石。末用併法，連原數併之，合總。凡加法定位，依原數，不須更求，下同。〕

試法：

○	○

〔加法九試、七試略同併法，並合原數、加數減餘列右，共數減餘列左。此及下條，並九減、七減俱無餘。〕

假如銀五十四兩，每兩月息二分五釐，今兩箇月共本息若干？

答曰：共五十六兩七錢。

共得	加隔五位	原數
五		五
六	二	四
七	五二	
○	○	

〔此因所加是分，在兩下二位，故隔位加。又因每月二分半，今兩箇月該五分，故以五分爲法，先於四兩加二〇，進於五十加二五，末以併法連原數合總。〕

省乘又法〔古謂之求一乘法。〕

凡法數之首爲一數者，即原數不動，而挨身加之，與前兩條同也。若法首非一數者，以法變爲一數，則亦可挨加。此爲本非一數，求而得之，故名求一乘法也。其法遇法首爲二爲三，則折半用之而倍其實。法首遇五、六、七、

八、九，則加倍用之而半其實。法首遇四，則取四之一用之而四其實。〔如此則法首成一數，可用省乘。〕

〔凡求一乘法定位，亦於原實内尋每數爲根，以横行對得數定之。但此所對得數，恒爲法首位數，若乘法則爲法尾位數，與此不同。乃理勢之自然，不可不知。〕

假如前條珠三分五釐，價每兩值銀二十四兩，用乘法得價銀八錢四分。今以法數折半作一十二兩，實數加倍作七分，挨身加之，所得正同，而用加捷矣。

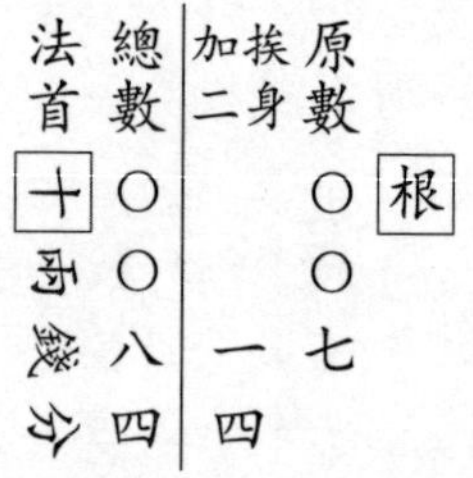

法首
總數
加二
挨身
原數
十
根
兩
錢
分
〇
〇
八
四
一
四
〇
〇
七

〔原數不動，即用爲法首一數所乘也。〕

〔挨身以法次位二與原數相乘，呼二七加一十四，本位紀一，下位紀四。加訖，以併法合總，亦連原數作數併之。〕

定位：〔亦從原數七分上加兩〇，尋每兩位爲定位之根，横對左行總數，得法首位是十兩，下一位是兩，俱空位，補作兩〇，再下一位即錢，定所得爲八錢四分。〕

又如前條，錢三十萬〇〇五百八十文，每千價九錢〇五釐，以錢折半〔十五萬〇二百九十〕爲實，價加倍〔作一兩八錢一分〕爲法。

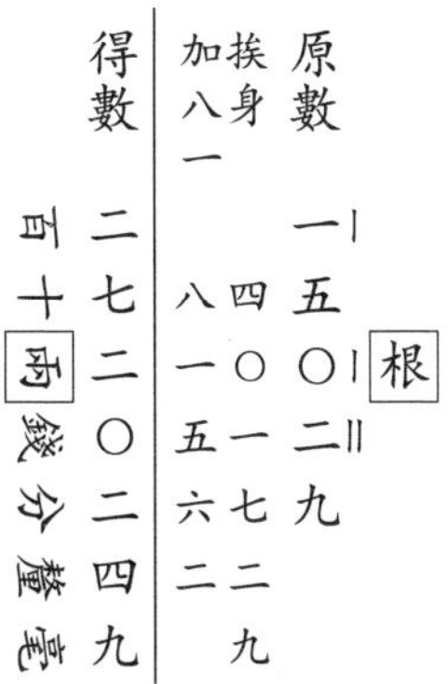

〔原數借爲得數,不動。以法去首位一,只用八一挨身加之,自下起,於九加七二九,於二加一六二,其〇位無加,於五加四〇五,於實首一加八一。加訖,合原數併總。〕

定位:〔尋原數千位爲根,横對左行得數,得法首兩位。〕

併乘法〔凡有數次乘者,併爲一次乘,亦算家簡法,舊謂之異乘同乘。〕

假如原本銀三千二百兩,每兩一年獲息一錢五分六釐二毫五絲。已經四年,該息若干?

答曰:二千兩。

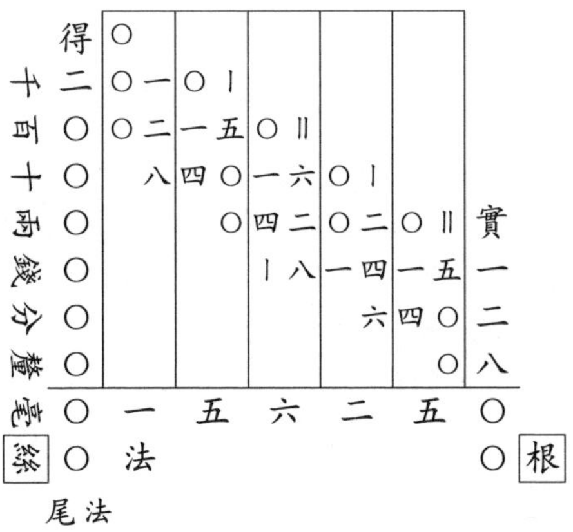

〔法先以三千二百兩乘四年，得一萬二千八百兩〔一〕，再以息銀乘之，是併兩次乘爲一次乘也。〕

截乘法〔凡乘法位多者，截作數次乘之，以便初學。其法與併乘相反，而其理相通。〕

假如有三十二人，各給布六丈四尺，共若干？

答〔二〕曰：二百〇四丈八尺。

	加倍	共	就身加六		原實	
百	二	一			丨	
十	〇	〇		三	六	丨
丈	四	二	六	二	四	
尺	八	四		四		

〔先置六丈四尺，以十六人爲法，用省乘就身加六，得一百〇二丈四尺，又二乘加倍，合總。〕

〔解曰：十六乘又二乘，即三十二乘也。〕

定位：〔凡就身加者，原數即可定位，如前條漕糧每石加四斗是也。此條是以十六加，首行六四，雖以原數當得數，而六丈四尺已陞爲六十四丈矣。若加倍自是本位，此在用算者臨時消息之也〔三〕。〕

或置三十二人，以八丈乘兩次，亦同。

〔一〕兩，康熙本無。

〔二〕答，原作“各”，據康熙本、曆象合要本、輯要本改。

〔三〕“凡就身加”至段末，輯要本作“尋原實每丈之位爲根，横對總數是〇，定法首十，則上一位爲百，即定爲二百〇四丈八尺”。

	又八乘		八乘		原數
二	一	丨			
○	四	六	二		
四	四	○	一	四	三
八		八		六	二

〔解曰:八乘二次,即六十四乘也。〕

或置六丈四尺,以四乘之得數,又以八乘之,所得亦同。

得	又以八乘		得	以四乘		原數
二	一	丨				
○	四	六	二	二		
四	四	○	五	一	四	六
八		八	六		六	四

〔解曰:四乘一次,又八乘一次,即三十二乘也。〕

除　法

以數剖數,是之謂除。除其原數,以歸各數,故除亦曰歸。〔除與乘對,理精用博。近或謂之分,義則淺矣。〕

有一位除,有多位除,〔或分一位曰歸,多位曰除,或曰歸除,曰混歸,然古皆曰除。〕皆有法,有實,有得數。〔得數一〔一〕名商數。〕

〔一〕一,輯要本作"亦"。

實，其物也；法，其則也。法實在乘法或可互用，而除法必須審定。乘法以法與實相遇而生一數，如陰陽相交而生物也。故雖互用，而其交之理不易，其生之用亦不易也。除法以實滿法而成一數，如鎔金以就型也，故曰"實如法而一"。若倒用之，則非矣。〔實如法而一，或變文曰"如某數而一"。如用三除者，省文曰"以三而一"，言以三數成一數也，而字皆連上爲文。或者不察，遂竟以"而一"當除之字義，失其旨矣。〕

定法實訣

凡審法實有二訣，一曰先有定則，即以定則爲法，其所除者必同名之物也。〔如有定則之銀爲法而除總銀，以定則之米爲法而除總米是也。〕

一曰先無定則而求定則，須詳問意，以所用求之者爲法，其所除者必異名之物也。〔如以總米除總銀、以總銀除總米是也。〕

何以爲先有定則也？以事明之，如銀糴米，而先知每米一石之銀若干，是先有定則之銀也。即以此定則之銀爲法，而以總銀爲實，以法除實，則得總銀所糴之總米矣。〔此爲有總銀數，又有米每石之銀數，故以銀除銀而得總米。〕

若先知每銀一兩之米若干，是先有定則之米也。即以此定則之米爲法，而以總米爲實，以法除實，則得總米所糴之總銀矣。〔此爲有總米數，又有銀每兩之米數，故以米除米而得總銀。〕

是皆所除者同名，而所得者異名也，又謂之以每數求

總數。〔凡以每數求總數者，以每數爲法，每數即定則也。以比例求之更明，圖具左方。〕

比例圖

<table>
<tr><td>每銀若干</td><td>爲法</td><td>每米若干</td><td>法</td></tr>
<tr><td>糴米一石</td><td rowspan="2">相乘爲實</td><td>糶銀一兩</td><td rowspan="2">實</td></tr>
<tr><td>今有銀若干</td><td>今有米若干</td></tr>
<tr><td>糴米該若干</td><td>法除實得此數</td><td>該銀若干</td><td>得數</td></tr>
</table>

〔此即異乘同除，三率之比例也。因第二率是一數，故省乘耳。〕

何以爲[一]先無定則而求定則也？如有總米，又有總銀，而無每數，則當於問意詳之。問者若欲知每米一石之銀，是以米分銀也，則以總米爲法，總銀爲實。問者若欲知每銀一兩之米，是以銀分米也，則以總銀爲法，總米爲實。是所除者異名，而所得者亦異名也，又謂之以總數求每數。〔凡以總數求每數，先無定則，故必於問者之所求酌之，亦有比例之理。〕

比例圖

<table>
<tr><td>總米若干</td><td>爲法</td><td>總銀若干</td><td>法</td></tr>
<tr><td>總銀若干</td><td rowspan="2">相乘爲實</td><td>總米若干</td><td rowspan="2">實</td></tr>
<tr><td>今米一石</td><td>今銀一兩</td></tr>
<tr><td>該銀若干</td><td>法除實得數</td><td>該米若干</td><td>得數</td></tr>
</table>

〔此亦異乘同除，三率比例也。因第三率是一數，故亦省乘。〕

又捷法：

凡不動者爲法，動者爲實，何以明之？如有總米總

〔一〕爲，輯要本作“謂”。

銀，而欲知每米一石之銀，則將變總銀爲每米之銀，是銀動而米不動也，故以米爲法。若欲知每銀一兩之米，則將變總米爲每銀之米，是米動而銀不動也，故以銀爲法。其以每數求總數者，先有定則不動，即用爲法，尤爲易見。

凡布算，乘易而除難。除法之難，尤在法實。法實無誤，則思過半矣。此乃珠算、筆算所同也，故首辨之如右。若筆算除法，更有宜知者數端，具如後方。

一列位。〔法實既辨，即當列位。〕

其法先作兩直綫，自上而下，平行相望。約其間可容字兩行爲率，其長短則視位數多寡定之。先以實數列於右直線之右，自上而下，依列位法書之。次以法數列於右直線之左，亦自上而下，其千百十單，皆與實相對。或法數有千，而實只有百者，即對書於上一位，餘皆倣此。亦有實數無分秒而法數有之者，亦對書於實尾之下。

次約實以求得數。〔得數一〔一〕名商數。〕

以法約實，紀其得數於左線之右，視法首位是言如之數，〔如三三如九之類。〕則書於實之上一位，而於實首添作〇，以遥對之。或法首位是言十之數，〔如二六一十二之類。〕則書於實首之對位，其次商、三商以上，皆依此書之。若書之而不相接轃，是商數有空位也，補作〇。此定位之根，慎不可錯。

次乘商數求應減之數以減原實。

以商得數與法數相呼乘之，而紀數於左線之左，皆以

〔一〕一，四庫本作“亦”。

乘數之進位對商數紀之。〔如二六一十二,則以一十對商數書之;如三三如九,是爲〇九,則以九上之〇對商數書之。他皆倣此。〕乃遂以乘出數與右行原實對減,〔用減法。〕足減者,於原實抹改之;不足減者,改商數。其乘出數亦抹去,便續商也〔一〕。

次定得數之位。

先於法數之上一位作△爲識,以對得數命爲單位。等而上之,則十百千萬;等而下之,則分秒忽微,皆從此定。

次命分。

除有不盡者,以法命之。用法數爲母,不盡之數爲子,命爲幾分之幾。

次還原。

凡除法恐其有誤,當以乘法還原。用法數與得數相乘,除有不盡者併入之,即得原實。

又法:仍以除法還原,用得數爲法,轉除原實,即復得法數。除有不盡者,以減原實爲實,然後除之。

又法:以九減、七減試之。以法數九減、七減,皆用其所減之餘紀右;再以得數如法減之,紀其餘於左。左右兩餘數相乘,仍如法減之,紀其餘於上方。末以原實亦如法減之,紀其餘於下方。上下相同,則無誤矣。

又簡法:作直綫於左方,以應減之數依併法併之,必合原實。有不盡數,亦併入之。〔此法更簡更確。〕

〔一〕以上兩條,輯要本前條題"次書商數",後條題"次約實以求得數併求應減數以減原實而定初商",前後次序互易。

按：筆除原法，以法實上下相疊，不論數之何等，〔謂十單分秒之等。〕而但齊其尾，殊欠條理。又以得數横續於法實之尾，定位易淆。今法與實皆用真數相對，而宜減之數先列左方，對減無誤，即古人實如法而一之故，了了分明，據法首定位，尤爲簡快〔一〕。

一位除式

假如有額編地丁銀二百一十一兩一錢四分，其科則每畝六分，問：原地若干？

答曰：三千五百一十九畝。

審法實訣〔二〕：〔此爲以每數求總數也。其每數六分，爲先有之定則，不動，故以爲法。〕

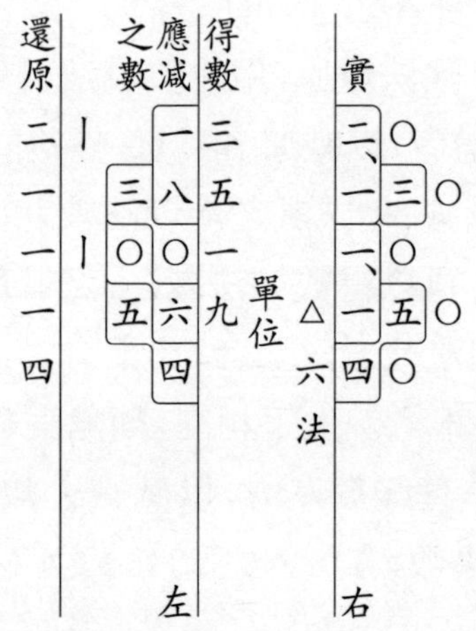

〔一〕此段輯要本删。

〔二〕圖式中借數之點下輯要本改作豎線，下同。

〔右併法還原,即用原列應減之數併之,必合原實,是爲簡法。〕

列位法:〔如法作兩直線,先以實數二一一一四列於右直線之右,自上而下順布之。次以法數六列於右直線之左,因法係六分,故與實分位相對。〕

商除法:〔次以法數約實。法是六,實是二,以六除二,當合下位作廿一除之,商作三。以乘法六,呼三六一十八,是言十之數,將商得三對實首二,書於左直線之右。以乘得一八書於左直線之左,因是言十之數,以乘得進位一字對商數三字書之。遂以此乘得一八,用減法與原實二一對減。先於實次位減八,實係一,不足減,作點借上一數爲十一,減八餘三,改書三於實一之右。次於實首位減一,實係二,因借去一點,只作一,減盡作〇,乃作線抹去二一,存〇三;亦於左作線,抹去減數一八。〕

〔次商以六除三,亦當合下位作三一除之,商作五,以乘法六,呼五六成三十,是言十之數,將次商五對實三字書於初商之下,亦以乘得三〇依法以三字爲進位,對次商五字書於左線之左。依法對減實三盡,作〇,仍作線,抹去實三,亦於左減數抹去三〇。〕

〔三商以六除一,合下位作十一,商作一,呼一六如六,是言如之數,將三商一對實上位一字,書於次商五之下。依法以乘得〇六對所商一字,書於左線之左,以對減實一一,以六減一,不足減,作點借上成十一,減六餘五,改書〇五於右,抹去一一,亦於左減數抹去〇六。〕

〔末商以六除五,亦合下位作五十四,商作九,呼六九五十四,是言十之數,將商得九對實五字,書於三商一之下。依法以乘得五四對所商九字,書左線之左,以對減實五四,恰盡,俱改書〇,而抹去五四,左減數亦抹去。共商得三五一九。〕

定位訣:〔於右線法數六字上一位作△,爲單位之識。以横對左得數九字,定爲單九畝,進位是十畝,又進百畝,又進千畝,命所得爲

三千五百一十九畝。〕

乘法還原:〔以法六分乘得數三千五百一十九畝,仍得原實。見乘法。〕

除法還原:〔以得數爲法除原實,仍得法數六分。見後條。〕

試法:

九減

〔九減得數無餘,紀○於左;法數餘六,紀於右。左右相乘,仍紀○於上。九減原實無餘,紀○於下。〕

〔凡○位與他數相乘,所得皆○。〕

七減

〔七減得數餘五,紀左;法數餘六,紀右。左右相乘,仍以七減,餘二,紀於上。七減原實餘二,紀於下。〕

〔兩試皆上下相同,知其不誤。〕

〔論曰:除法以乘法還原,猶之乘法以除法還原,此舊法珠算所必需。若除法以除法還原,則舊所無也〔一〕。同文算指用九減、七減試法,可免還原,頗稱巧捷。今以併法代之,則試法亦省,故稱簡法焉。兹各具一則,用

〔一〕"除法以乘法還原"至"舊所無也",輯要本刪。

相参互,以明算理,握算者擇而用之可也。〕

〔今定筆除,只用簡法還原。若筆乘,仍用試法。〕

多位除式

假如有熟地三千五百一十九畝,共徵銀二百一十一兩一錢四分,問:每畝科則若干?

答曰:每畝六分。

審法實:〔此以總數求每數也。問者欲知每畝科則,是將以總銀變爲每銀,銀數動,地畝不動,故以地爲法,銀爲實。〕

列位法:〔先以實數自上而下順布於右線之右,次以法數對書於右線之左。實首位是二百,法首是三千,法大於實一位,故進一位列之。凡進位列者,皆不滿法。〕

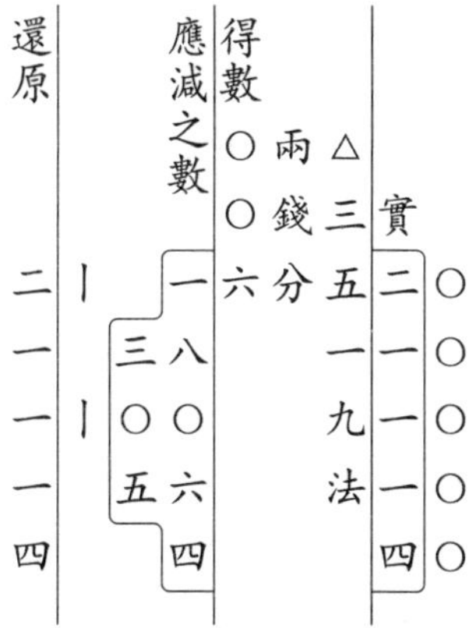

商除法:〔以法數約實,法首是三,實是二,合兩位二一除之,宜商七。因法有次位,須留餘地,改商六。以乘法三,呼三六一十八,是言十之數,以商數六對實首二,書於左直線之右,以乘得一八書於左線之左。遂以商數六徧乘法次位五,呼五六成三十,乘得三〇,挨書於一八之下一位。又以商數徧乘法第三位一,呼一六如六,乘得〇六,挨書下一位。又以商數六徧乘法末位九,呼六九五十四,乘得五四,又挨書下一位。如此徧乘法四位訖,乃以乘出數爲減數,對減原實,恰盡。〕

定位:〔尋法首上一位爲單位,横對左線得數上一位,定爲兩,順下一位是錢。此二位俱空,補作〇〇。再下是分,定所得爲六分。〕

此一次除盡例也。又爲法大實小,故所得不能成整數。〔兩爲整數,今所得是分,在兩下二位。〕

〔若用乘法還原,同前條還原法。若用除法還原,即前條除法。〕

此所定單位在得數之外,乃借虚位以定實數。〔下條同。〕

其故何也?曰:法是三千有零,能滿此數,始能成一兩,故曰實如法而一。今法大實小,是實不滿法,不能成一數,所得者乃剖一整數而得其若干,如此條所得,乃百分兩之六也。〔詳命分。〕

假如有銀八兩六錢六分八釐换金,每金一兩該銀八兩八錢,問:换金若干?

答曰:九錢八分五釐。

定法實訣:〔此爲以銀除銀,金價八兩八錢,是先有之定則,不動,就以爲法。〕

〔如前法,對列法實於右線之左右。初商,法八實八,宜商一,因有〔一〕次商,改退商九,以乘法八得七二;又乘法次位八,亦得七二,依法挨書,遂

〔一〕有,原作"無",據輯要本改。

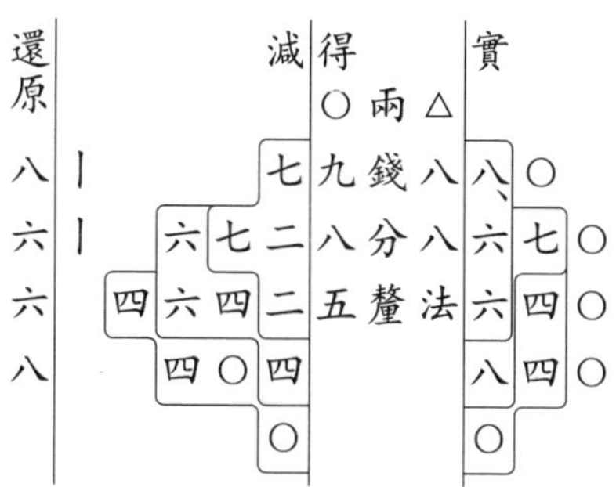

以對減實三位八六六，餘○七四。次商八，以乘法八得六四；乘法次位八，亦得六四，依法書之，遂以對減餘實七四八，餘○四四。三商五，以乘法八八得四四○，依法書之，遂以對減餘實，恰盡。〕

定位：〔法數上一位爲單位，横對得數上一位是兩，定爲○兩九錢八分五釐。法實首位同，而法次位八大於實次位六，故亦借虚位以定實數。説在前條。〕

〔用乘法還原，見乘法第二條。用除法還原，以金九錢八分五釐爲法，除實，得每兩價八兩八錢，即畸零法也。詳通分。〕

假如有銀四萬八千兩，六十四人分之，該若干〔一〕？

答曰：各七百五十兩。

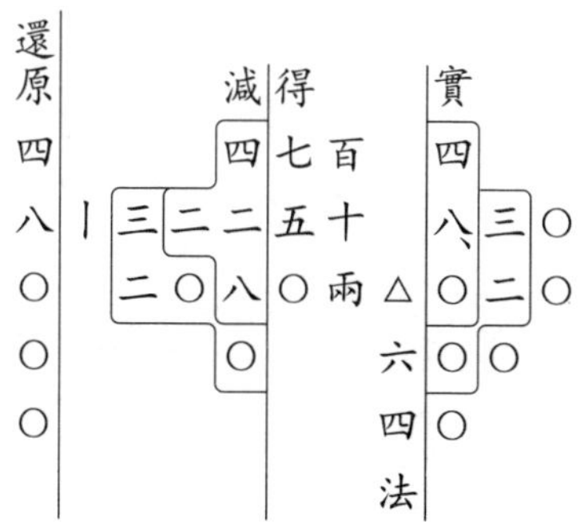

〔一〕輯要本無此算例。

〔若以七百五十兩爲法,除四萬八千兩,亦復得六十四人。〕

假如有銀二百七十二兩〇二分四釐九毫,每錢一千銀九錢〇五釐,問:錢若干?

答曰:三十萬零五百八十文。

定法實:〔此先有定則九錢〇五釐,故以爲法。〕

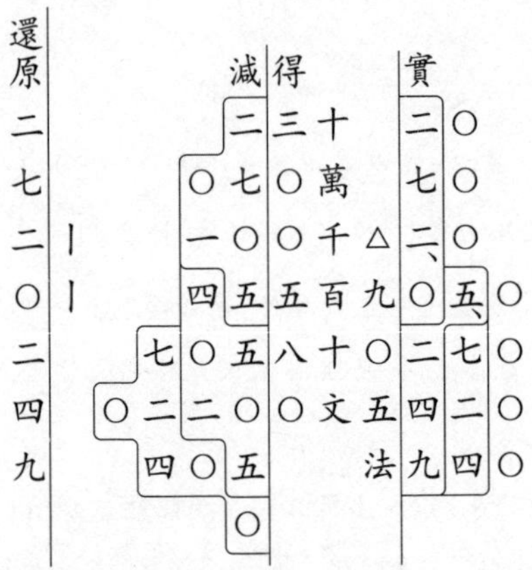

〔此法有〇位例也,亦是得數有〇之例。〕

〔初商三,以乘法九得二七;法次位空,無乘,挨作〇〇,以存其位;再乘法末位五得一五,各如式書之,以對減原實二七二〇,餘〇〇〇五。實空位無可商,次商從實五字起,商作五,以乘法九得四五;法次位空,亦作〇存位;乘法末位五得二五,如式書之,以對減實五二四九,餘〇七二四。〕

〔初商三乘九得二十七,是言十之數,宜對實首位二字書得數三。次商五乘九得四十五,亦是言十之數,宜對餘實首位五字書得數五。如此審定而書,則乘出減實之數與實相對,了了分明,便知不誤。然初商、次商不相接續,所差二位,是得數有二空位也,補作〇〇於初商、次商之間,以存得數之空位。如是，則次商之事畢。末商八，以乘法九得七二；法次位無乘，亦作〇存之；法末位乘得四〇，以對減餘七二四，恰盡。〕

定位：〔此因所問是每千之價，故千即單數也。從法上一位横對，定爲千文之位，上爲萬，又上十萬，定所得爲三十萬〇〇五百八十文。〕

若以得數三十萬〇〇五百八十文爲法，除原實二百七十二兩〇二分四釐九毫，亦復得九錢〇五釐，爲每千之價。如後圖。

審法實：〔此問錢價，是以錢分銀，故以總錢爲法，總銀爲實。〕

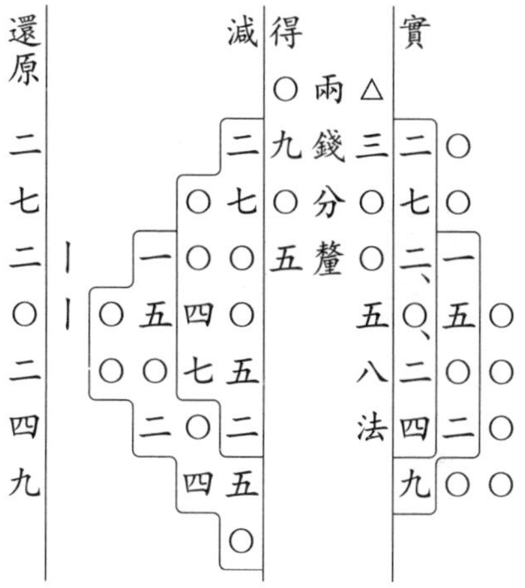

列位之理：〔所欲知者，每千之價，故以千爲單，以萬爲十，以十萬當百，與原銀對列。其書商數，如式不錯，則得數之空位自明，定位亦自無舛。説見前。〕

〔此兩條互相還原。若以乘法還原，並用乘法第三條。〕

命分法

凡除法至單而止，故曰實如法而一。所謂一者，即單一數也。其有除至單數而仍有不盡之餘實，或法之數本大於實，皆不能成一整數，則以法命之。其法有二：

其一，除之至盡。如計輕重者，不滿一兩，則除之爲若干錢、若干分及釐、毫、絲、忽，前條法大實小，及得數單下仍有數位者是也。〔若授時曆萬分爲度，百秒爲分，及錢鈔論貫，貫之下有百有十有零文，尤爲易見。〕

其一，以法數爲分母，不盡之數爲分子，命爲幾分之幾。〔如以三除五，内除三數滿法，成一整數，餘實二，不能成整，則以此二數各剖爲三分，共成六分，而以三除之，各得二分，是爲三分之二也。〕

假如十九人分銀二百五十四兩，問：各若干？

答曰：各十三兩零十九分兩之七。

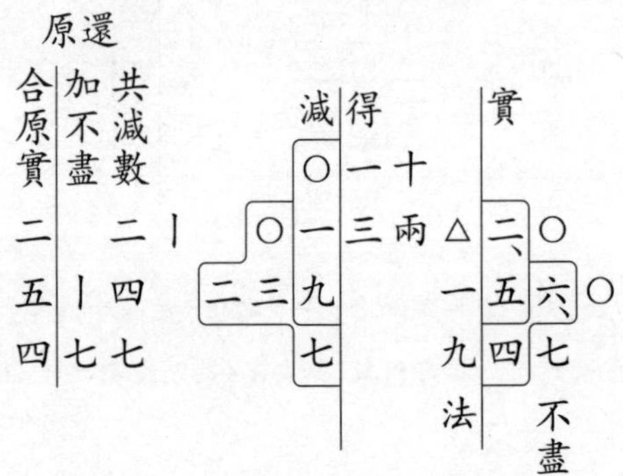

〔以十九人爲法，除二百五十四兩，各得一十三兩，不盡七兩，以法命之。其法以法十九命爲分母，不盡七數爲分子，命爲十九分兩之

七。解曰：一整兩各剖爲十九分，則不盡之七兩共剖爲一百三十三分，以十九人分之，各得七分。并整數分數，爲每人分得一十三兩零十九分兩之七。〕

〔若用乘法還原，法以十九人乘得數十三兩，得共二百四十七兩，加入不盡七兩，共二百五十四兩，合原實。〕

〔若用除法還原，法置原實，内減不盡之數七兩，餘二百四十七兩爲實，每人十三兩爲法，法除實得十九人。〕

論曰：古人只用命分，後世乃有除之至盡之法。然終不能盡，〔如以十九人除七兩，各得三錢六分八釐四毫二絲一忽，終餘一忽。〕故不如命分之簡妙。〔如錢糧尾數，一忽之下，仍有微纖等七位〔一〕不等，徒滋繁文，無裨實用，然亦終不能盡。若命分之法，只一語喝盡，更無滲漏，然後知古法爲無弊。〕

省除法〔舊名定身除，亦名減法，凡法首位是一數者用之〔二〕。〕

假如漕糧正耗共五百〇四石，每正米一石除耗四斗，問：正米若干？

答曰：三百六十石。

〔一〕七位，康熙本、曆象合要本同，輯要本作“十位”。按：“忽”以下，常見錢糧計量單位有微、纖、沙、塵、埃、渺、漠，共七位，輯要本誤改。

〔二〕輯要本此處有“其列法實得數及定位皆與除法同”十四字，以下兩例圖式，輯要本列法、實、得數、減數之位，並與前除法圖式同。

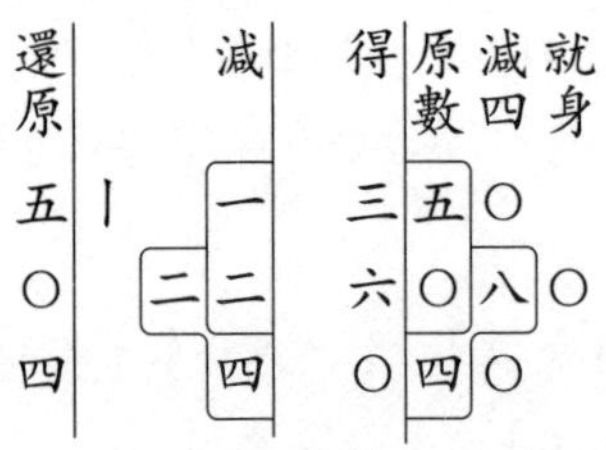

〔先以原數五定正數爲三，書直線左。以應減耗數四乘所定正三得耗一十二，併正三共得四二，以減原數五〇，餘〇八。次以餘數八定正數爲六，書正數三之下。以減耗四乘六得二十四，併正六共得八四，減餘數恰盡。合得數、減數併之，即還原數。或用加四，亦同〔一〕。〕

定位：〔凡省除，皆以原數定位。〕

省除又法〔古謂之求一除法。〕

凡定身除，惟法首是一數者可用。今以倍半之法求之，則法首皆變爲一數。

其法遇法首位是二是三，法實皆折半；遇四，則折半兩次；遇五、六、七、八、九，法實皆加倍。〔如此，則法首位皆成一數。〕

假如前條六十四人分銀四萬八千兩，用除法，各得七百五十兩。今以法實各折半兩次，用定身除，所得亦同。

〔一〕"合得數"至"亦同"，輯要本删，增補"本應併正耗得一四，以除漕糧餘數恰盡，今因法首是一，省不用，止以四斗除之，所得亦同"句。

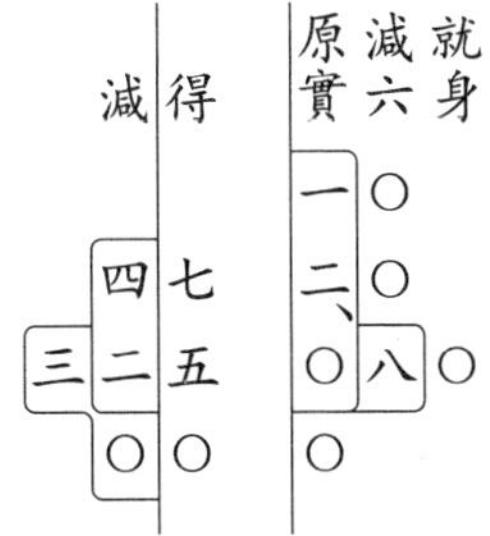

〔先以法六十四折半作三十二，又折半一十六爲法，實四萬八千折半作二萬四千，又折半一萬二千爲實。用定身除法，先以實首兩位一二定七爲得數，法去首位一不用，只用六，以乘得數七得四十二，書左，併得數七共一一二，以減原實一二，餘〇〇八。次以餘實八定五爲得數，亦以法六乘得三〇，挨書於左，以減餘實八，恰盡。〕

定位：〔得數七對原實千，因法是有十之數，退一等作七百，定所得爲七百五十兩〔一〕。假如十人七千，即每人七百，故法有十者退一位也。準此推之，法有百退二位，有千退三位。萬以上，倣此論之。凡省除依原實定位，當知此訣。〕

併除法〔舊名異除同除。〕

凡有當除數次者，則以法相乘爲法，作一次除之，亦簡法也。〔如以四除之，又以五除之，又以七除之，則以四乘五得二十，又以七乘得一百四十，共爲法以除之，是併數次除爲一次除也。〕

假如經商獲利二千兩，原本三千二百兩，已經四年，問：每年每兩之息。

〔一〕兩，原作“石”，據輯要本及刊謬改。

答曰：每兩息一錢五分六釐二毫半。

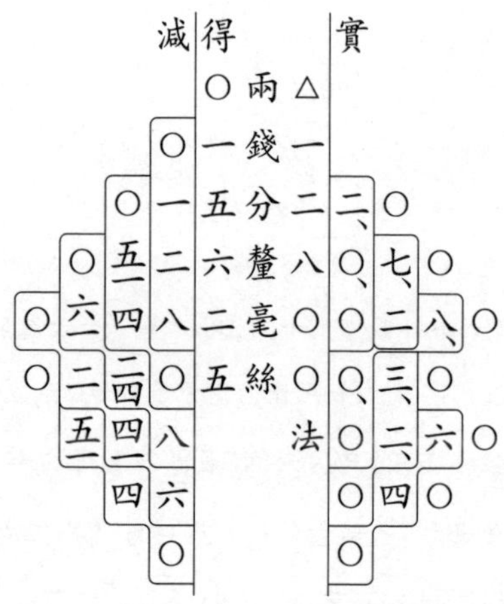

法曰：先以四年乘原本三千二百，得一萬二千八百，爲總法。〔本法宜以三千二百除二千，得每兩之息，再以四年除之，得每年每兩之息。今併兩次除爲一次除，是簡法也。〕

截除法〔與併除相反，所以便初學。〕

凡除有法數位繁者，或可以截爲兩次除，以從簡易。

假如五十六人分銀一千五百一十二兩，各若干？

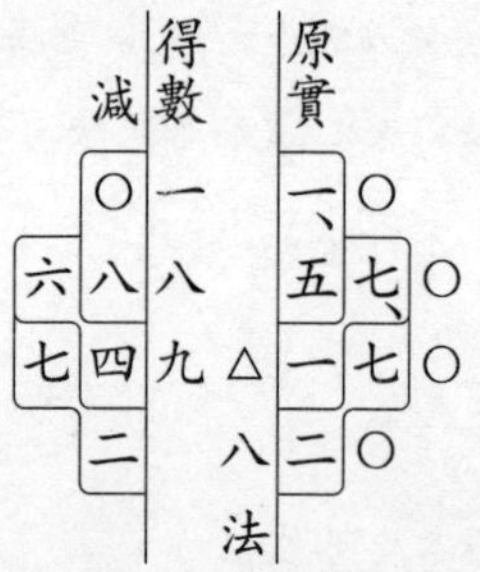

答曰：各二十七兩。

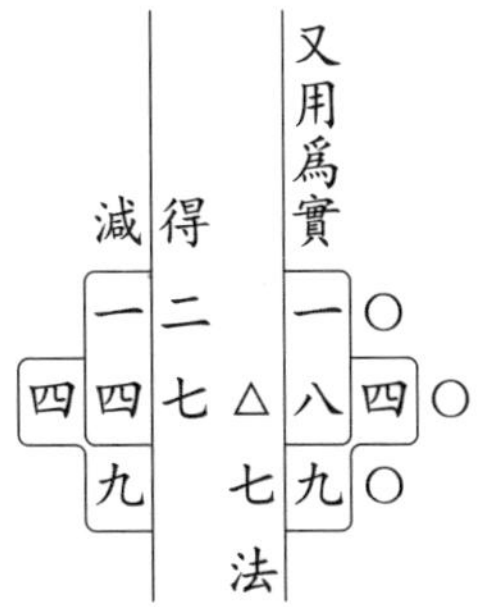

〔此因法五十六是七八相乘之數，故先以八除，得一百八十九兩。仍用爲實，再以七除之，得二十七兩。合問。〕

〔或先用七除，得數二百一十六兩；復以八除之，亦得二十七兩，爲每人數。〕

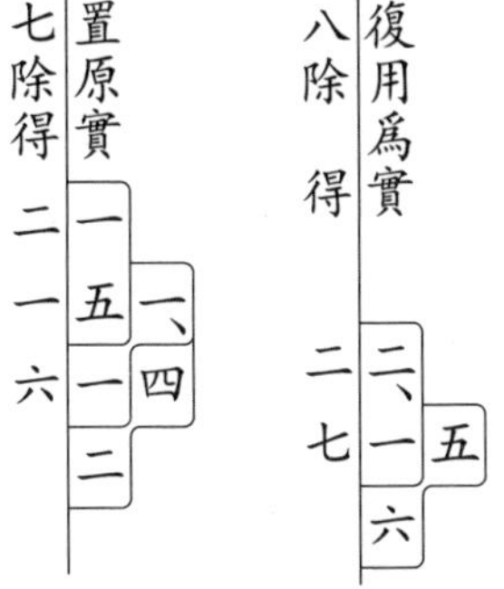

〔右省除式也，衹作一直線，書原實於右，紀得數於左，而以九九數呼而減之，不必另書減數。凡法只一位者，用此爲便。〕

假如銅一百二十八斤，價二十兩，問：每斤若干？

答曰：每斤一錢五分六釐二毫半。〔原法三位，今用截除三次，俱一位爲法，可用省除。〕

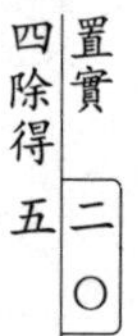

〔先以四爲法,除實二〇,得五兩,爲三十二斤共價。〕

〔復以四爲法,除五兩,得一兩二錢五分,爲八斤共價。〕

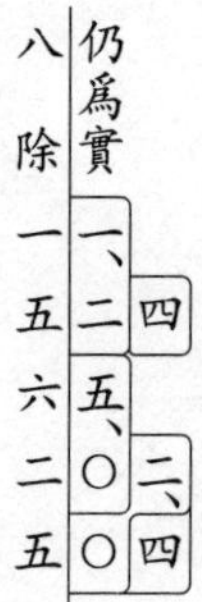

〔復以八爲法,除一兩二錢五分,得一錢五分六釐二毫半,合問。〕

假如銀一千〇八十兩,置田二百一十六畝,問:田價每畝若干?

答曰:五兩。〔原法三位,今用六除三次,亦同。〕

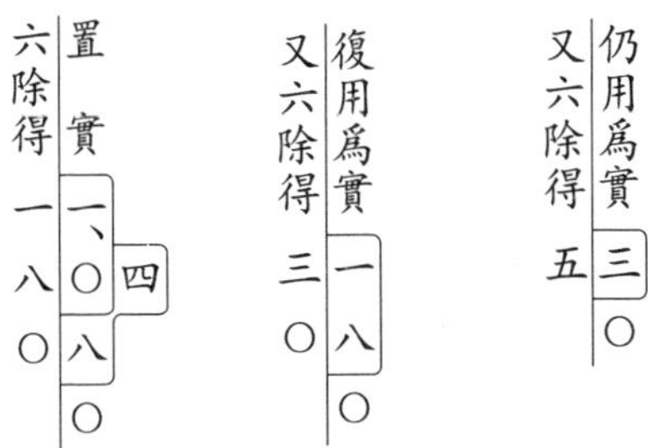

約分法

凡命分有可約者，以法約之。古法曰：可半者半之；不可半者，以少減多，更相減損，求其有等，以等約之。〔以等數除母子數，則皆除盡，西人謂之紐數。〕

假如八十一人分銀廿七兩，問：各數。

答曰：各得三分兩之一。

分母	分子	減餘	又減分子	仍餘
八一	二七	五四	二七	二七

法曰：〔以八十一除二十七，不能各得一兩，依命分法，八十一爲分母，二十七爲分子，命爲八十一分兩之二十七，又以法約之，爲三之一。〕

解曰：〔八十一是三箇二十七，若剖每兩爲八十一分，即各得其二十七分，是三之一也。〕

〔約分法曰：置分母八十一，用遞減法，以分子二十七減之，餘五十四；復以二十七減之，仍餘二十七。如是則兩數齊同，是有等也。即用此等數二十七爲法，轉除分母八十一得三，除分子得一。如此則不用細分，但以每兩均剖爲三，而各得其一分，即三人共一兩也。〕

〔若分子是五十四,則用轉減法,以子五四轉減母八一,餘廿七;又以母餘二十七轉減子五四,亦餘廿七,是相等也。就以此等數廿七爲法,除母八一得三,除子五四得二,是爲約得三之二。〕

假如米八十五石分給一百〇二人,問:各若干?

答曰:各得六分石之五。

法曰:〔人多米少,不能各一石,依命分法,以一〇二爲分母,八五爲分子,命爲一百〇二之八十五。以法約之,爲六分之五。〕

又減餘	又減餘	又減餘	轉減餘	減餘	分子	分母
						一
一	三	五	六	一	八	〇
七	四	一	八	七	五	二

〔約分法曰:置分母一百〇二,以分子八十五減之,得餘十七。用轉減法,以餘十七減分子八十五,餘六十八;又遞減之,餘五十一;又減之,餘三十四;又減之,餘亦十七,是相等也。就以此等數十七爲法,轉除母數一百〇二得六,除子數八十五得五,約爲六分之五。〕

〔解曰:一百〇二是六箇十七,八十五是五箇十七,故曰六之五,即六人共米五石也。〕

〔若以米每石均分六分,八十五石共得五百一十分爲實,以一百〇二人爲法除之,得五。是每人所得,爲一石米中六分之五也。〕

終

筆算卷三

異乘同除法

以先有之數知今有之數，兩兩相得，是生比例，莫善於異乘同除，乃古九章之樞要也。先有者二，今有者一，是已知者三，而未知者一，用三求一，故西法謂之三率。

今先明同異名之説，以著古法；次詳三率之用，以顯通理。

異者何也？言異名也。同者何也？言同名也。假如以粟易布，則粟與粟爲同名，布與粟爲異名矣。

何以爲異乘同除也？主乎今有之物以爲言也。假如先有粟若干，易布若干；今復有粟若干，將以易布，則當以先所易之數例之。是先易之布與今有之粟異名也，則用以乘，是謂異乘。若先有之粟與今有之粟同名也，則用以除，是謂同除。皆用以乘除今粟，故曰主乎今有以爲言也。〔置今有粟，以異名之布乘之爲實，再以同名之粟爲法除之，是皆以今粟爲主，而以先有之二件乘除之也。〕

古圖

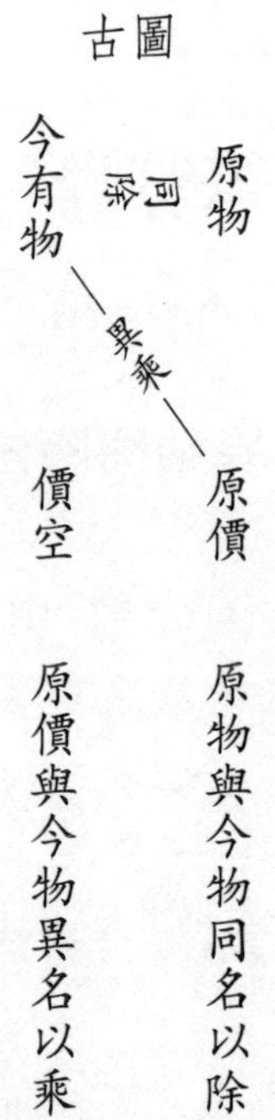

歌曰：此法有四隅，内有一隅空。〔"空"當作"虚"。〕

異名斜乘了，同名兑位除。

問：何以不先除後乘？曰：以原總物除原物總價，則得每物之價，以乘今有總物，亦可得今有之總價。然除有不盡，則不可以乘，故變爲先乘後除，其理一也。

假如原有豆一百〇八石，價銀三十六兩，今有豆一百三十五石，問：價若干？

答曰：四十五兩。

法曰：置今豆一百三十五石，以原豆價三十六兩乘之，得四千八百六十兩爲實，以原豆一百〇八石爲法除

之，得四十五兩，爲今豆應有之價。〔此以物求價也。若還原，則以價求物。〕

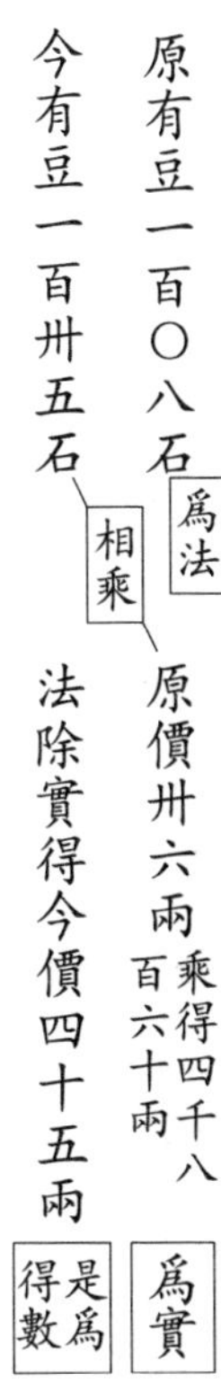

假如原有銀四十五兩，買豆一百三十五石，今有銀三十六兩，問：豆若干？

答曰：一百〇八石。

法以豆一百三十五石乘價三十六兩，得四千八百六十石爲實，以價四十五兩爲法除之，得一百〇八石。合問。

西人三率法

其法以先有之二件爲一率、二率，今有之二件爲三率、四率，則前兩率之比例與後兩率之比例等，故其數可以互求。

〔今有之二率先只有其一，合前有之二率，共爲三率以求之，而得今有之餘一率。是以三求一，故曰三率法，實四率也。〕

假如一率是三，二率是四，三率是九，則四率必爲十二，何也？三與四之比例，若九與十二也。故以四、〔二率。〕九〔三率。〕相乘〔卅六。〕爲實，以三〔一率。〕爲法除之，必得十二。〔四率。〕

若互用之，以四率爲一率，則十二與九之比例，若四與三，故曰可以互求。〔此即還原之理。〕

〔解曰：以三比四，以九比十二，並三分加一之比例。以十二比九，以四比三，並四分減一之比例。凡言比例等者，皆如是。〕

後		前	
四率	三率	二率	一率
十二	九	四	三
	相乘		
	六十三		
爲得數	爲實		爲法

互求：

三	四	九	一十二
	相乘		
	六卅		
爲得數	爲實		爲法

〔此以上圖之四率爲一率也，故其序皆倒，而所得四率即上圖之一率。〕

又更而互之：

後		前	
四率	三率	二率	一率
四	三	十二	九
得數	實		法

〔此以前圖之前兩率爲後，後兩率爲前也。〕

互求還原：

九	十二	三	四
得數	實		法

凡二、三相乘，與一、四相乘等積，此立法之根，觀右圖可明。〔四、九相乘三十六，而十二與三相乘亦三十六，故以三除三十六得十二，以十二除三十六，亦復得三。此前兩圖互求之理。若更一、四爲二、三，其實同爲三十六，故以四除之得九，以九除之，亦復得四。此後

兩圖互求之理。〕

又錯綜之：

前	一率	三	十二	九	四
	二率	九	四	三	十二
後	三率	四	九	十二	三
	四率	十二	三	四	九

此又以前圖之二與三更之,則前兩率之第二變爲後兩率之第一,而其比例亦等。〔凡一率、二率爲前兩率,乃先有之二件也。三率、四率爲後兩率,乃今有之兩件也。今以二率、三率相易,則是先有之次率變爲今有之首率也。然以比例言之,在前圖爲三與四若九與十二者,在此圖則三與九亦若四與十二也。〕

若以一率除二率,得數以乘三率,亦得四率。〔如以一率三除二率九得三,以乘三率四,亦必得四率十二;以一率四除二率十二得三,以乘三率三,亦得四率九。但先除後乘,多有不盡之分,故異乘同除,爲算家大法,乃中西兩術所同也。〕

試仍以古圖明之。

原有小麥十二石　換食鹽九石

今有小麥四石　換食鹽三石

〔俱四分之三比例。若以上下左右更置,即成三率之前四圖。〕

更之:〔以縱爲横。〕

原有粱米三石　換棉布九疋

今有粱米四石　換棉布十二疋

〔俱三倍之比例。若以上下左右更置,即成三率之錯綜四圖。〕

辨法實

凡三率之用，皆以二率乘三率爲實，首率爲法除之，以得所求爲四率。

然何以定其孰爲一率，孰爲二率、三率也？曰：此則古人同異名之法，不可易也。訣曰：凡今有之已知者，常定爲三率。〔其未知者，待算而知，則常爲四率。〕視先有之物，與三率之今有同名者，定爲首率。其與今有異名，必爲二率矣。

又訣曰：凡三率之法，以三件求一件。其所求之一件未知，而三件則已知也。此已知之三件中，必有兩件同名。〔如價與價、物與物之類。〕就以此同名之兩件，審其孰爲先有者，定爲首率。〔其今有者則爲三率，而其餘異名之一件，亦必先有也，恒爲二率。〕

假如有句股形田，長一百三十五步，闊四十五步，今截相似形，長一百〇八步，問：闊若干？

答曰：截闊三十六步。

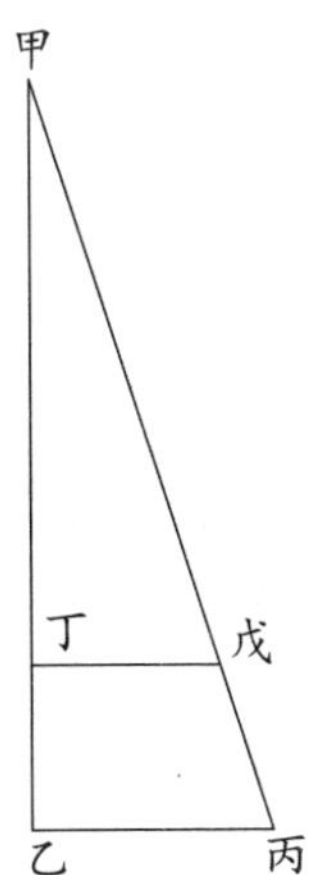

一率	甲乙原長〔一百卅五〕步	爲法
二率	乙丙原闊〔四十五〕步	相乘〔四千八百六十〕步爲實
三率	甲丁截長〔一百〇八〕步	
四率	丁戊截闊〔三十六〕步	法除實得數

定法實訣：

以今截長一百〇八步定爲三率；長與長同名，以原長一百三十五步定爲首率；闊與長異名，以原闊四十五步定爲二率。

又訣：〔此已知之三件，是原長、原闊、截長。内長與長同名，以原長是先有之數，定爲首率。截長是今有之數，爲三率。原闊與長異名，爲次率。〕

按：原長與原闊即大句、大股，截長、截闊即小句、小股也，四者皆可以遞互相求。三率中更互錯綜之理，尤爲易見。

一	大股	法	小股	大句	小句
二	大句	實	小句	大股	小股
三	小股		大股	小句	大句
四	小句	得數	大句	小股	大股

以比例言之，大股與大句若小股與小句也；更之，則小股與小句亦若大股與大句也。此爲以股求句。反之而以句求股，則大句與大股亦若小句與小股也；又更之，則小句與小股亦若大句與大股也。

一	大股	大句	小句	小股
二	小股	小句	大句	大股
三	大句	大股	小股	小句

四　小句　小股　大股　大句

又錯綜之，則大股與小股若大句與小句也，而大句與小句亦必若大股與小股矣；又小句與大句若小股與大股也，而小股與大股亦必若小句與大句矣。是爲三率之八變。

異乘同除定位法

三率定位，與乘法除法無異。〔乘法以實單位爲根，定所對得數爲法尾數。除法以法首上一位作識，定所對得數爲所求單數。並詳前卷。〕但所用之實，以二率、三率相乘而得，握算者或疑其數之驟陞，而不能守其定法，則定位必訛，而其理益晦矣，故復論之。〔諸家算術往往有定位不確者，皆由見乘後數多，未免驚怖，而輒爲酌改故也。〕

假如六箇時辰馬行二百一十里，今行五箇時辰，當有若干里？

答曰：一百七十五里。

論曰：試以六時除馬行二百一十里，得每時行三十五里，以乘五時，亦得一百七十五里，原無可疑。今先乘後除，故以一千〇五十里爲實，驟觀之似乎

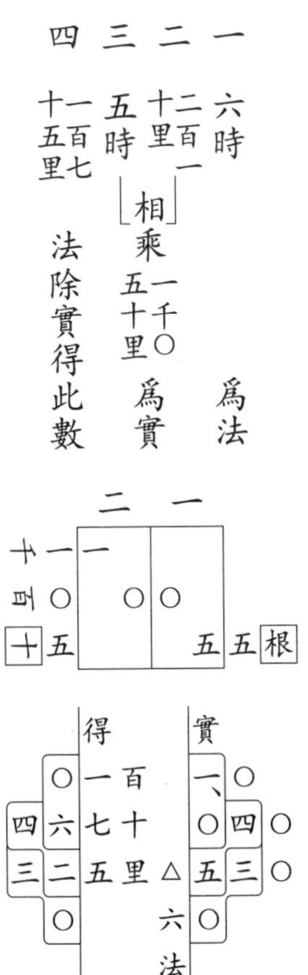

太多，究竟除後適得其本數而已。

假如銀三十二兩，換錢三萬六千文，今有銀二十八兩，問：錢若干？

答曰：三萬一千五百文。

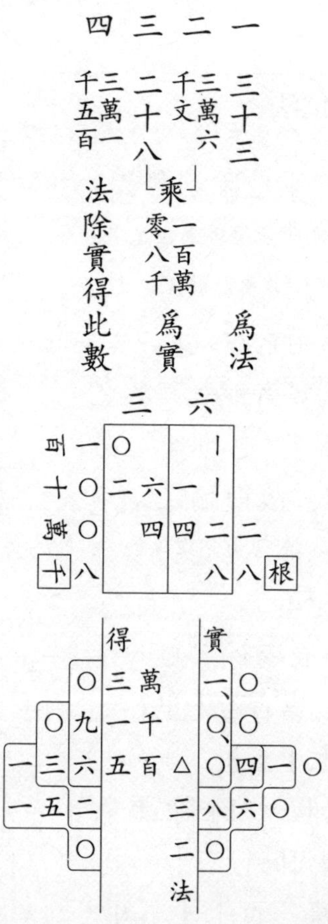

若以三十二兩除三萬六千，得每兩錢一千一百二十五文，以乘二十八兩，亦得三萬一千五百文。〔知得數

之同,則知一百萬零八千之非誤。〕

異乘同除約分法

三率内有兩率相準,可用約分者,即改用所約之數,易繁爲簡,如法乘除,所得無誤,而用加捷矣。〔兩率者,其一首率,其一次率或三率也。凡以法約之,必兩率相準。次率、三率袛用其一,皆取其與首率相準也。或兩率並爲偶數,則俱折半;或兩率並可均剖爲四,則折半兩次;或兩率並可均分爲三,則各取三之一;或兩數互減而得等數,則以等數約之,並如約分法。〕

一率	十八	九		六	
二率	十六	八	〔此因首率、次率皆偶數，故折半。〕	十六	〔此用首率、三率，各取三之一。〕
三率	九十九			三十三	
四率	八十八			八十八	
〔論其比例，爲十八比十六，若九十九與八十八也。〕		〔半之，則九與八之比例，亦若九十九與八十八。〕		〔以三約之，則六與十六之比例，若三十三與八十八。〕	

一率[一]	二		一	
二率	十六	〔此用首率、三率，各取九之一。〕	八	〔此用九約之數，復以首、次折半〕
三率	十一		十一	
四率	八十八		八十八	
	〔以九約之，則二與十六之比例，若十一與八十八。〕		〔再約之，則爲一與八，若十一與八十八。〕	

假如賃房九箇月,銀七十八兩,問:住二年該若干?

答曰:二百零八兩。〔法以二年成二十四個月,依式列之。〕

〔一〕原與前表爲一表,今由於排版原因分作兩表,並依例補表頭。以後不再出注。

			重列		
一	九個月	約爲三		三	又約爲一
二	七十八兩			七十八	約爲廿六
三	二十四月	約爲八		八	
四				二百零八	〔八乘廿六，即得此數。〕

假如八色金六十兩，換銀二百八十八兩，今有九色金五十兩，該若干？

答曰：二百七十兩。〔此以金折成足色，六十兩作四十八兩、五十兩作四十五兩算之。〕

			重列		
一	四十八兩	約爲一十六		一十六	又約爲一
二	二百八十八兩			二百八十八	約爲一十八
三	四十五兩	約爲一十五		一十五	
四				二百七十	〔十八乘十五得此數。〕

〔右皆約得一數爲首率，故不須除。但以二率乘三率，即得所求爲四率。〕

重測法〔三率有疊用兩次者，謂之重測，即兩箇異乘同除。〕

假如有夏布四十五丈，欲換棉布，但云每夏布三丈，價二錢，棉布七丈，價七錢五分，問：換棉布若干？

答曰：二十八丈。

一	夏布	三丈	先用爲法
二	價	二錢	乘得九兩爲實
三	今夏布	四十五丈	
四	價	三兩	法除實得此數

重列：

一	價	七錢五分	又用爲法

二	棉布	七丈	乘得二十一丈爲實
三	今價	三兩	
四	棉布	二十八丈	法除實得此數

此因兩布各有其價,故先用法求得第四率,以夏布變爲銀,就以此定爲重列之第三率。〔即今價也。〕而以棉布價〔七錢五分〕爲首率,〔以與今價同名也。〕棉布〔七丈〕爲次率,〔以與今價異名也。〕如法乘除,得所换棉布爲四率。

併乘除法

以兩次乘除併而爲一,是合兩三率爲一三率也,即古法之同乘同除。〔古以併乘爲異乘同乘,以併除爲異除同除。今乘除俱用併法,故謂之同乘同除也。〕

假如今有芝麻五十四石,欲换黄米,但云芝麻三石换緑豆五石,緑豆四石换黄米三石,問:該换黄米若干?

答曰:六十七石五斗。

本法:

一　麻　三石

二　豆　五石

三　今麻　五十四石

四　該豆　九十石

重列:

一　豆　四石

二　米　三石

三　今豆　九十石〔此重列之第三,即先得之第四,乃本法也。〕

四　米　　六十七石五斗

簡法：〔即併法。〕

一	二	三	四
豆乘麻	米乘豆	今麻	
十二石	十五石		
約爲四	約爲五	五十四石	六十七石五斗
	乘得二百七十石		法除實得此數
爲法	爲實		

〔今以兩首率相乘爲首率，亦以兩次率相乘爲次率。以兩九十石對去不用，故三率省乘，是爲併法，實簡法也。〕

論曰：本用兩次乘除，今以豆〔四石〕乘麻〔三石〕得〔十二石〕以除，是併兩次除爲一次除也；以米〔三石〕乘豆〔五石〕得〔十五石〕以乘，是併兩次乘爲一次乘也。依法求之，即得所换米〔六十七石五斗〕，與兩次求者數同。〔又因一率、二率可用約分，約之爲四與五，而法益簡。〕

然則第三率何以獨異？〔第三率徑用今麻，不以豆九十石乘之，是與併兩首率爲首率、併兩次率爲次率者迥别。〕曰：重列之第三，即先得之第四，故可以對去不用。不惟不用，亦可不求，〔重列之第三率既無乘併之用，則原列之第四率不必更求其數。〕而乘除之用已備，〔今麻原係第三率，今仍用爲第三，是三率之用本無所缺。〕即所求之得數已清矣，〔若第三率用豆九十石乘過之麻，則所得第四率亦必爲豆九十石乘過之米。得數後，必以九十石除之，始能清出米數，反多曲折。今對去豆九十石不用，則所得四率即米數，直截了當。〕故爲簡法。

又式：

假如有戰兵七百名，每年額餉一萬二千六百兩。内有新着伍兵三百名，已經應役七個月，問：該餉銀若干？

答曰：三千一百五十兩。

依重測併乘除法，當以〔十二月〕乘〔七百名〕得〔八四〇〇〕爲法；以〔七個月〕乘〔一萬二千六百〕得〔八八二〇〇〕，又以〔三百名〕乘之，得〔二六四六〇〇〇〇〕爲實。法除實，得三千一百五十兩，爲兵三百名七個月之餉。

今用約分，以〔七百〕與〔三百〕約爲七與三，〔皆百約之。〕則首率、次率各有〔七〕，對去不用，可省併乘。

重列之時，徑以〔十二〕爲首率，餉銀〔一二六〇〇〕爲次率，〔三〕爲三率，依法乘除，而得四率。又以首率〔十二〕、三率〔三〕約爲四與一，則可徑以餉〔一二六〇〇〕

一	二	三	四
七百名 約爲七	一萬二千六百	三百名 約爲三	空 準前論不求第四率

一	二	三	四
十二月	七月	空	

重列

一	二	三	四
十二 約爲四	一萬二千六百	三 約爲一	三千一百五十

爲實，以四爲法除之，得〔三千一百五十〕。合問。

變測法〔古謂之同乘異除，在三率謂之變測，即幾何原本之互視法也。〕

凡異乘同除，皆以先有之一率爲法，〔即首率。〕以先有之又一率乘今有之一率爲實。〔即二率、三率相乘。〕

若同乘異除，則反以今有之一率爲法，〔同文算指列於第三，今依法實之序，定爲首率。〕以先有之兩率自相乘爲實。〔同文算指列於第一、第二，今定爲第二、第三。〕雖亦以法除實，得今所求之又一率，〔即四率。〕與諸三率同，而法實相反，故曰變測。

假如用秤稱物，物重，秤不能稱，外加一錘，稱得八十四斤。本錘一斤五兩，加錘一斤三兩，問：其物實重若干？

答曰：一百六十斤。

一	錘重二十一兩		爲法
二	加錘共四十兩	乘得三千三百六十斤	爲實
三	稱重八十四斤		
四	實重一百六十斤		法除實得數

法以錘〔一斤五兩作二十一兩〕加錘〔一斤三兩作十九兩〕，共重〔四十兩〕，爲先有之一率。稱重〔八十四斤〕爲先有之又一率，相乘〔三三六〇〕爲實。以本錘重〔二十一兩〕爲今有之一率爲法，法除實，得實重〔一百六十斤〕，爲所求今有之又一率。合問。

假如秤失去錘，有所稱物重一百六十斤。今以他物代錘，重四十兩。稱得重八十四斤，問：錘重若干？

答曰：一斤五兩。

一　物重一百六十斤

二　稱得重八十四斤

三　他物代錘重四十兩

四　錘重二十一兩

假如布幔一具，用布十六丈五尺，布闊二尺，今有布闊一尺五寸，如式作幔，該用若干？

答曰：二十二丈。

一　今闊一尺五寸

二　原闊二尺

三　原長十六丈五尺

四　今長二十二丈

假如儲粟方窖長一丈二尺，闊九尺，深一丈，今欲别穿一窖，藏粟與之等長，亦一丈二尺，但深加二尺五寸，該闊若干？

答曰：闊七尺二寸。

一　今深十二尺五寸

二　原深十尺

三　原闊九尺

四　今闊七尺二寸

〔此原長不動，而加深減闊也。〕

〔今深今闊相乘得九十尺，與原深乘原闊等。以乘長一十二尺，得一千零八十尺，亦等，則其藏粟等。〕

又問：若依原窖之闊九尺，但加長三尺，該深若干？

答曰：深八尺。

一　今長十五尺

二　原長十二尺

三　原深十尺

四　今深八尺

〔此原闊不動，而加長減深也。〕

〔今長乘今深，得一百二十尺，與原長乘原深等。以乘闊九尺，並得一千零八十尺。〕

假如有方倉高一丈八尺，闊二丈，深二丈一尺，今更造一倉，亦深二丈一尺，但高減三尺，問：闊若干？

答曰：闊加四尺。〔共闊二十四尺，所儲米石即同原倉之容。〕

一　今高十五尺

二　原高十八尺

三　原闊二十尺

四　今闊二十四尺

〔此原深不動，而減高增闊也，當與右二條參看。倉之高即窖之深，倉之深即窖之長。〕

〔今高乘今闊得三百六十尺，與原高乘原闊等，再以深二丈一尺乘之，得七千五百六十尺，與原倉之容積等。〕

假如原借八五色銀四十八兩，今還九六色銀，問：該若干？

答曰：四十二兩五錢。

〔解曰：原銀八五色，是每兩實折八錢五分，故以乘原銀得四十兩零八錢，乃折實紋銀之數也。還銀九六色，是每九錢六分成一兩，故以除折實紋銀得四十二兩五錢，爲應還之數。凡零乘數反損，零除數反增。詳別卷。〕

一　今銀色九六　爲法

二　原銀色八五

三　原借四十八兩

（二三）乘　四十兩零八錢　爲實

四　今還四十二兩五錢　法除實得數

假如有田一區，用三十二人耕治，五日而畢，今用四十人，問：該幾日？

答曰：四日。

一　今用四十人

二　原用三十二人

三　原耕五日

四　今耕四日

假如決水修池，水竇闊三尺，十二日涸出，今開闊八尺，問：水涸幾日？

答曰：四日有半。

一　今闊八尺

二　原闊三尺

三　原十二日

四　今四日半

假如額兵五千六百,設有一年之餉,今衹留兵三千三百六十名,問:其餉可支幾時?

答曰:一年零八個月。

一　今兵三千三百六十

二　原兵五千六百

三　原設餉十二個月

四　今可支二十個月

筆算卷四

通分法〔併減乘除並有子母通分之用，故别自爲卷。其畸零以十百千萬爲等者，不用此法。〕

凡整數下有零分，而不以十分成整，當用通分。其法以一整數剖爲若干分，是爲母數；其所帶零分在母數中得幾分之幾，是爲子數。

通分子母列位法

通分列位，其法有三：曰化整爲零，曰以整帶零，曰收零爲整。

假如有物一斤四兩，則以一斤通爲十六兩，加入所帶四兩，共二十兩而列之。

二〇〔斤以十六兩爲母，其所帶四兩是子。今化斤爲兩，則可乘除，謂之以母從子也。〕

若欲通爲銖，則以每兩二十四銖爲母，通二十兩爲四百八十銖。

四八〇〔此以斤通爲兩，兩又通爲銖，是兩次用通分也。〕

若畸零累析，有用通分三次、四次以上者，準此論之。

如皇極經世一元有十二會，一會有三十運。兩次通之，則一元有三百六十運。一運有十二世，一世有三十年，兩次通之，則一運有三百六十年。

若以元通爲年，則用四次，〔元通爲會，會又通爲運，運又通爲世，世又通爲年，是四次用通分也。〕通得十二萬九千六百，爲一元年數。

假如古曆十九年七閏，謂之一章，其月謂之章月〔一〕。

二三五〔此以每年十二月通十九，得二百二十八月，加入閏月七，共得二百三十五月，爲一章之月。〕

右化整爲零。古通分法曰：通以分母，納以分子。蓋言以分母通其整數，而以所帶零分加入也。然亦有不納子而但通其整之時，既以分母通之，則整數不用，全化爲分，故西學謂之化法。

別有變零爲整之法，與此化整爲零之法似同而實不同。所以爲零乘之用，蓋化整則全化爲零而不用整，變零則全變爲整而不用零。其數則同，〔謂自一至九之數。〕其等則異。〔謂如零陞爲單，單陞爲十之類。〕詳見零除條。

凡通分化整爲零，以便乘除，不必更書其母。若列位本法，以整帶零，當以母數、子數並而書之曰幾分之幾。〔若分下帶有小分，則曰幾分之幾又幾分分之幾。〕

假如有整數二十五，帶有零分爲整數十二分之七，又仍帶零秒爲分數三十分之十四。

〔一〕此算例輯要本無。

二五

十二之七

三十之十四

〔此如曆法一週十二宫，一宫三十度，今算得星行二十五週又七宫十四度也。〕

假如有整數十六，又帶零數爲整數七分之五。

一六

七之五

〔此以一整數剖爲七分，而所帶零分適得其五也。七爲分母，五爲分子。〕

假如有零數爲整數三十分之十四，又帶有小分爲分數六之五。

〇

三十之十四

六之五

〔此原無整數，但有分，又有小分。其分以三十爲母，十四爲子，是一整數剖爲三十而得其十四也。小分以六爲母，五爲子，是一大分又剖爲六而得其五也。小分母古謂之秒母。〕

右以整帶零。

凡母數必大於子數，其常也。乘除之後，有子數反多者，法當以母數收之爲整，而帶其零。

假如有零分十六,其分母九。〔此爲子數反大,當以母數收爲整。〕

十六 九之

收得

一

七 九之

〔十六分内除九分收爲整,餘七分,是爲整一又九分之七也。〕

假如方田之法以方五尺爲步,其積二十五尺,今有積七十尺。

收得	
二	○
二十五之二十	二十五之七十

〔步法二十五尺,而積有七十尺,子數反多,法當收整。七十尺内除五十尺,收爲二步,剩二十尺,不能成步,是爲整二步又二十五分步之二十。〕

假如古曆法以十九年爲一章,四章爲一蔀,今距曆元中積一百年,問:在第幾蔀第幾章?

答曰:第二蔀第二章之第六年。

一蔀

一章

五年

〔法先以章法十九收九十五年成五章,剩五年。次以蔀法四收四章成一蔀,剩一章。通列之,成一蔀一章零五年,是爲已過之數,今正在交第

二蔀第二章之第六年也。〕

右收零爲整。〔凡欲乘除，必化整爲零。既乘除矣，仍必收零爲整。此二者相須爲用也。〕

此外仍有除零附整之法，其法以分母爲法，分子爲實，實如法而一，得零數爲整數十分之幾，或百分千分萬分之幾，所謂退除爲分秒也。見除法命分。

通分併子法

通分併子，其類有三：曰母同者，曰母不同者，曰大分又帶小分者。而所以併之之法有七：曰徑併法，曰變分母法，曰互乘法，曰連乘法，曰維乘法，曰截并法，曰通母納子法。

徑併法

凡分母數同者，徑併其子，併滿母數收爲整。〔數在三宗以上而母同者，皆可徑并其子。或大分之下帶有小分而分母同者，並用此法。〕

假如有絲五分斤之四，又五分斤之三，併之若干？

答曰：整一斤〔又五分斤之二〕。

併得		
五之七	五之三	五之四
歸整一又五之二		

〔此因兩母同爲五，故徑併其子。子數七，母數五，是子滿母數而且有餘也。當以母數收之，得整一零五之二。〕

以上分母同者，徑併其子，爲通分併法之一類。

變分母法

凡分母不同而有比例可求者，變而同之，可省互乘。

假如有數〔六之三〕，又加〔四之一〕，共若干？

答曰：共四之三。

六之三　變四之二
四之一
併得四之三

〔法以六之三母子各損三之一，變爲四之二，則兩母同爲四，而其子可併矣。所以然者，四與六是倍半比例，故去三分之一，即相同也。〕

假如有金〔八分兩之五〕，又〔四分兩之三〕，併之若干？

答曰：一兩又〔八分兩之三〕。

八之五
四之三　變八之六
併得八之十一
歸整得一又八之三

〔八與四爲折半比例，然不以八折半者，其子奇數，不可半也。故以四之三加倍，即母數齊同，可相併矣。〕

互乘法

凡分母不同而無比例可求者，先互乘以同其母，再以母互乘其子而併之。〔數在三宗以上而母不同者，皆可用此法。〕

假如有物〔四分石之三〕，又〔七分石之四〕，共若干？

答曰：整一石又〔廿八分石之九〕。

歸整得一	併得廿八	七	四
		互	
		之四	之三
		得廿八	
又廿八之九	之卅七	之十六	之廿一

〔先以右母四互乘左母七得廿八，又互乘子四得十六，變七之四爲廿八之十六。次以左母七互乘右母四及子三，變四之三爲廿八之廿一。兩母既同，遂併其子爲二十八之三十七。〕

〔以滿共母二十八收爲整一，仍餘九。〕

凡三母内有兩母相乘與餘一母同者，衹用一互乘，即可相併。

假如有甲乙丙丁四數，乙得甲〔七之六〕，丙得甲〔五之四〕，丁得甲〔卅五之二十三〕，若合乙丙丁三數，得甲數若干？

答曰：得甲數二〔又三十五之十一〕。

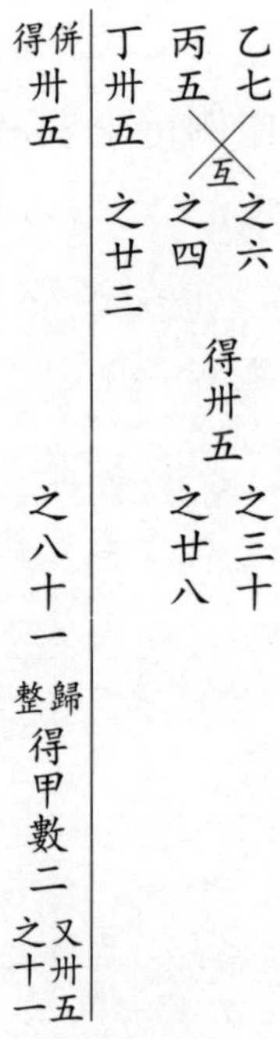

〔法以乙丙兩母相乘三十五，與丁母同數，即用乙母七互乘丙五之四，得三十五之廿八；丙母五互乘乙七之六，得三十五之三十。以併丁三十五之二十三，共得卅五之八十一，以滿母卅五成整數。合問。〕

連乘法

凡數三宗以上者，用母連乘爲共母。又以各母除之，得數以乘其子爲子，而併之，併滿共母收爲整。

假如有數六〔之四〕，又加三〔之一〕，又加五〔之四〕，併之若干？

答曰：整一〔又九十之七十二〕。

六之四　之六十　即六除共母得數以乘之四之數。

三之一　共母九十　之三十　即三除共母得數以乘之一之數。

五之四　之七十二　即五除共母得數以乘之四之數。

併得九十之一百六十二　歸整得一又九十之七十二

〔法以六乘三得一十八，又以五乘之得九十，爲連乘之共母。〕

解曰：此即互乘也。試以五互乘六之四，得三十之二十；又以三互乘之，即成九十之六十。以六互乘三之一，得十八之六；又以五互乘之，即成九十之三十。以六互乘五之四，得三十之二十四；又以三互乘之，即成九十之七十二。

維乘法〔此古維乘法也，與母除共母以乘子之法所得同。〕

假如錢糧一次完過〔九分之一〕，又完〔四分之一〕，又完〔八

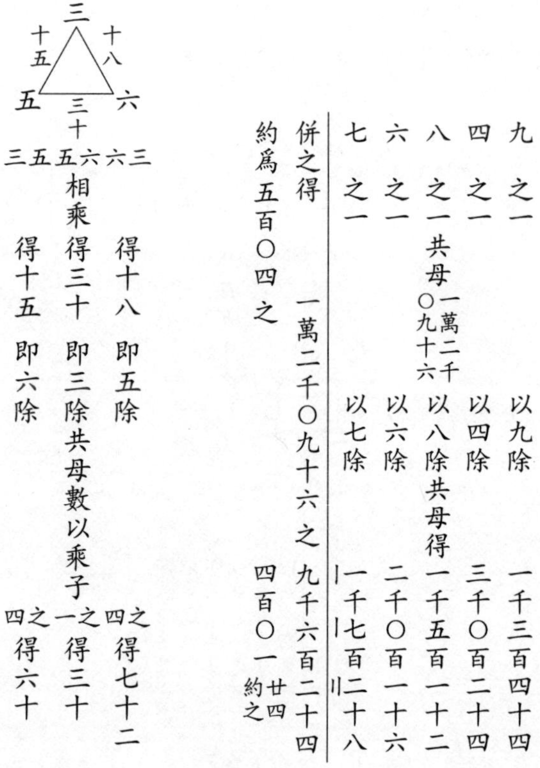

三
十五 十八
五 六
三十

六三 得十八 即五除 四之 得七十二
五六 相乘 得三十 即三除共母數以乘子 一之 得三十
三五 得十五 即六除 四之 得六十

九之一 以九除 一千三百四十四
四之一 以四除 三千〇二十四
八之一 共母一萬二千〇九十六 以八除共母得 一千五百一十二
六之一 以六除 二千〇一十六
七之一 以七除 〡一千〡七百〢二十八

併之得一萬二千〇九十六之九千六百二十四
約爲五百〇四之四百〇一〔廿四約之〕

分之一〕，又完〔六分之一〕，又完〔七分之一〕，問：共完若干？

答曰：五百〇四之四百零一。〔約爲十分之八稍弱。〕〔一〕

法：〔以八乘六得四十八，再以七乘之得三百卅六，又以九乘之得三千〇廿四，又以四乘之，即得一萬二千〇九十六。〕

解曰：〔此即連乘法也。但因分子皆爲之一，故即以母除共母之數爲子相併，而省一乘。〕

〔一〕圖式中十位進位“〢”原作“〡”，各本皆誤，今據校算改。

試用維乘，所得亦同。

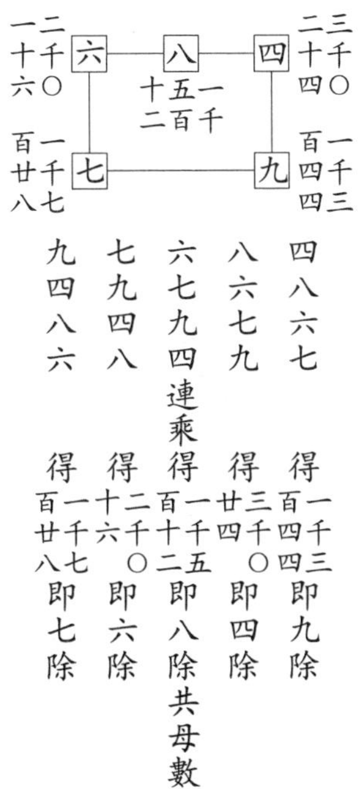

截併法

凡數件中有分母同者，先取出併之，然後與各件並列，則五件可作四件用，〔六件以上倣論。〕而共母亦簡。

如前圖有八之一、四之一，爲加倍比例，可先取併之。〔用變分母法。〕

八之一

四之一　變爲八之二

併得八之三

乃重列之。〔原數五宗，今作四宗入算，餘並同前。〕

解曰：共母原係一萬二千〇九十六，今只三千〇二十四，簡四之三，故所得之子皆於前式

八之三　之一千一百卅四
九之一　之三百卅六
七之一　之四百卅二
六之一　之五百〇四
共母三千〇二十四
併得三千〇廿四之二千四百〇六

甲三十之廿三
乙
丙二十一之廿六
丁
互六百卅之
四百八十三
七百八十
併得六百三十之一千二百六十三
歸整二又六百卅之三

爲四之一。

凡宗數繁多，而分母又各不同者，可分作幾次併之。

假如有物四宗，甲數〔五分斤之三〕，乙數〔六分斤之一〕，丙數〔三分斤之二〕，丁數〔七分斤之四〕，併之若干？〔用互乘。〕

答曰：整二斤又六百三十分斤之三〔一〕。

如上圖，依法互乘，以四宗併作兩宗，乃重列之〔二〕。

甲五之三
乙六之一
互得三十　之十八　之五
併得二十三

丙三之二
丁七之四
互得廿一　之十四　之十二
併得二十六

〔一〕見本頁左圖。
〔二〕見本頁右圖。

以上分母不同者,爲通分併子之又一類。

大分帶小分併法

凡大分之下帶有小分而母相同者,如法併之。自小分起,滿小分之母進爲大分,滿大分之母進爲整。

若大分之母同而小分母不同者,用互乘法使其同。〔餘如上法。〕

若大分母不同者,即通大分爲小分,再用互乘以同之。

假如西曆以一日分二十四小時,一時又析爲六十分。今算得中會二十九日十七時三十六分,實會該加七時四十分。依法併之,得三十日零一時一十六分。

原 二九 廿四之一七 六十之三六

加 || 廿四之〇|七 六十之四十

併得 三〇日 〇一時 十六分

〔時爲大分,大分之母二十四。時下爲小分,小分之母六十。先併小分,得七十六,以滿六十進爲一時,仍餘十六分。次併大分,得二十五時,以滿二十四進爲一日,仍餘一時。〕

假如修築河堤，新修七里〇六十六步一尺，舊堤原存一十二里二百九十三步四尺，問：堤長若干？

答曰：長二十里。

新修〇七　〇六六　一

原存|一|二　|二|九|三　四

共長二〇里〇〇〇步〇尺

〔里法三百六十，步法五。先併尺一、四，共五，進一步。次併步，共三百六十，進一里。次併里二、七及所進之一，共十里。併原十里，是爲堤長二十里。合問。〕

假如有硃砂八斤十兩〇九銖，又有三斤五兩十八銖，共若干〔一〕？

答曰：十二斤〇三銖。

八　一〇　〇九

|　|三　〇　|五　|一　八

共一二斤〇〇兩〇三銖

〔一〕此算例輯要本無。

〔銖滿二十四進一兩，餘三；兩滿十六進一斤；斤共十二，是爲一十二斤〇三銖。合問。〕

右大小分母俱同，故徑以子併。

假如甲數九〔之四〕，又小分〔五之四〕；乙數九〔之八〕，又小分〔八之三〕，併之若干？〔一〕

答曰：整一，又九之四，又小分四十之七。

先同其小分之母。

甲小分五　乙小分八
互
之四　之三
得四十
之卅二　之十五

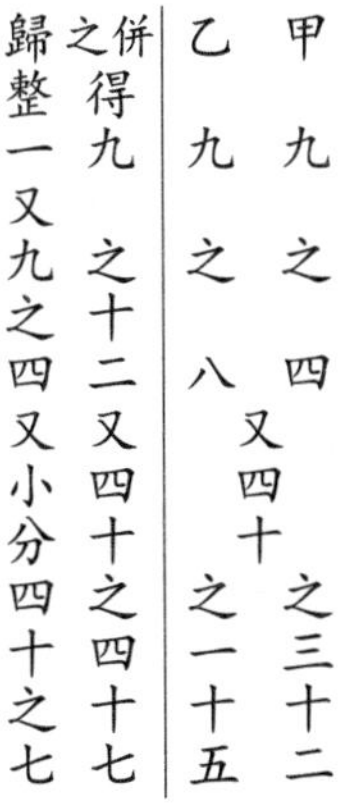

甲九之四又四十之三十二
乙九之八又四十之一十五
併之得九之十二又四十之四十七
歸整一又九之四又小分四十之七

〔先以小分母相乘，得四十爲共母。又互乘其子，變五之四爲四十之三十二，變八之三爲四十之十五。〕

小分母既同，乃重列而併之。〔餘同上。〕

〔小分滿四十，收爲大分一；大分滿九，收爲整一。〕

右係大分母同而小分之母不同，

〔一〕此算例輯要本無。

故互乘之使其同。

假如有田二坵，甲坵二畝〔又四分畝之三〕，又小分〔五之一〕；丙坵一畝〔又三分畝之二〕，又小分〔四之三〕，併之若干？

答曰：整四畝〔又六十分畝之四十三〕。

先以甲小分母五通大分四之三，爲小分二十之十五。加入原帶小分一，共二十之一十六，爲甲數。

又以丙小分四通大分三之二，爲小分十二之八。加入原帶小分三，共十二之十一，爲丙數。

解曰：〔此即古通分納子之法也。以大分盡通爲小分而納小分焉，實則以小分陞爲大分也。〕

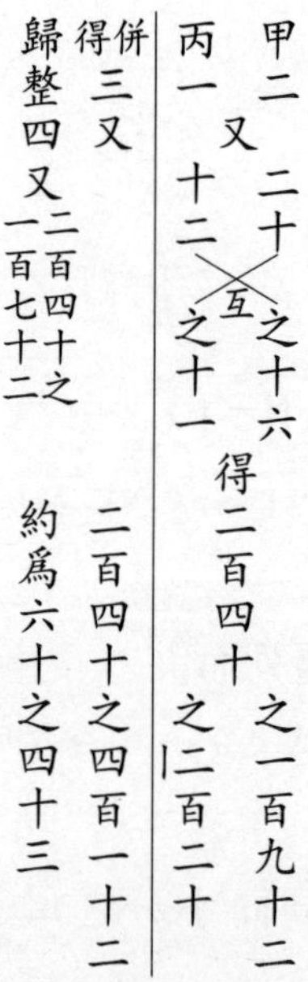

甲二又二十之十六

丙一又十二之十一

互

得二百四十

之一百九十二

之二百二十

併得三又二百四十之四百一十二

歸整四又二百四十之一百七十二

約爲六十之四十三

右係大分母不同，故盡通爲小分而併之。

以上大分帶小分法,爲通分併子之又一類。

凡通分併法,以通分減法還原。〔互見後條。〕

通分子母減法

通分減法亦有三類:曰母同者,曰母不同者,曰大分帶小分者。而其減之之法有五:曰徑減法,曰變分母法,曰互乘法,曰子乘母除法,曰通母納子法。〔併之與減,猶乘之與除,可以互相還原,相反而適相成也,故所用之法皆同。〕

徑減法〔數在三宗以上〔一〕而母同者,並用此法。〕

凡分母同者,徑以相減。不足減者,以分母通整數減之。

假如有紵絲一疋零五分疋之二,用過五分疋之三,問:仍存若干?

答曰:五分疋之四。

存	減	原
〇		丨一
五之四	五之三	五之二

〔此以之三減之二,則減數反大於原數,不足減,以借法作點於疋位,借原數一疋通作五分,併之二,共成五之七,内減去五之三,仍存五之四。合問。〕

以上分母同者,徑以對減,爲通分減法之一類。

〔一〕數在三宗以上,輯要本作"無論設數幾宗"。

變分母法

凡分母有可以比例言者，以比例同之，可省互乘。

假如有數六〔之三〕，又有數四〔之三〕，其較若干？

答曰：四之一。

較	六之三	四之三
四之一	變四之二	

〔四與六是倍半比例，故以六之三變爲四之二，則母數同而可以相減。〕

假如有整數一，零八之三，減去〔四之三〕，該存若干？〔一〕

答曰：八之五。

存數	減數	整數一
	四之三	八之三
八之五	變八之六	通爲八之十一

〔一〕此算例輯要本無。

〔以分母通整數爲八，納分子之三，爲八之十一；又以四之三倍作八之六。則母數同，可以相減，蓋八與四是加倍比例。〕

互乘法

凡分母不同者，先互乘以同其母，再以母互乘其子而減之。

假如有兩數，甲五之三，乙七之四，不知誰多？

答曰：乙不及甲三十五分之一。

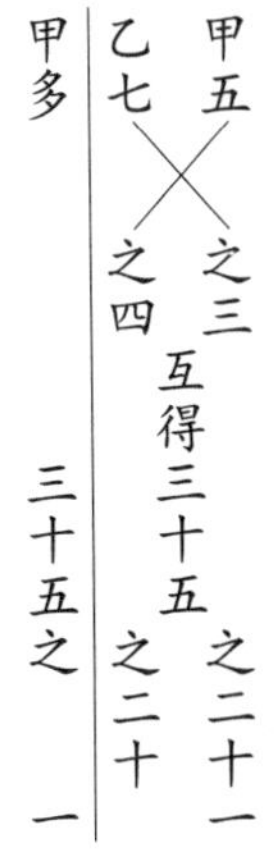

〔法以兩分母五、七相乘，得三十五爲共母。又互乘其子，變甲數爲三十五之二十一，變乙數爲三十五之二十。以相減，則乙不及甲者，其較爲三十五分之一。〕

凡分母同者，視其子爲大小；〔子數大者即大，小者即小。〕若子同而母不同者，反是。〔母數大者，子數反小。〕亦以互乘見之，如後圖。

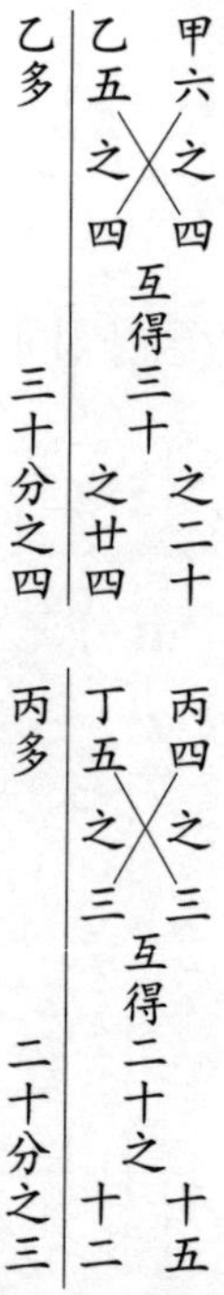

甲六之四　乙五之四　乙多

互得三十之二十　三十之廿四　三十分之四

丙四之三　丁五之三　丙多

互得二十之十五　二十之十二　二十分之三

右二則以分相較而辨其多寡，即古課分之法也。

凡三母内有兩母相乘與餘一母同者，只用一互乘，即可相減。

假如有甲數二，又〔三十五之十一〕，乙得甲〔七之六〕，丙得甲〔五之四〕，餘爲丁數，該若干？

答曰：丁得甲三十五之二十三。

甲數二三十五之十一通爲卅五之八十一

乙七之六之三十

減互得卅五

丙五之四之二十八

丁存三十五之廿三

〔先以分母通整數爲分，而納入分子。次以減數分母相乘爲共母，又互乘其子而併之，是爲三十五之五十八，以減甲數，仍餘三十五之廿三。合問。〕

子乘母除法

凡分母有可以相除者，以分母除其分母，得數轉以乘子而減之，其餘數仍以分母除之，即得約分之數。若原係兩分母互乘而併者，用此法可知原母。〔數在三宗以上而母不同者，並用此法，可代維乘。〕

假如有沉香一石零二十八分石之九，用去七分石之四，該餘若干？

答曰：四分石之三。〔用此與通分併子第四條假如對勘，可以互相還原。〕

共數一 廿八之九 變爲 三十七〔以分母通共數而納分子，即得此數。以減分母除共數分母，得數以乘減分子，即得〕

減 七之四 十六

存 廿八之 二十一 約爲四之三

〔法以分母通共數一爲二十八，併子之九共三十七，變共數爲二十八之三十七。又以減分母七除共數之分母二十八，得存數原母四，以乘減分子四得十六，變減數爲二十八之十六。兩相減，得所存數爲二十一。於是仍以減分母七除之，得存數原子三，變存數爲四之三。〕

〔論曰：此亦變分母法也，其數與互乘所得無異，但用互乘則數益煩，故用子乘母除之法，變七之四爲二十八之十六。母既相同，即可以相減矣。若互用異乘同除，則成三率之比例，如後圖。〕

一率〔分母七〕

二率〔分子四〕

三率〔分母廿八〕

四率〔分子十六〕

法以子之四乘所變分母二十八，得一百十二爲實，分母七爲法除之，得所變分子爲十六，其比例爲七與四若二十八與十六也。

又論曰：存數不用約分法，而竟以分母七除，何也？曰：約分之法以對減而得紐數，今分母七既可以除其母二十八，又可以除其子二十一，即紐數也，又何事於對減之煩乎？況用之互乘還原，尤爲親切。蓋互乘之共母，既以原母相乘而得，即無不可以原母除之而盡也。

假如有整數一又九十之七十二，甲得六之四，乙得三之一，餘爲丙數，該若干？

答曰：丙得五之四。

原數一九十之七十二	通爲九十之一百六十二
甲減六之四	變爲九十之六十
乙三之一	九十之三十
丙存五之四	九十之七十二

法曰:〔先以分母通整一爲九十,併分子七十二,是爲九十之一百六十二。次以甲分母六除原母九十得十五,以甲分子四乘之,得六十爲甲數。又以乙分母三除原母九十得三十,以乙分子一乘之,仍三十爲乙數。〕

〔合甲乙兩數得九十,以減原數一百六十二,仍餘七十二爲丙數。以法約之,爲五之四。約分法詳後條。〕

約分捷法:置丙存數〔九十之七十二〕爲實,以甲乙分母〔六、三〕相乘,得數〔十八〕爲法除之,得五之四,爲丙存數。〔以十八除九十得五,十八除七十二得四。〕

〔約分本法:用子數七十二減母數九十,得十八;以轉減子數,得五十四;再遞減之,亦餘十八,是爲紐數。乃用爲法,以除子母數,得約分五之四。今改用甲乙兩母相乘,亦得十八爲法,何也?以原數九十可以六除,亦可以三除,知其爲三數維乘而得者也,故於還原最切。〕

論曰:此有分母三,宜用維乘,然其數益繁,故改用子乘母除之法,則三母齊同,可用相減,而法與數俱簡矣。

試先減乙丙數,則所存者即甲數。〔法同上。〕

若先減甲丙數,則所存者必乙數,其法並同,茲不悉具。

按:如此互求,即知無誤,可無假他法還原矣。

原數	乙	丙減	甲存
一九十之七十二	三之一	五之四	約爲六之四
通爲九十之一百六十二	變爲九十之三十	九十之七十二	即九十之六十

假如有數五百〇四之四百〇一,甲得〔八之一〕,乙得〔六之一〕,丙得〔七之

一〕，丁得〔九之一〕，餘者爲戊數，該若干？

答曰：戊得四之一。

原數	甲減	乙減	丙減	丁減	共減	戊存	約爲
五百〇四	八之一	六之一	七之一	九之一		五百〇四	四之一
		以各減母除原母得					以所存之數除原母，即得
之四百〇一	六十三	八十四	七十二	川 │五十六	二百七十五	之一百二十六	

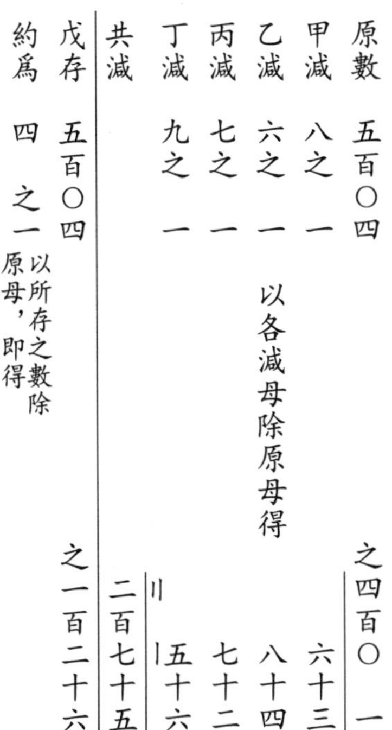

解曰：此因分子俱係之一，故即以除數爲得數也。

以上分母不同者，爲通分減法之又一類。

大分帶小分減法

凡大小分母並同者，〔謂原數之大小分母與減數之大小分母也，下倣此。〕竟以對減；不足減者借整數，以分母通爲分。〔小分不足減，亦以小分之母通大分爲小分。其借上位，皆作點誌之。〕

若大分母本同，而小分母不同者，用互乘以同之。餘如上法。

若大小分母俱不同者，用通分法，盡通大分爲小分，而納小分焉。餘如上法。

假如西曆算得某月〔一〕平朔三十日〇一時一十六分，其實距時七時四十分，爲減號，問：實朔在某甲子某時刻？

答曰：壬辰日酉初二刻〇六分。〔以二十九日命爲壬辰日，以十七時命爲酉初。其小餘三十六分，以三十分收爲二刻，尚餘六分，命爲壬辰日酉初二刻〇六分。〕

實朔	實距時	平朔	
二		丨三	
九、		丨〇、	日
一		〇	
七、	七	丨一、	時
三	四	一	
六、	〇、	六、	分

〔時爲大分，大分以二十四爲母。時下爲小分，小分之母六十。先減小分四十，原數只十六，不足減，作直號於大分位，借一分，通爲小分六十，并原小分共七十六，減四十餘三十六。次減大分七，原數一已借去，亦借整一，通爲二十四，減七餘十七。原數三十，因借減一，餘二十九。〕

凡大小分母不同者，〔謂大分之母與小分之母不同也。〕須作點以別之，故借整化零之點改爲直號。

右係大小分母並同，故竟以對減。

〔一〕月，輯要本作“時”。

假如有整數一又〔九之四〕，又小分〔四十之七〕，甲得九〔之四〕，又小分五〔之四〕，餘爲乙數，該若干？

答曰：乙得九之八，又八之三。

先互乘其小分

五　四十

之四　之七

互得二百

之百六十　之三十五

乃重列之。〔小分既同，即可相減。〕

整數丨一　九之丨四　又　二百之三十五

甲減　九之四　又　二百之百六十

乙存　九之八　二百之七十五　約爲八之三

法曰：〔先減小分，減數大，原數小，不足減，乃作直號於大分位，借一分，通爲小分，納原數共二百三十五，減一百六十餘七十五。次減大分，原數四，因借減一變三，亦借整數一，通爲九，共十二，減四餘八。整數借減盡。〕

試先減乙。〔用變分母法，以代互乘，餘並同上。〕

解曰：〔四十與八是五倍比例，故以乙小分八之三，母子各五倍之，即變爲四十之一十五。則兩母齊同，可以對減矣。〕

原數一　九之四　又　四十之七

減乙　九之八　又八之三變四十之一十五

存甲　九之四　又五之四即四十之三十二

右係大分母同而小分母不同，故用互乘以同之。

假如有甲丙兩坵田，共四畝又六十分畝之四十三，甲坵二畝又四分畝之三，又小分五之一，餘爲丙坵，該若干？

答曰：一畝又十二分畝之十一。〔即六十之五十五，母子各五約之，爲十二之十一。〕

法先以甲小分母五通大分四之三，爲二十之十五，加入原帶小分一，共二十之十六，乃列而減之。〔如此，則大分、小分合而爲一，與原數無小分者類矣。〕

原數|四又六十之四十三

減甲二　二十之一十六　變爲六十之四十八

存丙一又六十之五十五

用變分母法，以甲子母各加三倍，變二十之十六爲六十之四十八。以減原數四十三，不及減，乃作直號於整數位，借一數，通爲六十分，納原數共一百〇三，減甲數四十八，餘五十五。次減整數，整數四，因借減一成三，減甲二仍餘一。是爲整數一又六十之五十五，即丙存數也。

右係大分母不同，故通爲小分而減之。

以上大分帶小分法，爲通分減法之又一類。

通分子母乘法

假如有田三十六畝六分，每畝徵銀三分錢之二，問：該銀若干？

答曰：二兩四錢四分。

	得	〇	實	
十	七	一六	三	
分	三	一二	六	根
	二	二	六	
		二		
		法		

法以分子之二乘田三十六畝六分，得七十三分二，以分母三收之，得二兩四錢四分。合問。

何以知其爲七十三分也？曰：原問每畝徵銀三分錢之二分，故於右行實數内尋每畝之位，爲定位之根，以横對左行得數，即命爲分，則上下俱定矣。

假如有銀六十四兩，每兩買銅八斤十二兩，該銅若干？

答曰：五百六十斤。

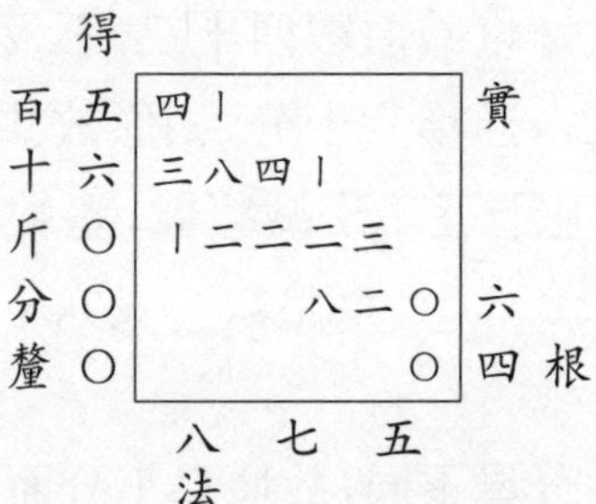

先以斤法〔十六〕收十二兩，爲斤下之七分五釐，加八斤，共八七五爲法，以乘銀六十四兩，得五六〇〇〇。即於右行實數内尋每兩位，以横對左行得數，命法尾釐。推而上之，定爲五百六十斤。

假如有米五石〔又三分石之二〕，每石價銀九分兩之八，該銀若干？

答曰：五兩又二十七分兩之一。

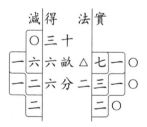

百 一 ○ 丨
十 三 五 八 一
分 六 　 六 七 根
八

法以分母〔三〕通五石爲十五分，納子二共十七分，以價之八乘之，得一百三十六。又以兩分母〔三、九〕相乘，得二十七收之。合問。

通分子母除法

假如每田一畝，徵銀三分錢之二，今完編銀二兩四錢四分，該田若干？

答曰：三十六畝六分。

減 得 法 實
○ 三 十
一 六 六 畝 △ 七 一 ○
一 二 六 分 二 三 一 ○
二 二 ○

法以分母〔三〕通二兩四錢四分，爲七十三分二，爲實，以分子之二爲法除之，即得三十六畝六分。合問。〔原所設三分之二，以錢爲主，故四分所通爲小分。〕

假如有米五石又三分石之二，共價銀五兩又二十七分兩之一，問：每石該價若干？

答曰：九分兩之八。

	減	得	法	實	
	○	八分	△	一	○
五	八		一	三	○
	六		七	六	○

法先以米分母〔三〕通五石爲十五分，納子二共十七分爲法。又以價分母〔廿七〕通五兩爲一百三十五，納子一共一百三十六分爲實。法除實得八，爲每石三分一之價，以分母〔三〕乘之得二十四分，爲每石價，命爲二十七分兩之二十四，約爲九之八。

又捷法：〔以米分母三除銀分母二十七，得九，爲每石價之母，即以除出之數爲子，即九之八。〕

假如有絲一斤又六分斤之四，共價一兩又四十二分兩之二十，問：每斤價若干？

答曰：七分兩之六，又十之二。

法先通絲一斤爲六分，納子四共一十爲法。又通銀一兩爲四十二分，納子二十共六十二，退一位，〔即一十除也。〕命爲單六，又小分二，即每斤六分一之絲價也。於是以分母六乘之得三十六，又小分十二，爲每斤價，是爲四十二分兩之三十六，又小分十二也。子母並六約之，爲七分兩之六，又小分十之二。

捷法：〔以絲分母六除價分母四十二，得七，爲每斤絲價之母，即命爲七分兩之六，又十之七。〕

通分子母三率法〔即異乘同除。〕

假如西曆太陽每日平行〔五十九分零八秒二十微〕，今有二刻半，該行若干分？

答曰：一分三十二秒廿四微〔又九十六分微之廿六〕。

四	三	二	一
一分三十二秒廿四微少	二刻半	五十九分○八秒二十微	一日化九十六刻

		○					
十	五	○	四	一			
萬	三	○	二	○	○	二	十
千	二	一	四	一	五	一	萬
百	二		八	四	○	二	千
十	五				五	九	百
微		二		五			

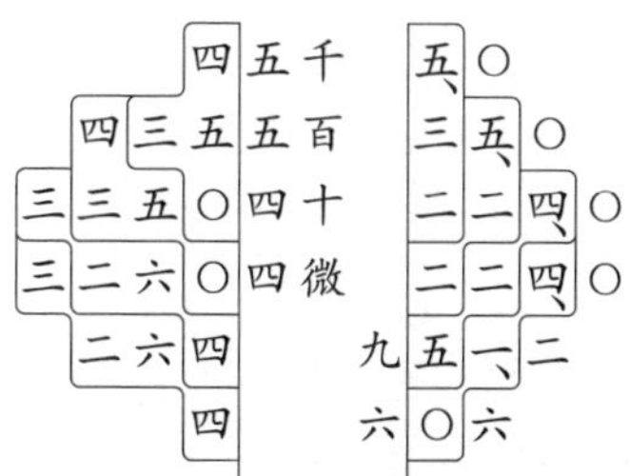

法：〔先通五十九分爲三千五百四十秒，加原帶八秒，共三千五百四十八秒。又通爲二十一萬二千八百八十微，加原帶二十微，共二十一萬二千九百微在位。以二刻半乘之，得五十三萬二千二百五十微爲實，以一日化九十六刻爲法除之，得五千五百四十四微不盡。除滿三千六百微收

爲一分，又一千九百二十微收爲三十二秒，仍餘二十四微。不盡者以法命之，是爲一分三十二秒二十四微又九十六分微之二十六〕。

論曰：此小數法也，何則？二十一萬二千九百者，是每日九十六刻之數。今以二刻半乘之，於刻下多一位，故截去得數尾一位，命爲百。

假如以粟易布，每粟六分石之二，易布五分疋之三。今有粟一石又三分石之二，該布若干？

答曰：三疋。

一　粟六分石之二　母子各減一倍　變為三之一

二　布五分疋之三　乘得十五　首率是一省除

三　粟一石又三之二　以分母三通之　通爲三之五

四　布五分疋之十五　收爲整三疋　兩粟母同爲三，省不用，只以布分母收之用變分母法，變一率六之二爲三之一，則兩粟母相同，可省互乘；而子變爲之一，又可省除。只以三率一石用分母通爲三，納子二共五，以乘二率布分子之三得十五，再以布分母五收之，即得三疋。合問。

假如以銀换金，每銀二兩又三分兩之二，换金九分兩之二，今有銀六分兩之四，該金若干？

答曰：十八分兩之一〔一〕。

法以一率分母〔三〕互乘三率六之四，爲十八之十二，與二率之二相乘，得二十四爲實。又用一率分母三通二兩爲六分，納子二共八，是爲三之八。復以三率分母〔六〕互乘之，爲十八之四十八。以乘金母〔九〕，得四百三十二爲法。法大實小，以法命之爲四百三十二之二十四。母子各二十四約之，即十八分兩之一。合問。

若用變分母法，則如後式〔二〕。

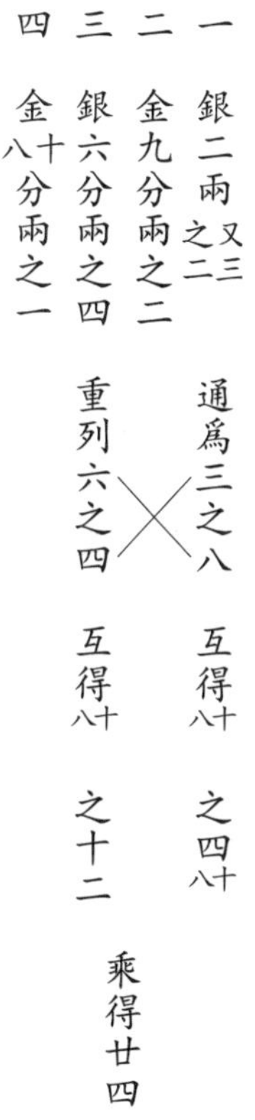

一　銀二兩又三之二
二　金九分兩之二
三　銀六分兩之四
四　金十八分兩之一

通爲三之八　互得十八之四十八
重列六之四　互得十八之十二　乘得廿四

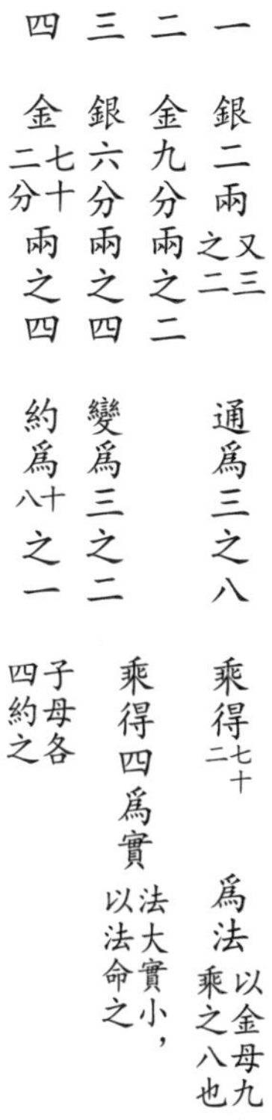

一　銀二兩又三之二
二　金九分兩之二
三　銀六分兩之四
四　金七十二分兩之四

通爲三之八　乘得七十二爲法　以金母九乘之八也
變爲三之二　乘得四爲實　法大實小，以法命之
約爲十八之一　子母各四約之

〔一〕見本頁左圖。
〔二〕見本頁右圖。

解曰：十八分兩之一，即五分五釐五五不盡。

畸零帶分子母乘法

假如以八之五乘四之三，該若干？

答曰：三十二之十五。

四之三　八之五

法以母乘母得三十二，子乘子得十五，即三十二之十五，爲乘得數也。

又法：以除代乘，則倒位互除之。

法以五除四得八爲母數，以八除三得三七五爲子數，是爲八之三七五，與乘得之數同。

解曰：四除三十二得八，四除十五得三七五。若四因八得三十二，四因三七五亦得十五。

用法：

假如穀一石，價二十七分兩之十六，今有穀四分石之三，價若干？

答曰：九分兩之四。

一　穀一石

二　價廿七之十六

三　穀四分石之三　相乘

四　價九分兩之四　因首率是一，故省除，即以九之四爲得數以母乘母得一百〇八，子乘子得四十八。子母皆十二約之，爲九之四。

解曰：二十七分兩之十六，即五錢九分二釐六毫弱也。穀四分石之三，即七斗五升也。價九分兩之四，即四錢四分四四不盡也。

若用倒位除以代乘，則徑得九之四。

實　法

法用母四除十六得四爲子，用子三除二十七得九爲母，是爲九之四也。

畸零帶分子母除法

假如以五之四除四之三，該若干？

答曰：八之七五。

實	法
四	五
之	之
三	四

法以母除母得八，子除子得七五，是爲八之七半，即除得數也。

又法：以乘代除，則倒位互乘之。

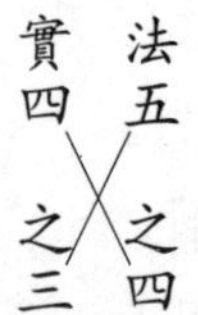

法以母五乘子三得〔十五〕爲子，以子四乘母四得〔十六〕爲母，是爲十六之十五，與除得之數同。

解曰：十六即八之倍數，十五即七五之倍數，故其數同。

用法：

假如以絹易緞，絹五分丈之四换緞七分丈之四，問：絹每丈該緞若干？

答曰：該换緞七分丈之五。

一	二	三	四
絹五分丈之四	緞七分丈之四	絹一丈	緞七分丈之五

法以母除母得一四，子除子得一〇，是爲一十四之一十，子母各半之，爲七分之五。〔三率是一，省乘，即用緞七之四爲實。〕

解曰：五分丈之四者，八尺也。七分丈之四者，五尺七寸一分强也。七分丈之五者，七尺一寸四分强也。

若用倒位乘以代除，所得亦同。

法用子四乘母七得廿八爲母，用母五乘子四得廿爲子，子母各取四之一，即七之五也。

論曰：同文算指有畸零乘除之法，甚爲簡妙，然莫適所用。今以三率列之，則實數可稽，而用法亦明矣。

畸零乘除定位

凡乘法，得數必大於原問之數；若畸零乘，則其數反降。凡除法，得數必降；若畸零除，則其數反陞。蓋即異乘同除之理，諸家算術皆未經説破，故定位多訛。兹以三率明之如左。

假如换珠，每珠一兩值銀二十四兩，今有珠三分五釐，該若干？

答曰：八錢四分。

一	二	三	四
珠一兩	價二十四兩	珠〇〇三分五釐	價八錢四分

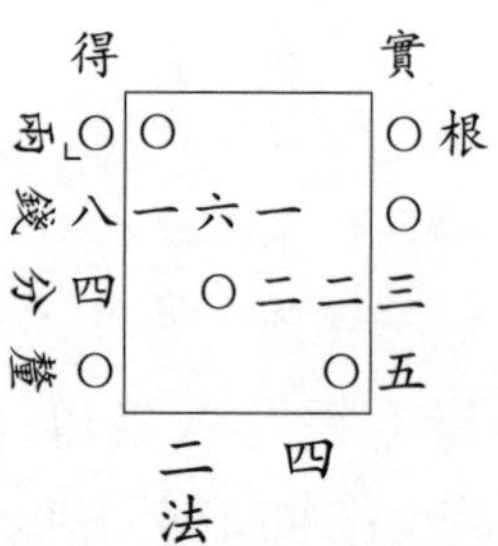

此首率是單兩，而三率有分釐，是單下有三位零也，故截去得數尾三位，命法尾兩。兩位空，定所得爲八錢四分。

論曰：此即以乘出之數爲四率者，以首率是單一兩，故省除耳。試即以三率實尾位〔釐〕爲單，而定所得爲八百四十兩爲實，亦陞首率單兩爲千釐爲法，法除實，〔即以實數降三位。〕亦仍得八錢四分。合問。〔此條已詳二卷乘法中，兹以三率列之，於定位之理益明。〕

又論曰：乘除之難，在於定位，而畸零爲尤難。所以者何？凡定位以單數爲根，而畸零無單位可言故也。前於乘法中，立本數、大數、小數三法，以尋每位，可以御畸零矣，於除法猶未有以處也。今皆歸之三率，惟視三率中所有之數，即命爲單數。〔如金銀之類，本以兩爲單，今視三率中有分，即以分爲單，而兩則爲其百數。又如米穀之類，本以石爲單，今三率中有斗，即以斗爲單，而石則爲其十數。他倣此。〕則雖畸零，皆可作整數算，無論乘除，一以貫之矣。〔是爲以零變整，而乘除之後，得數無異，此所以别於通分化整爲零之法也。〕

假如有珠三分五釐，價銀八錢四分，問：每兩珠價若干？

答曰：二十四兩。

四	三	二	一
價二十四兩	珠一兩〇〇分	價八錢四分	珠三分五釐

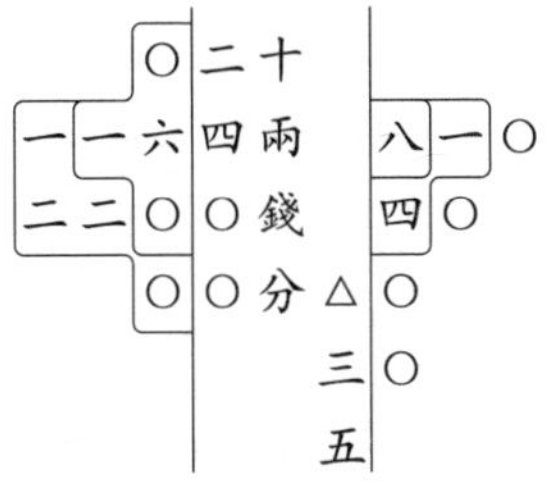

〔此一率首位是分，即以分爲單數。以二率陞兩位作八十四兩爲實，以法三分五釐對實，分位列之。除畢，於法上一位命爲單分。推而上之，定得數爲二十四兩。合問。〕

解曰：二率陞二位爲實者，即百分乘也。分原在單兩下二位，今既陞爲單，則單兩亦陞二位成百分矣。

假如銀二錢四分買稻九十六斤，每兩該若干？

答曰：四百斤。

四	三	二	一
稻四百斤	銀一兩〇錢	稻九十六斤	銀二錢四分

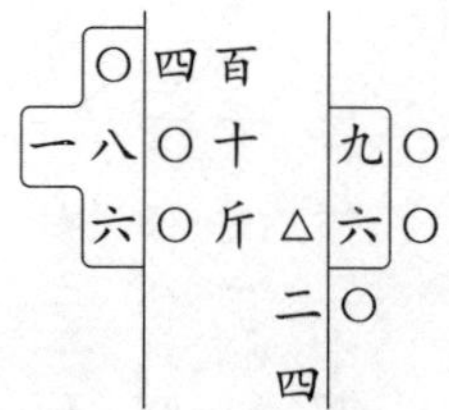

〔此以錢爲單數，則三率單兩成十錢，而二率亦陞一位，成九百六十〇斤爲實。於是以法二錢對實〇位列之，以單錢對單斤也。除畢，於法上一位命爲單斤，即得數爲四百斤。合問。〕

假如以豆换油，豆四斗八升换油十二斤，今豆十石，該油若干？

答曰：二百五十斤

一	二	三	四
豆四斗八升	油一十二斤	豆一十〇石〇斗	油二百五十斤

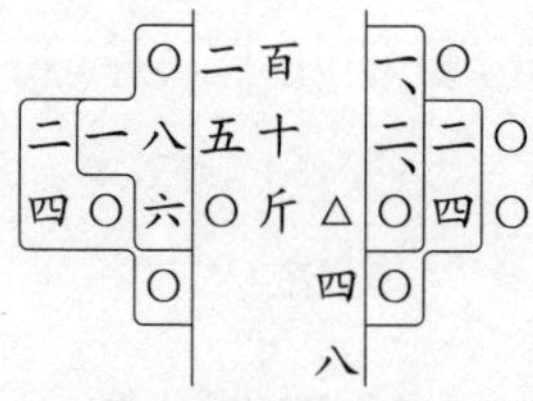

〔此以斗爲單數，則三率十石成百斗，故二率亦陞兩位，作一千二百斤爲實。以法四斗對實〇斤位列之，亦以單斗對單斤也。餘同上。〕

假如芝麻六斗四升四合，换豆一石，今芝麻四石八斗三升，該豆若干？

答曰：七石五斗。

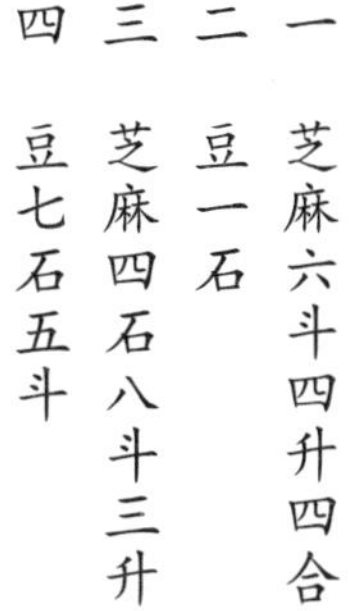

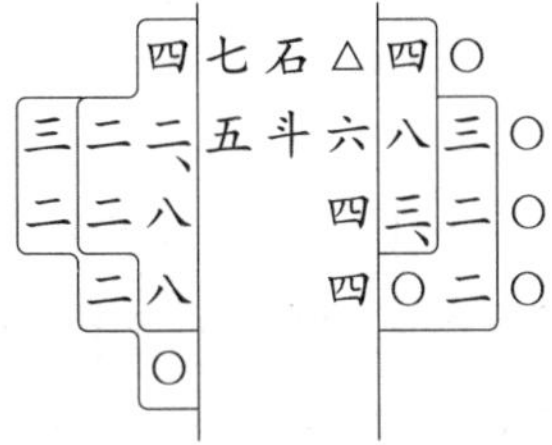

〔此仍以石爲單，故俱原數不變。而法上一位，亦即爲單石。〕

若以斗爲單，則命實爲四十八石三斗。〔以二率十斗乘之也。〕而以法首六斗對實三斗列之，除畢，於法上位定爲斗，亦得七石五斗。

或以升爲單，以合爲單，得數亦無不同也。〔以升爲單，法上即命爲升；以合爲單，法上即命爲合。〕

假如錢六百五十文，價四錢八分七釐半，每千該價若干？

答曰：七錢五分。

一　錢六百五十文

二　價四錢八分七釐五毫

三　錢一千

四　價七錢五分

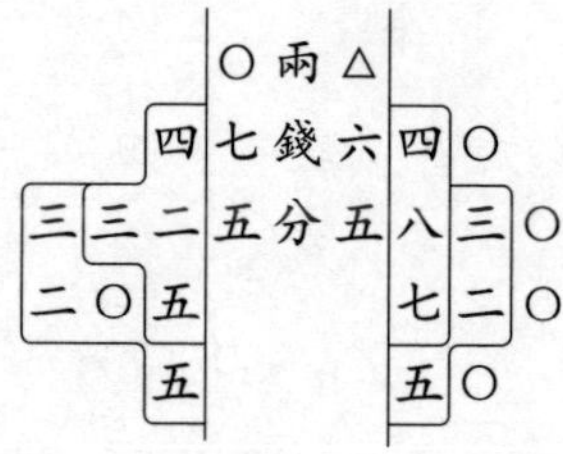

〔此問每千錢價，是以千爲單也。今法首只有百，即以百爲單，而陞單千爲十百，則二率亦陞一位，作四兩八錢七分五釐爲實，以法六百對實四兩列之，以單百對單兩也。除畢，於法上位命爲單兩，兩位空，定得數爲七錢五分。〕

筆算卷五

開平方法

測量、句股全恃開方。開方有平有立，而平之用博。以其有實無法，故别爲一術，以佐乘除之所窮。

平方者，面冪也。其形正方，故亦爲自乘之積。開平方者，以自乘之積求正方之邊，故西法謂之測面，其邊謂之方根。

法先列實。

依除法作兩直線，以所用方積列於右直線之右，自上而下，至單位止，無單作〇。

次作點定位。

自單位作一點起，每隔一位點之，有一點則商一位。〔如有二點，則商數有十；有三點，則商數有百。〕

次定初商。

皆自原實最上一點，截定爲初商之實。〔如點在首位，即以一位爲初商實；點在次位，即合兩位爲初商實。〕以自乘數約而商之，皆以點處爲本位，點上一位爲進位。〔本位者，單數也。如一商一、四商二、九商三，其自乘皆本位，不論百與萬以上，皆作單數用。進位者，十數也。如一六商四、二五商五，以至八一商九，其自乘皆有進位，不論千

與十萬以上，皆作十數用。〕

又法：以初商實入表，皆視初商實有與表同數，或稍大於表數者用之，以命初商。〔如一商一、四商二，此與表數相同也。如二、三亦商一，五、六、七、八皆商二，此比表數稍大也。若至九則商三，又爲相同之數矣。十至十五皆商三，皆比表數稍大。至十六商四，又爲相同之數。他皆倣此。〕

初商表〔凡初商三以下，減積在本位；四以上，減積合兩位，此表明之。〕

初商數	一	二	三	四	五	六	七	八	九
自乘積	〇一	〇四	〇九	一六	二五	三六	四九	六四	八一

用表捷法：〔但視初商實不滿表上自乘積者，退一格即商數。如不滿〇四即商一，不滿〇九即商二。他倣此。〕

既得商數，即書於左直線之右，皆對初點之進位書之，〔凡商得一、二、三、四，書於點之上一位。〕五以上又進一位。〔凡商得五、六、七、八、九，書於點之上兩位。〕

次減實。以初商數自乘，書於左直線之左，皆以本位對初點，〔如初商一、二、三，自乘一、四、九，皆本位，即對初點書之。如初商四、五、六、七、八、九，其自乘皆有進位，則以下一字對初點。〕就以此命爲減數，以對減右直線所列方積。如減積不盡，則有次商。

次商之法：倍初商得數爲次商廉法，對原實位書於右直線之左。〔視實有二點，則初商是十；有三點，初商是百；四點，初商是千。各取倍數，對原列方積千百十零之位書之。倍而言十者，亦進位對之。〕截原實第二點爲次商之實，〔次商減積至此點止。〕以廉法約實爲次商數,〔並依除法約之。〕挨書於初商之下;即用次商數爲隅法,亦書於廉法之下,爲次商廉隅共法。〔省曰次商法。〕以與次商數相乘,書其數於左直線之左。〔皆以法首位所乘之進位,對次商數書之。若言如之數,亦以○位對之,法有幾位,徧乘而挨書之,至次點止。又法:先以法尾位隅法乘次商數,以本位對次點書之,進位上一字書之。依乘法例,自下而上,法有幾位,皆徧乘而迭進書之,至次商數止,亦同。〕命爲次商減積數,以對減右直線餘積,而定次商。〔皆減積至次點止。〕如減數大於餘積,則改次商,〔亦改隅法。〕如上乘減,及減而止。次商減積不盡,則有三商。

三商之法:合初商、次商數,倍之爲廉法。〔簡法:只以隅法加倍,增入次商法内,即三商廉法。〕截原實第三點爲三商之實,〔三商減積至三點而止。〕餘並同次商。如減積不盡,則有四商。

四商以上,並同三商法。

審○位之法:若次商廉法大於第二點以上餘積,或數適相同,是商得○位也。〔凡商得一數者,其減積必與廉法同,而多一數以爲隅,故僅同者無隅積也,即不能商一數而成○位。〕則書○於初商之下,以當次商。亦增○於廉法之下,爲三商廉法。三商以上,有○並同。〔若應商幾位,而於初商或次商即已減積至盡,是末幾位皆商得○也,俱補作○。〕

命分之法:若已商得單數,而仍有餘積,當以法命之。〔以商得方根倍之,加隅一爲分母,不盡之數爲分子,命爲幾分之幾。〕雖未商得單數,而餘積甚少,不能成單一數,亦以法命之。〔前審○位云廉法大於餘積者,但取第二點以上相較,不論千百十零,其所謂不能商一數者,或是一千,或是一百,不拘定是單一也,故商○之後,仍有所商,與

此不同。〕

還原法：以商得方根自之，有不盡者，以不盡之數加入之，即得原實。

又簡法：作直線於左方，以應減之積依併法併之，必合原實。有不盡數亦加入之，並同除法還原。

初商本位式〔凡初商一、二、三者，減積言如在本位。初商一、二、三、四者，書商數於點之上一位，然以書商數之位言之，亦本位也。兩本位法，此一式中皆可明之。〕

假如有方田積二百五十六步，問：每面方若干？

答曰：每面方十六步。

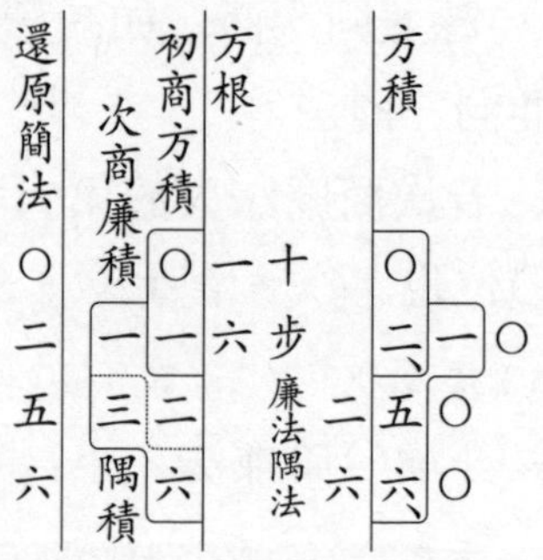

列實〔作兩直線，列方積於右直線之右。〕

作點定位〔自單位起，每隔一位作一點，共兩點，宜商兩次。初商是十。〕

初商〔點在實首位，即以實首位〇二爲初商實，以自乘數約之，得一爲初商。初商是一，宜對點上一位，書於左直線之右。有兩點，初商是一十，自乘一百爲減數，書左線之左，遥對右行初點〇二百書之。就以對

減初商實，於二百內減一百，仍餘一百，改書之。初商減積未盡，有次商。〕

次商〔倍初商一十作二十，對原列方積十步位，書於右線之左爲廉法。以第二點餘實一五六爲次商實，用廉法約實，可商七步。因無隅積，只約六步爲次商，以書於初商之下。即用六步爲隅法，以書於廉法之下。合廉、隅共二十六步爲次商法，以乘次商六步，得廉積一百二十步、隅積三十六步，皆對次商位書起。每挨一位書之，至次點止，共得次商減數一百五十六。以對減餘實，恰盡。〕共開得平方根一十六步。合問。

以圖明之：

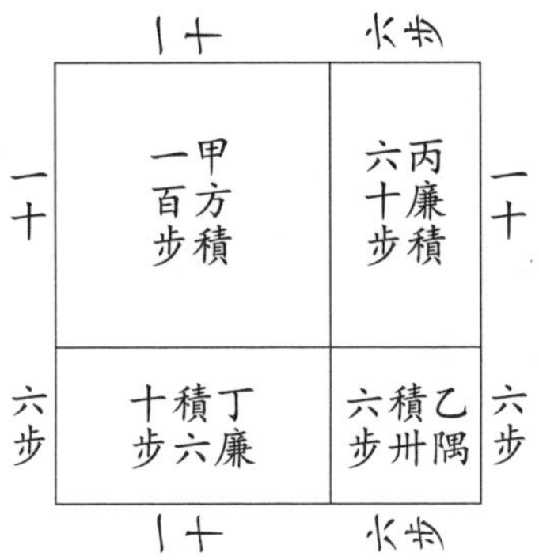

甲、乙、丙、丁四形，合爲正方形。〔四面皆一十六步。〕

甲分形正方。〔四面皆十步，積一百步，即初商積。〕

丙、丁二分形皆長方。〔廣六步，長十步，積六十步。兩形共積一百二十步，即次商廉積。〕

乙小分形亦正方。〔面皆六步，積三十六步，即次商隅積。〕

還原：

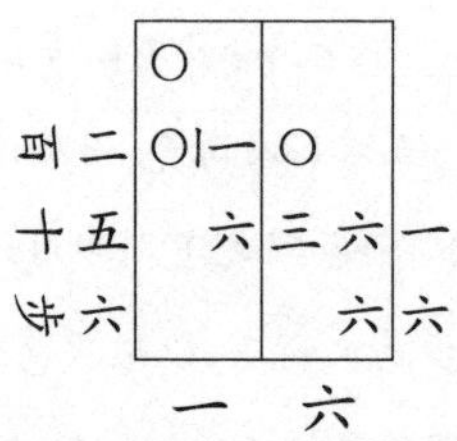

自乘還原法：置方一十六步爲實，即以十六步爲法乘之，得二百五十六步，合原數。

初商進位式〔凡初商四、五、六、七、八、九，减積言十在進位。初商五、六、七、八、九，書商數於點之上兩位。凡書商數，以點上一位爲本位，則此其進位也。兩進位法，此一式中皆有之。〕

假如方積三十五萬八千八百零一尺，問：方若干？

答曰：方五百九十九步。

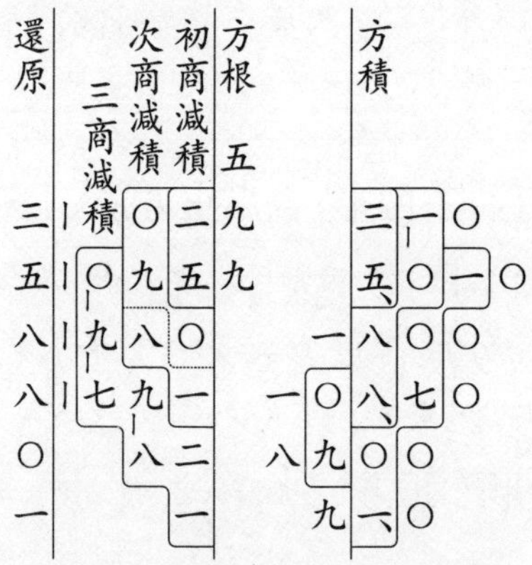

列位〔同前。〕

作點定位〔有三點，宜商三次。初商是百。〕

初商〔點在實次位，即合兩位三五爲初商實，入表，表中有小於三五者是二五，其方根五，即以五爲初商數，對實初點上兩位，書左直綫之右。又即以表中自乘數二五遥對實三五，書於左綫之左。就以對減初商實，餘一〇，改書之以待次商。〕

次商〔倍初商五百作一千〇百，對實千百位，書於右直綫之左，爲廉法。以第二點上餘實一〇八八爲次商實，用廉法約之，得九爲次商，續書於初商之下。即以次商九爲隅法，書廉法之下，合廉、隅共一〇九，爲次商法，以乘次商九，得廉積九、隅積八一。對次商位書起，至次點止，共得減數九萬八千一百，以減次商實，餘一〇七，改書之以待三商。〕

三商〔以次商隅法九十倍作一百八十，於次商法一千之下，抹去〇九，改書一八，共一一八爲廉法。以第三點上餘積一〇七〇一爲三商實，用廉法約之，得九爲三商，續書於次商下。即以三商九爲隅法，書於廉法之下，合廉、隅共一一八九，爲三商法。以乘三商九步，得廉積一萬〇六百二十、隅積八十一。對三商位書起，至第三點止，共得減數一萬〇七百〇一，以對減三商實，恰盡。〕凡開得方根五百九十九尺。

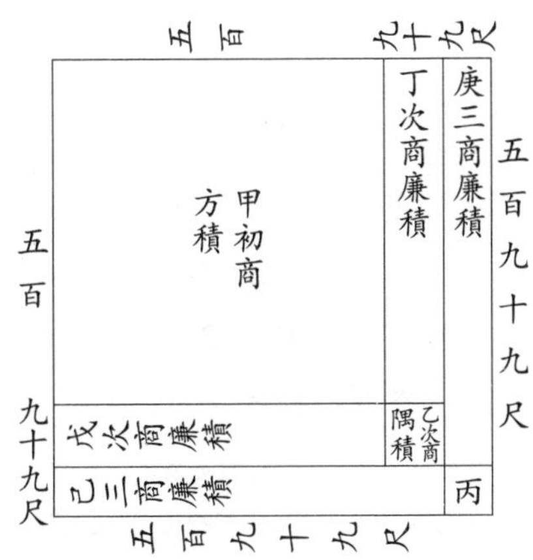

初商甲〔方五百尺，積二十五萬尺〕。

次商丁、戊二廉〔各長五百尺、闊九十尺，共積九萬尺〕。

隅乙〔方九十尺,積八千一百尺〕。

三商己、庚二廉〔各長五百九十尺、闊九尺,共積一萬〇六百二十尺〕。

隅丙〔方九尺,積八十一尺〕。

七形合成正方,共積〔三十五萬八千八百〇一〕。

商〇位式

假如方積八十二萬六千二百八十一尺,問:方若干?答曰:九百〇九尺。

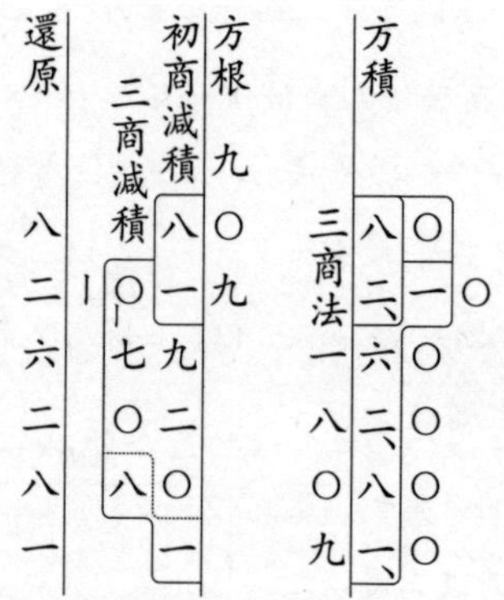

列位、作點定位〔並同前條。〕

初商〔點在次位,合兩位八二爲初商實,入表得八一小於八二,其方根九,即爲初商。在五以上,對初點上兩位書之。亦以表數八一對實八二,書於左綫之左,以減初商實,餘〇一,改書之以待次商。〕

次商〔倍初商九百作一千八百,對原實位書之,爲廉法。以第二點上餘實〇一六二爲次商實,以廉法約之,法大實小,不能商一數,是商得〇

位也，紀○於初商之下。即於實首位銷去一○，餘俟三商。〕

三商〔因次商是○，增○於廉法之下，共一八○爲廉法。以第三點上餘實一六二八一爲三商實，用廉法約實，得九尺爲三商，書於次商○之下。即以九爲隅法，書於廉法之下，共廉、隅法一八○九。以乘三商九，得廉積一萬六千二百、隅積八十一，減三商實，恰盡。〕凡開得方根九百○九尺。

計開：

初商方九百尺，積八十一萬尺。

續商廉各闊九尺、長九百尺，共積一萬六千二百尺。隅方九尺，積八十一尺。

通共八十二萬六千二百八十一尺。

假如方積二十五億○七百○○萬四千九百尺，問：方若干？

答曰：五萬○七十尺。

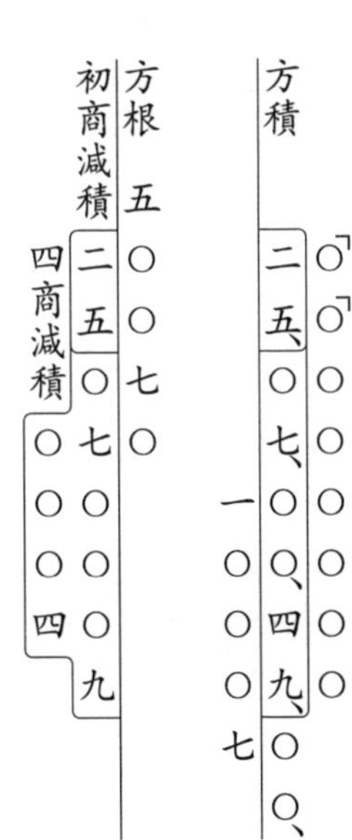

列位〔原積尾位是百，補作兩○列之。〕

作點定位〔有五點，當商五次。初商是萬。〕

初商〔以實首兩位二五爲初商實，入表得五爲初商，書於點上兩位。次以自乘數對實列之，相減盡。〕

次商〔倍初商五萬尺得一十○萬爲廉法，對原實位書之。以第二點上餘實○○○七爲次商實，實有三○，無可商，是次商○也。書○於初商五之下，亦於實首銷去一○，

以待三商。〕

三商〔因次商〇，增〇於廉法下，得一〇〇爲廉法。以第三點上餘實〇〇七〇〇爲三商實，實仍有兩〇位，是三商亦〇也。又書〇於次商〇之下，於實首復銷去一〇，以待四商。〕

四商〔因三商亦〇，又增〇於廉法之下，得一〇〇〇爲廉法。以第四點上〇七〇〇四九爲四商實，用廉法約之得七十尺，書於三商〇之下。即以七爲隅法，增於廉法下，共廉、隅法一〇〇〇七。以乘四商七，得廉積七百萬、隅積四千九百，以對減四商實，恰盡。〕

五商〔五點宜有五商，而四商已滅實盡，無可商，作〇於四商下。〕

凡開得方根五萬〇〇七十〇尺。

命分式

假如方積五百七十六萬四千八百尺，問：方根若干？

答曰：二千四百尺，又〔四千八百〇一分尺之四千八百〕。

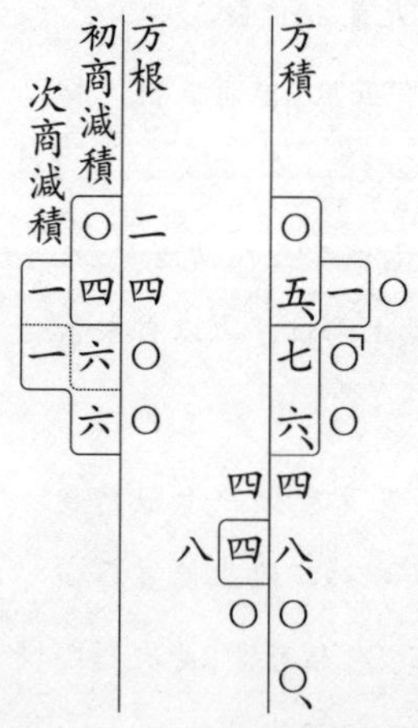

列位〔實盡於百位,如前法補作兩圈列之。〕

作點定位〔有四點,宜商四次。初商是千。〕

初商〔以實首〇五爲初商實,入表得二爲初商。以自乘數〇四減實〇五,改書餘一,以待次商。〕

次商〔倍初商二千,得四千爲廉法。以第二點上餘實一七六爲次商實,用廉法約之,得四爲次商。即以爲隅法,書廉法下,共廉、隅法四四。以乘次商四,得廉積一百六十萬、隅積一十六萬,共減積一百七十六萬,次商實減盡。〕

三商〔倍次商隅法四作八,增入次商法,共四八爲三商廉法。以第三點上餘實〇〇四八爲三商實,有兩〇,無可商,作〇於三商位,消去實首一〇,以待四商。〕

四商〔三商〇,亦增〇於廉法下,共四八〇爲廉法。以第四點上餘實〇四八〇〇爲四商實,僅與廉法相同,是無隅積也,不能商一數,作〇於四商位。其不盡之數,以法命之。法以廉法四千八百〇加隅一,共四千八百〇一爲命分之母,以不盡之數四千八百爲分子,命爲四千八百〇一分尺之四千八百,即一尺弱也。〕共開得平方二千四百尺,又四千八百〇一之四千八百。

此雖未開至單尺之位,而餘實甚少,不能成一單尺,故即以法命之。若餘實是四千八百〇一尺,則商得平方二千四百〇一尺矣,今止四千八百尺,是少一尺,故不能成一單尺也。

自乘還原〔一〕:

〔一〕此還原圖式輯要本删。

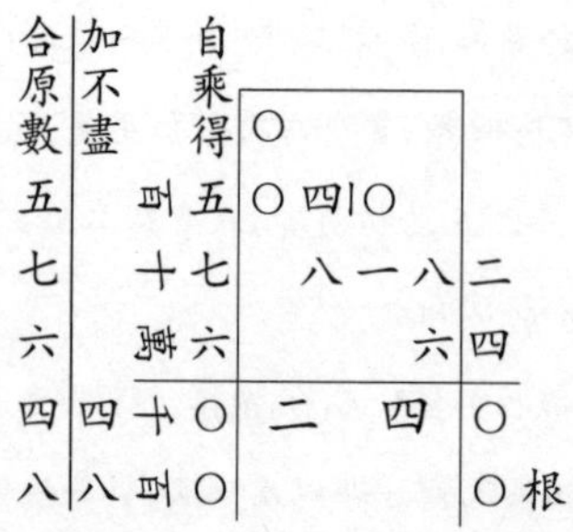

開方分秒〔凡開方欲知分秒，法於餘實下每增兩〇位，則多開一位，爲分秒之數。平方之積，尺有百寸，寸有百分，皆以百爲母，故增兩〇。〕

假如有平方積二十四尺，平方開之，得方四尺，不盡八尺，問：分秒若干？

答曰：方四尺零八寸九分八釐九毫有奇。〔一〕

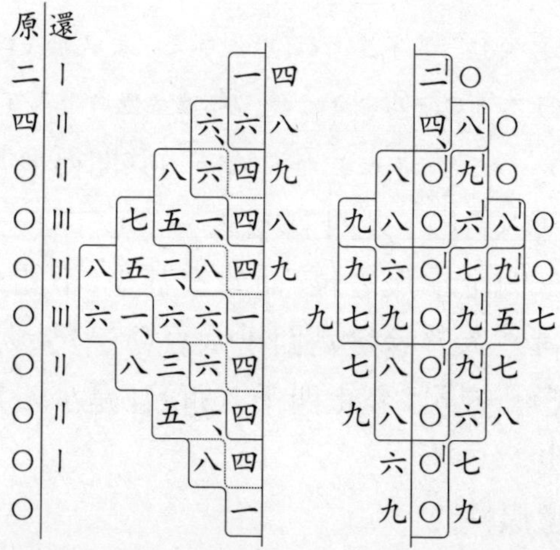

〔一〕原圖右側借位或作點，或作豎線，今依前文例，一律改作豎線。

如常列位、作點，點在次位，即以二四兩位合商，得方四尺。減其自乘一十六尺，餘八尺。用命分法，以商四尺倍作八尺，又加隅一，得九爲命分母，不盡爲分子，命爲方四尺又九分尺之八。

今欲知其寸。〔九分尺之八者，是以尺作九分，而今有其八，言每方四尺之外，仍帶此畸零，是其中有寸。〕

法於餘實下加兩〇，化八尺爲八百寸，〔每尺縱横十寸，故其積百寸。〕用爲次商實。以初商四尺倍之得八尺，亦化八十寸，〔商數是每邊之數，故尺只十寸。〕對餘實十寸位書之，〔即第一〇位。〕爲廉法。用廉法約實，可商九寸，因恐無隅積，只商八寸，書於初商四尺之下。亦即以次商八寸爲隅法，書於廉法八十寸之下。共廉、隅八十八寸，以乘次商八寸，得廉積六百四十寸、隅積六十四寸，共廉、隅積七百〇四寸，自次商位書起，至第二〇位止。以對減餘實，仍餘九十六寸，命爲奇數。

凡商得每方四尺八寸有奇。

再求其分。

法於餘實下又加兩〇，以餘九十六寸化九千六百分，〔解見上。〕爲三商實。商數四尺八寸，亦化四百八十分，倍之爲九百六十分，移對餘實百分十分之位書之，爲廉法。以廉法約實，商得九分爲三商，書次商之下。亦即以三商九分爲隅法，書於廉法九百六十分之下，共廉、隅九百六十九分。以乘三商九分，得廉積八千六百四十分、隅積八十一分，共積八千七百二十一分，自三商位書起，至第四〇位止。以對減餘實，仍餘八百七十九分，命爲奇數。

凡商得每方四尺八寸九分有奇。

再求其釐。

法於餘實下又加兩〇，以餘八百七十九分化八萬七千九百釐，爲四商實。次倍商數四尺八寸九分作九尺七寸八分，化爲九千七百八十釐，移對餘實，依千百十之位書之，爲廉法。用廉法約實，得八釐爲四商，書於三商之下。即以四商八爲隅法，增於廉法末，共廉、隅法九千七百八十八釐。以乘四商八釐，得廉積七萬八千二百四十釐、隅積六十四釐，自四商位書起，至第六〇位止。以減餘實，仍餘九千五百九十六釐。

凡商得每方四尺八寸九分八釐有奇。

再求其毫。

如法於餘實下又加兩〇，化餘實爲九十五萬九千六百毫，爲五商實。次倍商數四八九八作九尺七寸九分六釐，化爲九萬七千九百六十毫，爲廉法，移對餘實萬千百十之位書之。用廉法約實，得九毫爲五商，書四商下。亦即以五商九爲隅法，增入廉法下，共廉、隅九萬七千九百六十九毫。以乘五商九毫，得廉積八十八萬一千六百四十毫、隅積八十一毫，對五商位書起，至第八〇位止。以減餘實，仍餘七萬七千八百七十九毫。

凡商得方四尺八寸九分八釐九毫，又九萬七千九百七十九之七萬七千八百七十九，即奇數也。

右單數下已開四位,〔尺爲單位,析爲寸、分、釐、毫,凡四位。〕其不盡者,是不滿一毫之數,於單數爲十萬分之一。〔如欲再求忽、微,亦如上法。〕

還原〔一〕:

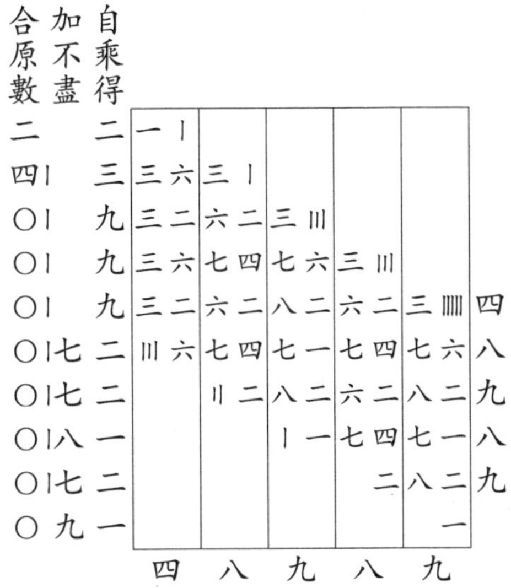

開方帶縱

〔帶縱者,長方形也,以方爲闊,加縱數爲長。其法與開方無異,但須以商得數乘縱數爲縱積,併入方積,以減原積,不及減者改商之。其次商亦倍初商加縱爲廉法,但倍方而不倍縱。三商以上並同。〕

假如有長田積六百二十四步,闊不及長二步,問:長

〔一〕此還原圖式輯要本刪。

闊各若干？

答曰：長二十六步，闊二十四步。

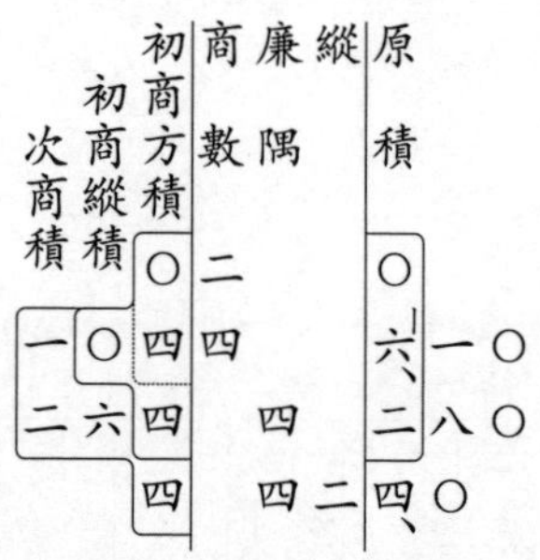

列位〔以實列右綫之右，以縱二步列右綫之左，對實步位列之。〕

如常作點定位。

初商〔以○六爲初商實，商得二十步，自乘應減方積四百步。又以商數乘縱二步，得縱積四十步，如法列之，以減原實，仍餘一百八十四步。〕

次商〔倍初商二十步作四十步，加縱二步，共四十二步爲廉法。以約餘實，得商四步，即以爲隅法。合廉、隅、縱共四十六，用乘次商四，得廉積一百六十步、隅積十六步、縱積八步，共減積一百八十四步，恰盡。〕命爲闊二十四步。加縱二步，爲長二十六步。合問。

以圖明之：

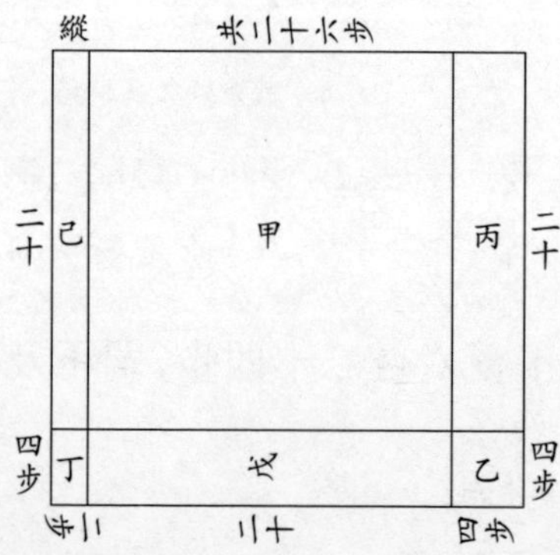

甲爲初商方形。〔長闊各二十步,積四百步。〕

己,初商縱形。〔闊二步,長亦二十步,積四十步。〕

戊、丙並次商廉。〔各長二十步,闊四步,積八十步。〕

乙,次商隅。〔方四步,積一十六步。〕

丁,次商縱廉。〔長四步,闊二步,積八步。〕

〔以上五者〔一〕,合之爲一長方形。共長二十六步、闊二十四步,積六百二十四步,合原數。〕

若縱數有比例可求者,先以比例分其積,平方開之得闊,因以知長。

假如有直田積四百五十步,但云長多闊一倍,問:長闊若干?

答曰:闊十五步,長三十步。

法平分其積,得二百二十五步,平方開之,得闊十五步。置闊十五步倍之,得長三十步。合問。

假如有長田積二百五十二步,但云長比闊多四分之三,問:長闊若干?

答曰:闊一十二步,長二十一步。

法以多三分加分母四,共七爲法。以分母四乘積爲實,法除實得一百四十四步,開方得闊一十二步。置闊一十二步,七因四除之,得二十一步爲長。〔長比闊多九

〔一〕五者,輯要本作"六者"。

步，於十二步爲四分之三〔一〕。〕

〔一〕輯要本此後補長闊和一例、開帶縱平方捷法兩例，原文如下：

以上長方形先知較數之法，若先知長闊和者，則如後法。

假如有長方面積八百六十四尺，長闊相和六十尺，問長闊各若干？答曰：長三十六尺，闊二十四尺。

	〇	二			〇	〇
〇	八	四			八、	〇
四	二		一	二	六	〇
	四		六		四、	〇

列位　作點

初商　以〇八爲初商實，商二十尺，乃以初商二十與和數六十尺相減，餘四十尺，以乘初商二十尺，得八百尺。如法列之，以減初商實，恰盡，餘次商實六十四尺。

次商　以初商二十尺倍之，得四十尺，以減和數六十尺，餘二十尺爲廉法。約次商實，可三尺，因廉法内尚要減去次商數爲法，故取大數，商四尺，書於初商下。乃於廉法内減去次商四尺，餘十六尺，以乘次商四尺，得六十四尺，以減餘實，恰盡。

命爲闊二十四尺，與和數相減，餘三十六尺爲長。

開帶縱平方捷法：

置積數四因之，知較數者以較自乘與積相加，開方得和；知和數者，以和自乘與積相減，開方得較。俱以和較相加減折半而得長闊，設例如後。假如長田積六百二十四步，闊不及長二步，問：長闊若干？

法以積六百二十四步，四因之，得二千四百九十六尺。又以長闊較二尺自乘，得四尺，相加得二千五百尺爲實。平方開之，得五十尺爲長闊相和之數。和較相減半之，得二十四尺爲闊；相加半之，得二十六尺爲長也。

假如長方積八百六十四尺，長闊相和六十尺，問：長闊若干？

法以積八百六十四尺，四因之，得三千四百五十六尺。又以和數六十尺自乘，得三千六百尺，内減去四因積數，餘一百四十四尺爲實。平方開之，得一十二尺爲長闊相較之數。和較相減折半，得二十四尺爲闊；相加折半，得三十六尺爲長也。

開立方法

平方者，方田之屬也，但取面冪之積。立方者，方倉之屬也，必求其内容之積。故平方曰面，立方曰體。有面而後有體，有線而後有面，故皆以線爲根。

假如長二尺者，線數也，線有長短而無廣狹。若以此線横展之，長亦二尺，闊亦二尺，則其積四尺爲面。面者，平方形也，面有闊狹而無厚薄。又以此面層累而厚之，長闊皆二尺，高亦二尺，則其積八尺爲體。體者，立方形也。

立方有虚有實，如築方臺則實，鑿方池作方窖則虚，然其爲立方之積數一也〔一〕。

法先列位〔同平方。〕

作點〔自單位起，每隔二位點之，以最上一點爲初商實。〕

定位〔視有若干點，則商幾位。如有二點，則商數有十；有三點，則商數有百。並同平方。〕

初商法：以自乘再乘數約而商之，〔如一商一、八商二、二七商三之類。〕書商數於左線之右。〔凡商得一數者，書於點上一位；商得二、三、四、五者〔二〕，書於點上兩位；商得六、七、八、九者〔三〕，書於點上三位〔四〕。〕

〔一〕輯要本此後有小字"又有帶縱者，如長與闊等而高不等，高多者則帶一縱，長立方也；高少者則帶兩縱相同，扁立方也；若長闊高皆不等，則亦帶兩縱，其縱不同"。

〔二〕輯要本"者"下有"用進位法"四字。

〔三〕輯要本"者"下有"用超進法"四字。

〔四〕輯要本"三位"下有"亦有商一而次商八以上，即須進位；初商五而次商七以上，即須超進者，臨時詳之"句。

即以自乘再乘數書於左線之左，以對減初商實。〔初商減積至初點止。〕

次商法：以初商自乘而三之，爲平廉法；〔亦曰方法。〕以初商三之，爲長廉法，〔亦曰廉法。〕皆對原實千百位書之。截第二點上餘實爲次商實，〔次商減積至次點止。〕以平廉法約實，得次商。〔列初商下。〕即以次商爲隅法，列長廉次。〔亦按千百位列之。〕乃以次商乘平廉法爲平廉積，又以次商自乘，以乘長廉及隅法，爲長廉、小隅積，俱挨書之。以減餘積，不及減者改商。

三商法：以餘實另列之。合初商、次商，自乘而三之，爲平廉法。合初商、次商三之，爲長廉法。截第三點上餘實爲三商實，〔三商減積至此點止。〕亦即以三商爲隅法。〔餘並同前。〕

四商以上，並同三商。

命分法：合平廉、長廉法，再加隅一爲命分母，不盡之數爲命分子。〔並同平方。〕

還原法：置商數自乘得數，再以商數乘之，即合原實。〔有不盡者，以不盡之數加入之。〕

初商表〔用法與平方表同。〕

初商數	一	二	三	四	五	六	七	八	九
初商積	〇 〇 一	〇 〇 八	〇 二 七	〇 六 四	一 二 五	二 一 六	三 四 三	五 一 二	七 二 九

次商廉隅法

方根		平廉		長廉		隅
一		○○三○○		○三○		○○一
二		○一二○○		○六○		○○八
三		○二七○○		○九○		○二七
四		○四八○○		一二○		○六四
五		○七五○○		一五○		一二五
六		一○八○○		一八○		二一六
七		一四七○○		二一○		三四三
八		一九二○○		二四○		五一二
九		二四三○○		二七○		七二九

假如立方積五千八百三十二尺，問：方若干？

答曰：方一十八尺。

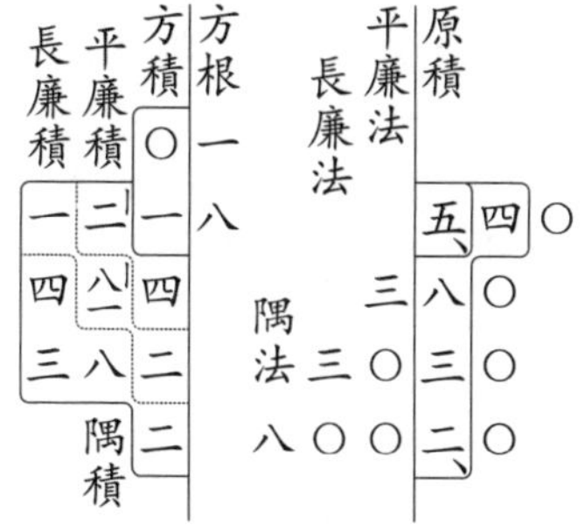

列實

作點定位〔有兩點，初商是十。〕

初商〔以五千爲初商實，約商一十，自乘再乘得一千爲應減積，減原實，餘四千。〕

次商〔以初商自乘而三之，得三百爲平廉法。又以初商三之，得三十爲長廉法。以平廉法約第二點上餘實,得八尺爲次商,即以爲隅法,並如法列之。乃以次商乘平廉法,得二千四百爲平廉積;又以次商自乘得六十四,以乘長廉及隅法,得長廉一千九百二十、隅積五百一十二,共減積四千八百三十二,恰盡。〕

凡開得立方根一十八尺。合問。

還原:

自		加	就
乘		八	身
得			
三	‖	〇	一
二	八	六	八
四		四	

	再		八	又
	乘			加
	得			
千	五		二	三
百	八	四	一	二丨
十	三	六	三	四
尺	二		二	
	合			
	原			
	實			

以圖明之:

甲爲初商方形。〔長闊高皆十尺,積一千尺。〕

乙爲次商平廉,凡三,以輔於方之三面。〔長闊皆十尺,厚八尺,積八百尺,共積二千四百尺。〕

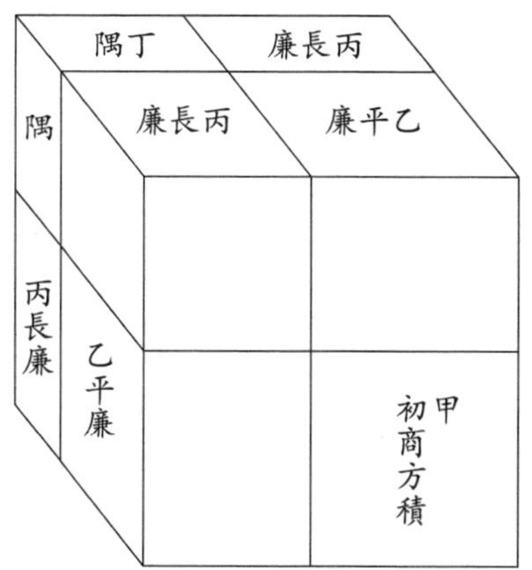

丙爲次商長廉，亦三，以輔〔一〕三平廉之隙。〔長十尺，闊與厚皆八尺，積六百四十尺，共積一千九百二十尺。〕

丁爲次商隅，如小立方，以補三長廉之隙。〔長闊高皆八尺，積五百一十二尺。〕

假如立方積二千二百五十九億七千七百八十一萬一千五百七十尺，問：方根若干？

答曰：方六千零九十尺，〔又一億一千一百二十八萬二千五百七十一之一億一千一百二十八萬二千五百七十〕。

列實〔實尾無單位，補作〇。〕

作點定位〔有四點，初商是千。〕

初商〔合實三位約之，商六千，對初點上三位列之。以六千自乘再乘，得減積二千一百六十億。其餘積改書，以待次商。〕

次商〔自乘初商而三之，得一億〇八百萬爲平廉法；以初商三之，

〔一〕輔，輯要本作“補”。

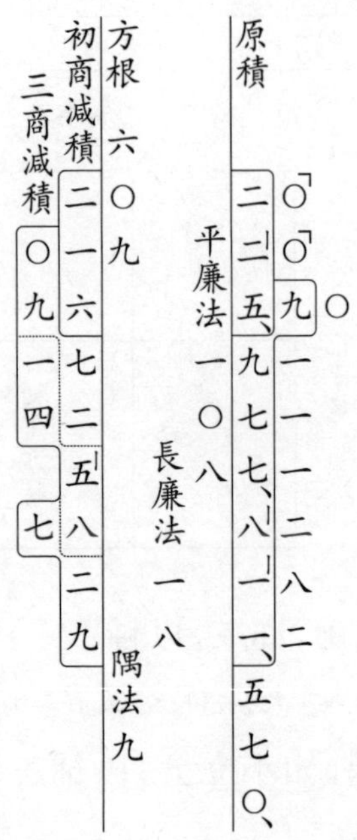

得一萬八千爲長廉法，各對原實位列之。以第二點上餘實爲次商實，實首有兩〇，無可商，是次商〇也。作〇於初商之下，即於實首消去兩〇，餘俟三商。〕

三商〔次商〇，即以次商法爲三商法。以第三點上餘實爲三商實，以平廉法約之，商九十尺。即以爲隅法，對實十位列之。乃以九十乘平廉法，得平廉積九十七億二千萬。又以九十自乘得八千一百，以乘長廉及隅法，得長廉積一億四千五百八十萬、隅積七十二萬九千，共減積九十八億六千六百五十二萬九千。〕

四商〔以第四點上餘實另列之。合三次商數六〇九自乘而三之，得一億一千一百二十六萬四千三百，爲平廉法。又以六〇九三之，得一萬八千二百七十，爲長廉法。以法約實，僅與兩廉法之數相同，無隅積，不能

餘積　〇〇〇一一一二八二五七〇

四商平廉法　一一一二六四三

四商長廉法　一八二七

方根　六〇九　命分　加隅一

成一單數,以法命之。合平廉、長廉數,加隅一爲命分母,餘實爲命分子。〕

命爲立方六千〇九十尺,又〔一億一千一百二十八萬二千五百七十一尺之一億一千一百二十八萬二千五百七十〕〔一〕。

〔一〕以下還原圖式,輯要本删。輯要本此後有"開帶縱立方之法詳籌算,見第七卷"句。

還原：

自乘

	得					
千	三		三			
百	七	六	〇	丨		
十	〇		五		五	
萬	八		四	四	〇	六
千	八				八	〇
百	一				一	九
十	〇	六		〇	九	〇

再乘

合原數	加不盡		得					
二			二	丨	一			
二			二	八	四			
五			五	二	〇	丨	二	
九	一	億	八	〇丨	四	七	六	三
七	一		六	八	四	三丨	〇	七
七	一		六	八	〇丨	〇	七	〇
八	二丨		五		六	二	七	八
一	八丨	萬	二			二	〇	八
一	二	千	九				九	一
五	五	百	〇	六		〇	九	〇
七	七	十	〇					〇

兼濟堂纂刻梅勿菴先生曆算全書

籌　算〔一〕

〔一〕是書成稿於康熙十七年，勿庵曆算書目算學類著録爲勿庵籌算七卷，爲中西算學通初編第一種。康熙十九年五月，蔡璿在南京觀行堂刊梅氏中西算學通初集，内收中西算學通凡例一卷（勿庵曆算書目著録爲中西算學通序例一卷）及勿庵籌算七卷。前者有傳本，見藏於清華大學圖書館，後者今未見刻本傳世。中國科學院自然科學史研究所李儼圖書館藏有抄本籌算七卷，前有蔡璿中西算學通序及中西算學通凡例目録部分内容，其行款、文字與清華藏蔡璿刻本全同，此鈔本當據康熙十九年蔡璿南京刻本原式鈔録（簡稱鈔康熙本）。該抄本卷首附籌算入門十四紙，收録籌算乘法三十四問，其中，初乘得數式十問、再乘併總式十問、三乘併總式十問、四乘併總式三問。籌算入門的内容不見於現傳諸刻本，是抄録者所增，還是蔡氏原刻本所有，尚不能確定。曆算全書本凡七卷，與勿庵曆算書目著録同。四庫本卷二至卷七，每二卷併作一卷，凡四卷，收入卷三十至卷三十三。梅氏叢書輯要本以籌算"其理多與筆算相通"，"凡已詳筆算者，皆不録"，故删除命分、約分、開方捷法、開方分秒法等目，定爲二卷，籌式及籌算乘法、除法、開平方法、開帶縱平方法入卷一，開立方法、開帶縱立方法入卷二。其中，保留條目的算例亦多有删減。光緒十三年，劉光蕡在陝西求友齋刊梅氏籌算，在輯要本二卷基礎上，增加加減法、命分約分、開方分秒、隅差法等，定爲上中下三卷。另有算式集要三種本，題作梅氏籌算須知，據輯要本收録。

籌算自序

唐有九執曆，不用布算，唯以筆紀。史謂其繁重，其法不傳。今西儒筆算，或其遺意歟？筆算之法，詳見同文算指中。曆書出，乃有籌算，其法與舊傳鋪地錦相似，而加便捷。又昔但以乘者，今兼以除，且益之開方諸率，可謂盡變矣。但本法横書，彷彿於珠算之位。至於除法，則實横而商數縱，頗難定位。愚謂既用筆書，宜一行直下爲便。輒以鄙意改用横籌直寫，而於定位之法，尤加詳焉。俾用者無復纖疑，即不敢謂兼中西兩家之長，而於籌算庶幾無憾矣。

康熙戊午九月己亥朔日躔在角，宛陵梅文鼎勿庵撰。

籌算有數便。奚囊遠涉，便於佩帶，一也。所用乘除，存諸片楮，久可覆核，二也。斗室匡坐，點筆徐觀，諸數歷然，人不能測，三也。布算未終，無妨泛應，前功可續，四也。乘除一理，不須歌括，五也。尤便習學〔一〕，朝得暮能，六也。

原法横書，故用直籌，籌直則積數横，彼中文字實用横書也。今直書，故用横籌，籌横則積數直，其理一

〔一〕習學，四庫本作“學習”。

也。亦有數便。自上而下,乃中土筆墨之宜,便寫,一也。兩半圓合一位,便查數,二也。商數與實平行,便定位,三也。

籌算卷一

宣城梅文鼎定九著

柏鄉魏荔彤念庭輯　男　乾斆一元

士敏仲文

士説崇寬同校正

錫山後學楊作枚學山訂補

作籌之度

凡籌以牙爲之，或紙或竹片，皆可。長短任意，以方正爲度。

凡籌背、面皆平分九行，每行以曲線界之，爲兩半圓狀。

凡籌背、面皆相對，第一籌之陰即爲第九，便檢尋也。二與八，三與七，四與六，五與空位，皆倣此。共五類，類各五籌，當珠盤二十五位，或更加之，亦可。外有開方大籌，爲平方、立方之用，詳見別卷。

籌式列左：

第一籌式

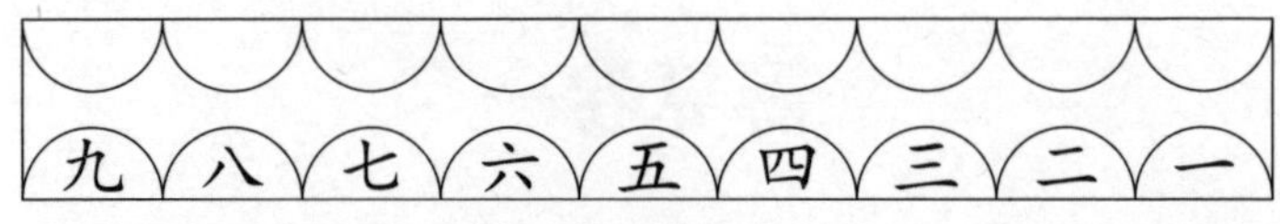

第二籌式

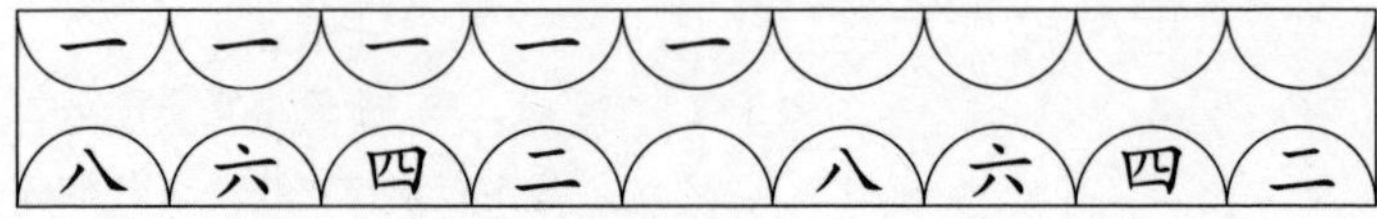

第三籌式

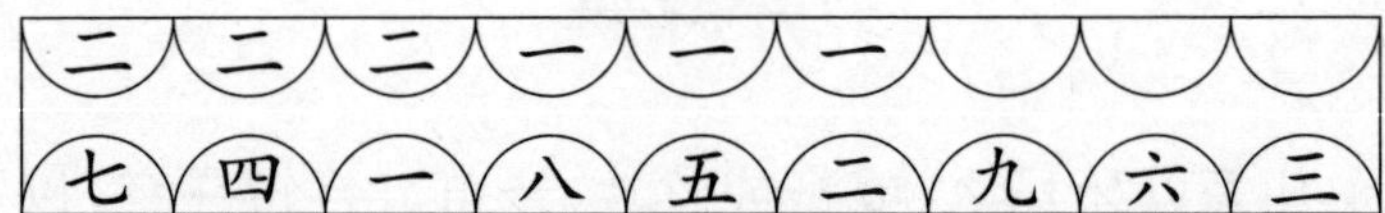

第四籌式

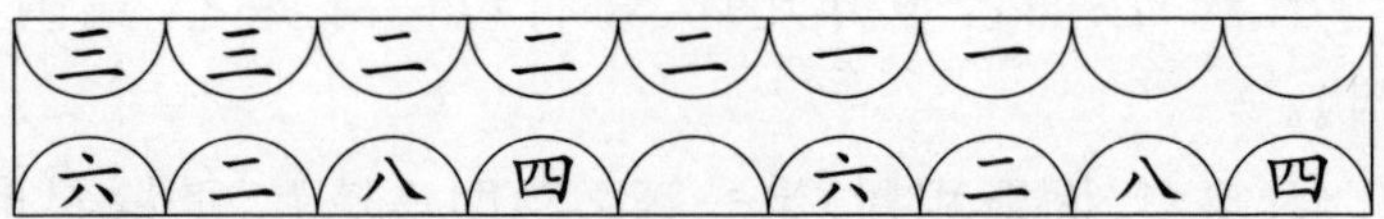

第五籌式

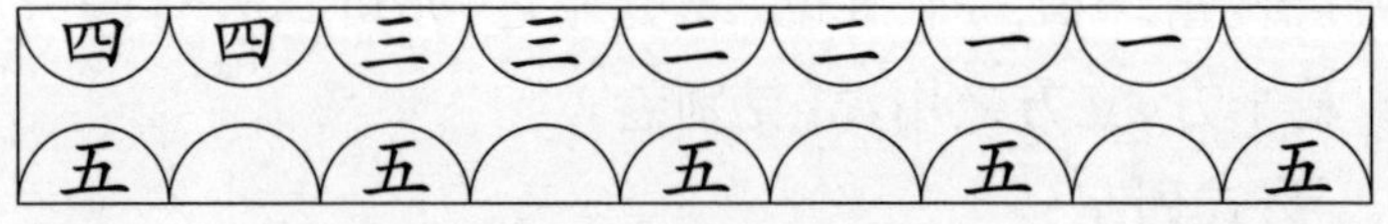

第九行 第八行 第七行 第六行 第五行 第四行 第三行 第二行 第一行

第六籌式

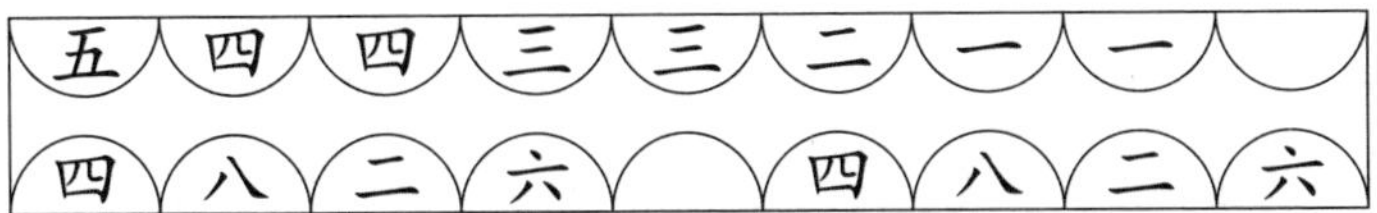

第七籌式

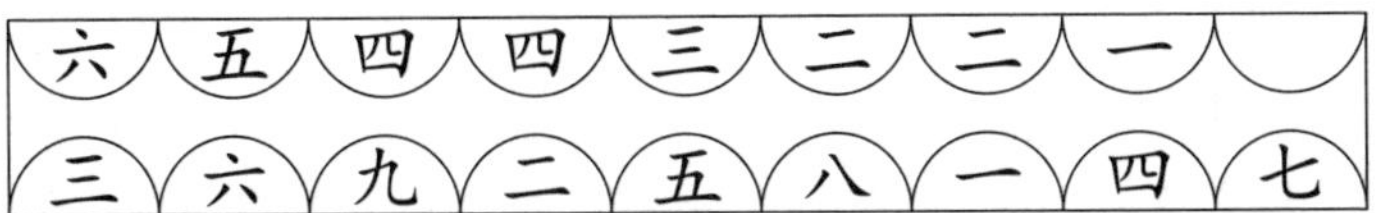

第八籌式

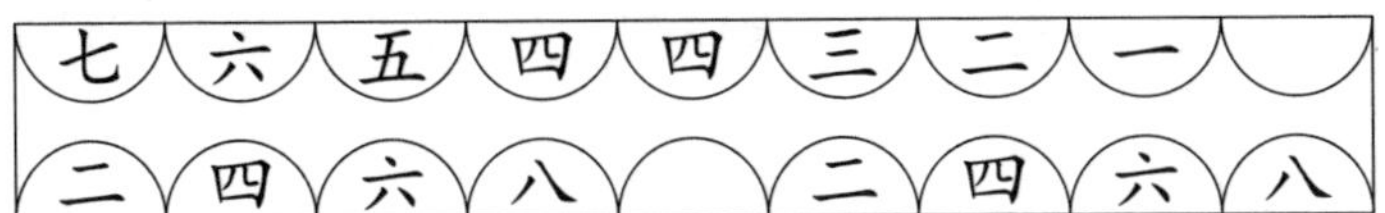

第九籌式

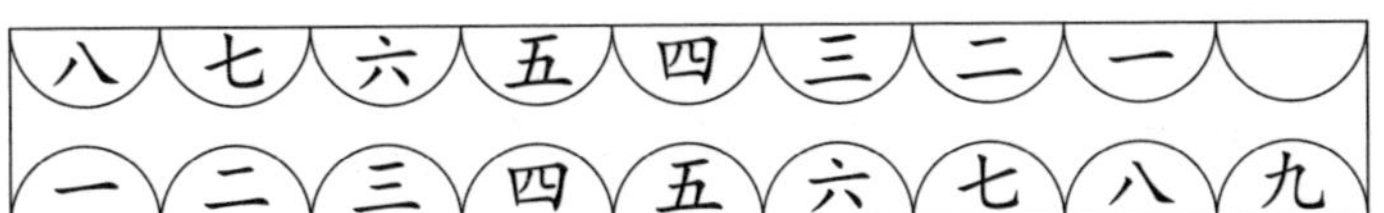

空位籌式

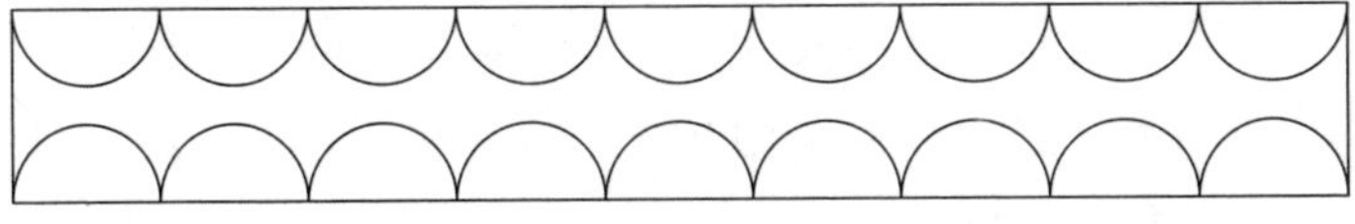

第九行　第八行　第七行　第六行　第五行　第四行　第三行　第二行　第一行

作籌之理

凡籌，每行以曲線界之成兩位，其下爲本位，上爲進位。假如本位一兩，則進位爲十兩。

凡列兩籌，則行内成三位，下之進位與上之本位，兩半圓合成一位故也。列三籌，則成四位。列四籌，則成五位。五籌以上，皆倣此。

凡籌有明數，有暗數。明數者，籌面所有之數是也。暗數者，行數也。假如第一行即爲一數，第二行即爲二數。

凡籌與行數相因而成積數。假如第二籌之第四行，即爲八數；第九籌之第八行，即爲七二數。

籌算之資

凡用籌算，當先知併、減二法，今各具一則〔一〕。

併法

併者，合也。合衆散數爲一總數也，又謂之垛積。其法先列散數，自上而下，對位列之，千對千，百對百，十對十，單對單，以類相附。

列訖，併爲一總數。其法從最下小數起，自下而上，如畫卦之法。數滿十者，進位作暗馬，而本位書其零。

〔一〕今各具一則，輯要本作"詳筆算"，並删以下併法與減積法。

暗馬式：

一	二	三	四	五	六	七	八	九
〡	〢	〣	〤	〥	〦	〧	〨	〩

恐混原數，故以此別之，便覆核也。

假如有米三千四百八十石，又五千〇六十八石，又二萬六千九百石，合之共幾何？

總數	數散				
三	二			丨	萬
五	六	五	三	丨	千
四	九	〇	四	丨	百
四	〇	六	八		十
八	〇	八	〇		石

如圖，散數三宗，依法併之，爲一總數，得三萬五千四百四十八石。

減積法

減者，去也。於總數内減去幾何，則知其仍餘幾何也。減與併正相反，減而剩者，謂之減餘。

其法以應減去之數列左，以原有之總數列右，而對減之。

千對減千，百對減百，十對減十，單對減單。

減而盡者，抹去之；減而不盡者，改而書之。

本位無數可減，合上位減之。假如欲減八十，而原數只有七十，但其上位有一百，則合而減之，於一百七十内減八十，仍餘九十。

假如有銀三十二萬五千三百一十兩，支放過二十九萬五千三百〇五兩，仍餘幾何？

	減數	原數	減餘
十	二	三	一
萬	九	二	三
千	五	五	〇
百	三	三	〇
十	〇	一	〇
兩	五	〇	五

依法減之，仍餘三萬〇〇〇五兩。

如圖，先於三十萬内減二十萬，餘一十萬，改三爲一。次減九萬，而萬位無九，合上位共一十二萬減之，餘三萬，抹去一二，改書三。次減五千，次減三百，皆減盡，皆抹去之，書作〇。次減五兩，而兩位無五，於一十兩内減之，抹去一〇，改書〇五。減訖，餘三〇〇〇五。

凡算有乘有除，乘者用併法，除者用減法。

籌算之用

凡算先别乘除，乘除皆有法實。實者，現有之物也。法者，今所用以乘之除之之規則也。

凡籌算，皆以實列位，而以籌爲法。法有幾位，則用幾籌。如法有十，係兩位，則用兩籌；法有百，係三位，則用三籌。

凡法實不可誤用，唯乘法或可通融，若除法，必須細認。俱詳後。

乘　法〔一〕

勿菴氏曰：凡理之可言者，皆其有數者也。數始於一，相緣以至於無窮，故曰："一與言爲二〔二〕，二與一爲三，自此以往，巧曆不能盡。"乘之義也，故首乘法。

解曰：乘者，增加之義，其數漸陞，如乘高而進也。亦曰因，言相因而多也。珠算有因法，有乘法，在籌算總一乘法，殊爲簡易。

法曰：凡兩數相乘，任以一爲實，一爲法。

假如以人數給糧，或以人爲實、糧爲法，或以糧爲實、人爲法，皆可。

凡算，先列實。〔列書之於紙，或粉板亦可。依千百十零之位列之，自左而右。〕次以法數用籌乘之，法有幾位，則用幾籌。〔假如法爲六十四，則用第六、第四兩籌；法爲三百八十四，則用第三、第八、第四共三籌。〕

凡乘，皆從實末位最小數起。視原實某數，即於籌其

〔一〕"乘法"條下算例，輯要本保留"兩籌爲法式""法尾位有空式""實中位有空式"下三問，餘並删。

〔二〕一與言爲二，原作"一與一爲二"，鈔康熙本作"言與一爲二"，今據莊子齊物論改。

行取數列之。〔假如實是二,則取第二行數。〕

凡列乘數,皆自下而上,如畫卦。凡實有幾位,挨次乘之。但次乘之數,必高於前所列之數一位。〔假如先乘者是單,次乘者必是十,故進位列之。〕

乘訖,乃以併法併之,合問。

兩籌爲法式

假如有軍匠一十二名,每名給工食米三石六斗,共幾何?

答曰:四十三石二斗。

法曰:此以三石六斗爲實,而以一十二名爲法乘之也,宜用兩籌。〔法兩位故也。〕

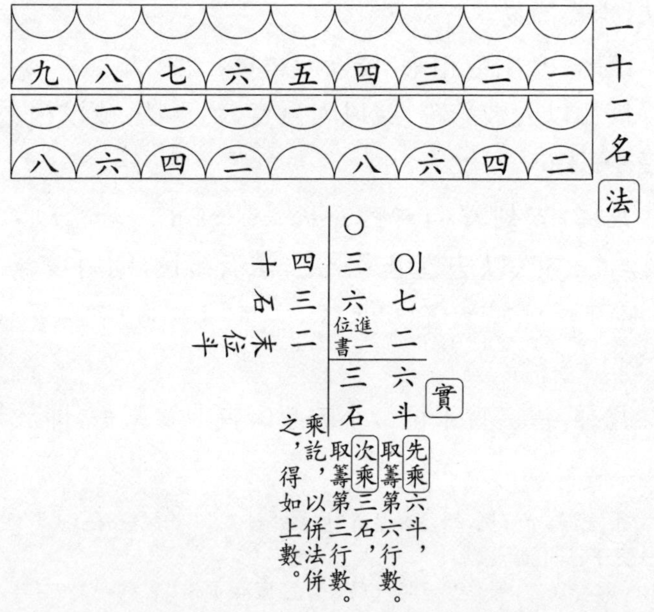

定位法從末位起，知末位是斗，上一位便是石，又上一位十石，定爲四十三石二斗。

法實互用式

此以一十二人爲實，而以三石六斗爲法乘之，得數皆同。

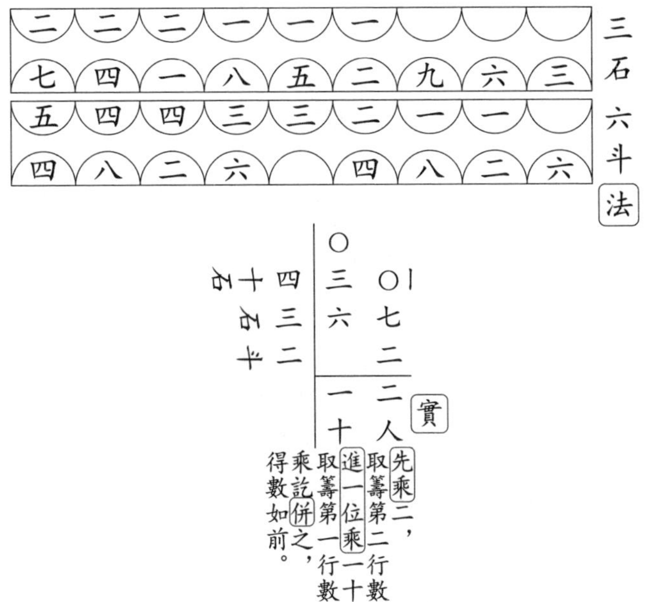

定位同前。

三籌爲法式

假如有米七十五石，每石價五錢六分四釐，問：總。
答曰：共銀四十二兩三錢。
法用籌三根，以價爲法，有三位故也。

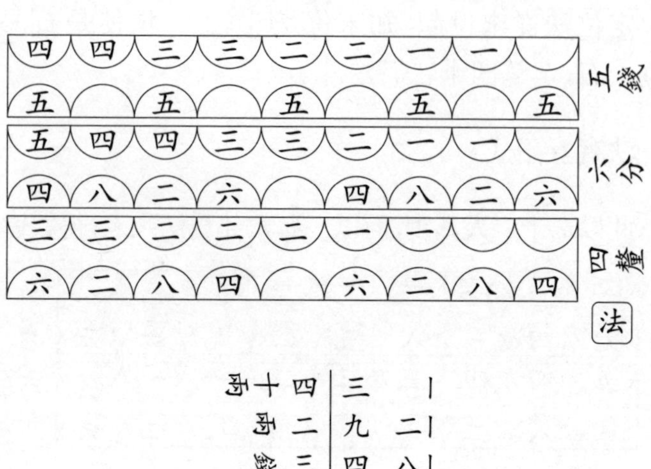

實

一二八二〇　五石

三九四八進一位　七十

四二三〇〇

十兩　兩　錢　分　釐 末位釐

先乘五石，取籌第五行數。
進乘七十，取籌第七行數。
乘訖，併之如上。

定位法知末位是釐，上一位便是分，又上錢，又上兩，又上十兩，定爲四十二兩三錢。

法尾位有空式

問：田每畝二百四十步，今有田一百二十五畝，該步幾何？

答曰：共該三萬步。

法用籌三根。法有百,係三位故也。

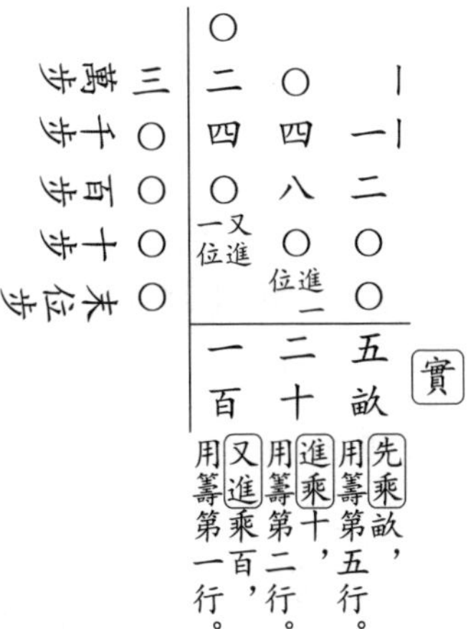

定位法知尾位一圈是單步,則各位皆定。

又法:

凡法尾空位者,省不乘,但於併數之後,補作圈於其下,以存其位,尤爲簡捷。

省乘〇位圖

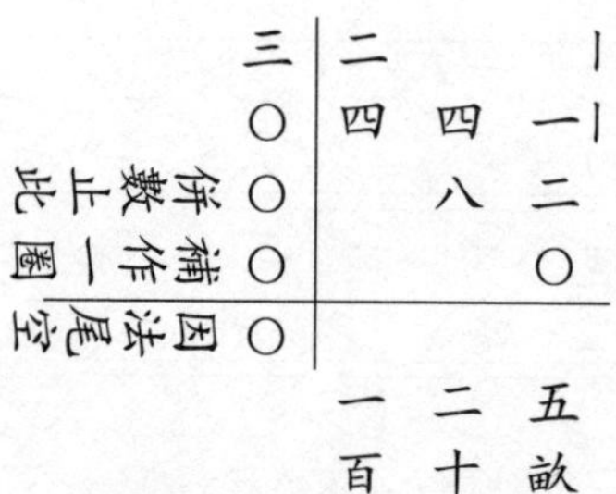

如上圖乘訖，併得三〇〇〇，因法尾有空，又補作一圈，是爲三〇〇〇〇，則知所得三萬。

定位法見前。

實尾有空式

假如田一十二萬畝，每畝徵豆二合五勺，共幾何？

答曰：三百石。

法曰：此實尾有四〇也。

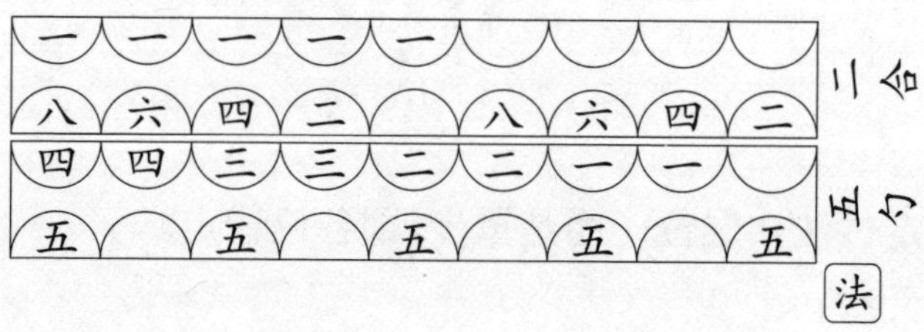

		○					
百石	三	二	○	一			
十石	○	五	五	○			
石	○	進五位	○	○	○		
斗	○		進四位	○	○	○	
升	○			進三位	○	○	○
合	○				進二位	○	○
末位勺	○					進一位	○
		一十	二萬	○千	○百	○十	○畝

實

〔自畝至千皆空,即以圈乘之,用存其位。〕

又式:

省乘○位圖

千石	三	二		一
百石	○	五	五	
十石	○		○	
石	○	一百	二十萬畝	實
斗	○			
升	○			
合	○			
勺	○			

假如田一百二十萬畝,每畝徵豆二合五勺。〔用二、五籌爲法同前。〕

如上圖,乘併得三○○。

因原實自萬至畝皆空,補作五圈,是爲三○○○○○

〇〇。〔乃以尾〇命爲勺，定所得爲三千石。〕

又若田爲一畝二分，則所得爲三合，何也？畝下有分，故得數之三〇〇，其尾〇又是勺下之分也。此定位之精理，須細審之。

實中位有空式

假如焦氏易林四千〇九十六卦，若每卦又變六十四，共幾何？

答曰：二十六萬二千一百四十四。

十萬	二	二			
萬	六	五	〇		|
千	二	六	〇	五	|
百	一		〇	七	三|
十	四			六	八
卦	四				四
		四千	〇	九十	六卦 實

百位空，作圈存其位。

又式：

徑進兩位圖

二	二		
六	五		丨
二	六	五	丨
一		七	三丨
四		六	八
四			四
	四千〇	九十	六卦

百位空，省不乘，徑進兩位乘四千。

畸零式

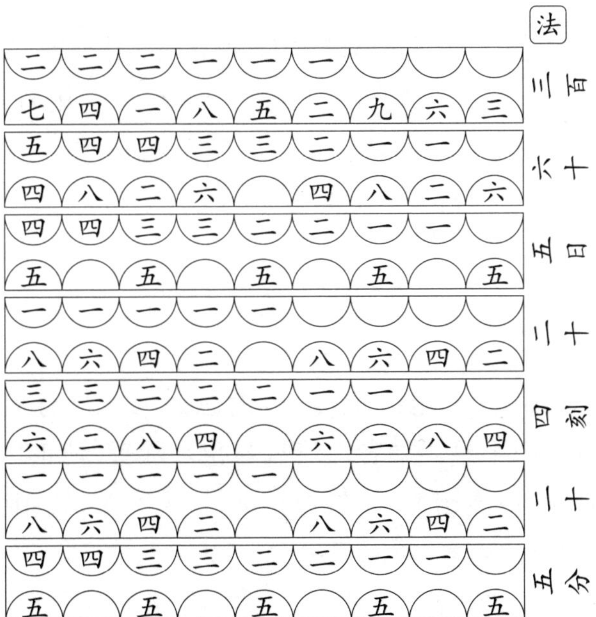

假如授時曆每年三百六十五日二十四刻二十五分，今三百九十年，該若干日？

十	一	一		
萬	四	〇	三	
千	二	九	二	
百	四	五	八	
十	四	七	七	
日	四	二	一	
十	五	七	八	
刻	七	五	二	
十	五		五	
分	〇	三百	九十年	實

此實尾空，而法又有畸零，乘訖，併得一四二四四四五七五，共九位。因實尾位空，〔無零年故也。〕用省乘法，加一〇於末位下，共十位，而以尾〇命爲分，得一十四萬二千四百四十四日五十七刻五十〇分。合問。

除法

勿庵氏曰：天地之道，盈虛消息而已。無有盈而不虛，無有消而不息。乘者，息也，盈也。除者，消也，虛也。二者相反而不能相無，其數每相當，不失毫釐，如相報也。邵子曰："算法雖多，乘除盡之矣。"故除法次之。

解曰：除者，分物之法也。原物幾何，今作幾分分之，則成各得之數，而除去原數也。有歸除，有商除，珠算任用，籌算則獨用商除爲便。以意商量用之，故曰商除。

法曰：凡除，以所分之物爲實，今欲作幾分分之爲法。法與實須審定，倘一倒置，則毫釐千里矣。〔假如有糧若干，分給若干人，則當以糧爲實，以人之數爲法除之。蓋糧數是所分之物，人數是用以分之之法也。若倒用以糧分人，則所誤多矣。〕凡法有幾位，則用幾籌。乃列實，〔自上而下，直書之。〕視籌之第幾行中積數有與原實相同者，或略少於實者，用其數以減原實，而得初商。有不盡者，如法再商。或三商以上，皆如之，實盡而止。餘實不滿法，以法命之。

凡商數，皆以籌之行數爲其數。〔假如所減是籌第一行，即商一數，第二行即商二數〕

書商數法曰：凡書商數，皆與減數第一位相對。若所減第一位是〇，則補作〇於原實首位上而對之。〔此定位之根。〕

定位法曰：除畢，以商得數與原實對位求之，皆於法首位之上一位命爲單數。〔程大位曰："歸於法前得零"〔一〕，古法"實如法而一"是也。〕

此有二法：有法少實多者，從原實内尋法首位，認定，逆轉上一位命爲單數。〔如米則爲單石、錢則爲單文之類。〕既得單數，則上而十百千萬，下而分秒忽微，皆定矣。此爲正法。

有法反多實反少者，乃變法也。法從原實首位逆溯

〔一〕零，程大位算法統宗卷一"十二字訣"作"令"。

而上,至法首位止,又上一位,命爲單數。〔此是虚位,借之以求實數。〕既得單數,乃順下求之,命所得爲分秒之數。

初商除盡式

假如太陽每歲行天三百六十度,分爲七十二候,每候幾何度?

答曰:每候五度。

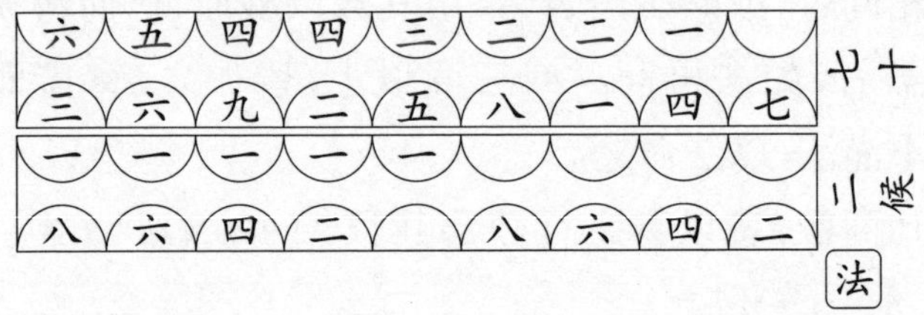

此欲分爲七十二分也,故以七二爲法,用兩籌。

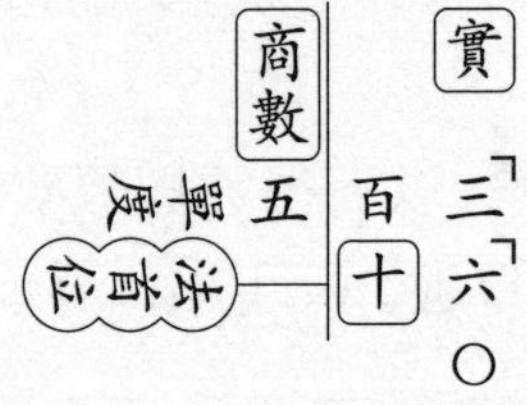

如圖,先列三百六十度爲實,次簡兩籌行内有三六〇,與實相同,用減原實,恰盡。次查所簡係籌之第五行,商作五。

又查所減第一位是三,將商數五對三字書之。

定位法曰:此法少於實也,宜於原實内尋十度位,即法首位也。法首再上一位爲單度,定所得爲五度。

假令實是三千六百，則所得爲五十度，如後圖。

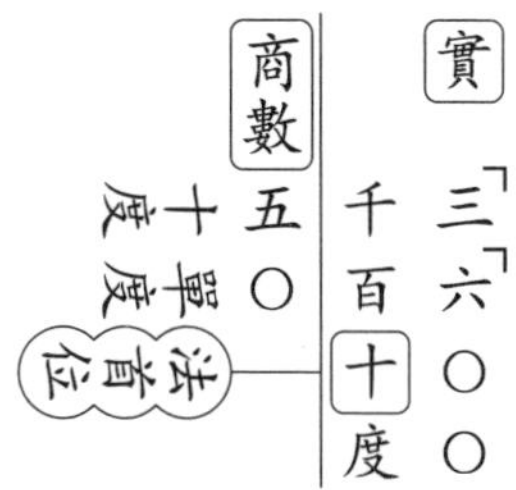

定位法曰：此亦法少於實也。法亦於原實内尋法首十位，再上一位爲單位。單位空，補作圈。再上一位是十度，定所得爲五十度。用籌同而得數迥異，定位之法所以當明也。

再商式

假如皇極經世一元共一十二萬九千六百年，分爲一十二會，各幾何？

答曰：每會一萬〇八百年。

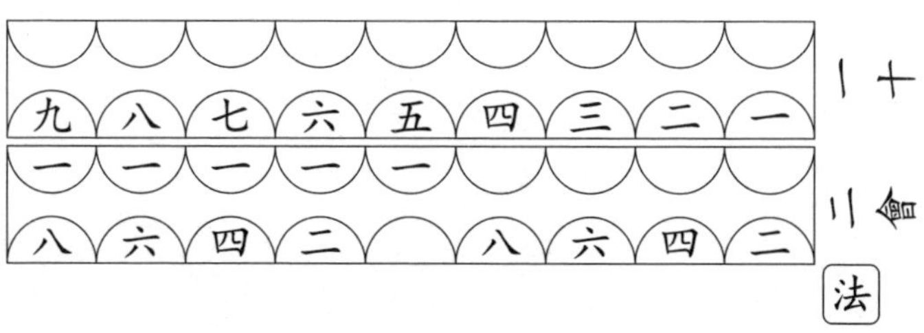

此欲分爲一十二分也，故以一二爲法，用兩籌。

實

〇「一「二九六〇〇

十萬千百十年

一 商數對所減第一位。

如圖列實,〔一元總數。〕簡籌第一行是〇一二,商作一數,〔第一行,故商一。〕減實一十二萬,餘九千六百不盡。再用籌如法除之。

又因所減數是〇一二,故於原實首補作圈,而以商得一對此〇位書之。〔即所減籌上第一位也。〕此定位之根,不可錯,須細詳[一]之。

原實

〇一二「九「六〇〇

十萬千百十年

商數

一〇八〇〇

萬千百十單

法首位

〔一〕詳,四庫本作"審"。

簡兩籌第八行是〇九六，與餘實相合。再商八，〔第八行故也。〕減餘實九千六百，恰盡。

此所減數亦是〇九六，故以商得八進位書之，以暗對其〇。

如此審定商數位置，已知不錯，而初商、次商隔一位不相接，是得數有空位也，乃於其間補作圈，爲一〇八。

假如隔兩位，則作兩圈。三位以上，倣此求之。若非於商數審其位置，鮮不誤矣。此算中一大關鍵也，非此則不能定位。

定位訣曰：此亦法少於實也，從原實内尋法首十位。再上一位是單年，單位空，補作圈。又上一位是十，十亦空，亦補作圈。又上一位是百，知所得爲八百年也。知百，知千、萬矣，定爲一萬〇八百年。

假如黄鐘之實一十七萬七千一百四十七，其分法

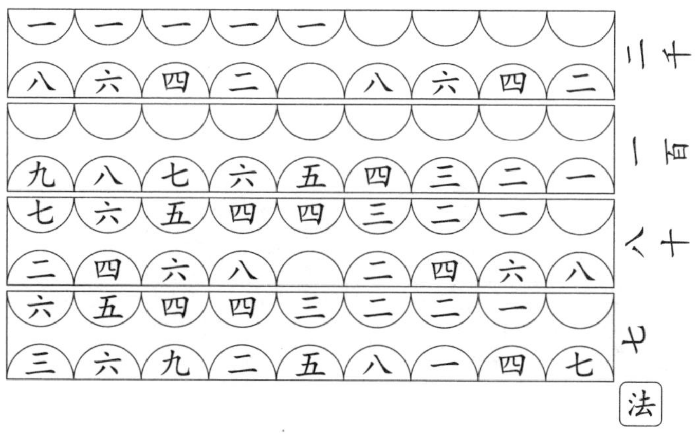

二千一百八十七，問：若干分〔一〕？

答曰：八十一分。

此欲分得二千一百八十七，乃爲一分，故以二一八七爲法，用四籌。

實

二一八

一七七一四七

八

商數八對所減首位一字書之。

如圖列實，簡籌内無有一行之數與實相合，乃取第八行一七四九六略少於實者用之。商作八，〔第八行故也。〕減實一十七萬四千九百六十，餘實二千一百八十七，再商之。

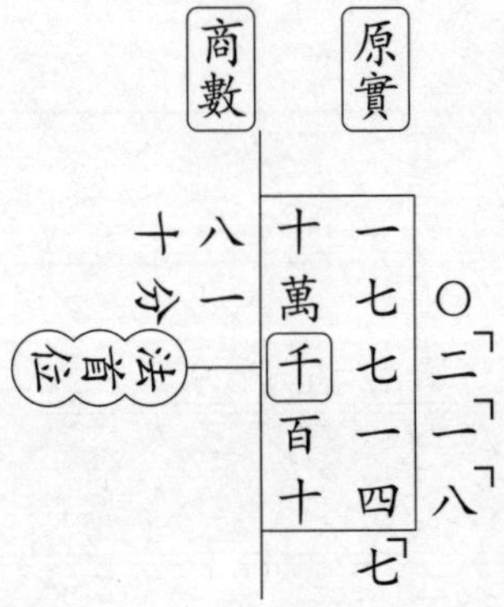

簡籌第一行是〇二一八七，正合餘實。再商一，除實

〔一〕此算例輯要本無。

恰盡。

次商一，進位書，暗對所減〇位。

定位訣從原實尋法首位千，逆轉上一位得單分，則餘位皆定。

按：籌算原書於定位頗略，又其爲法，原實横而商數縱，各居其方，不相依附，定位頗難，故雖曆書間有訛位，今特詳之。而兩兩直書，於定位尤易，亦足見余之非好爲異也。

三商式

假如有水輪，每日共轉二千二百四十四周，一日十二時，每時幾何〔一〕？

答曰：每時一百八十七。

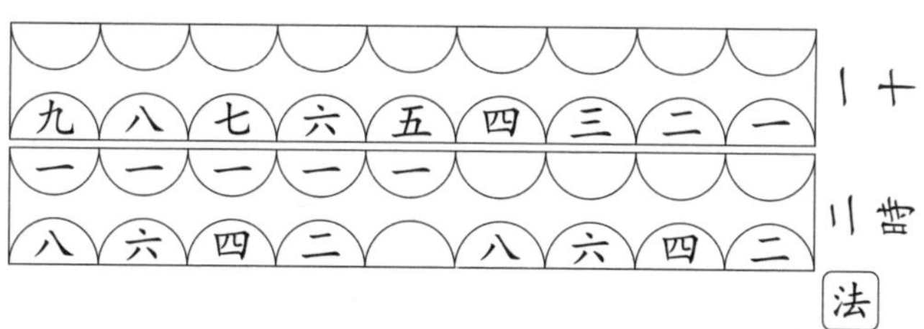

此亦欲分〔一十二分〕也，故用〔一、二〕兩籌。

如圖列實，簡籌第一行是〔〇一二〕，商一，減實〔一千二百〕，餘〔一千〇四十四〕。

〔一〕此算例輯要本無。

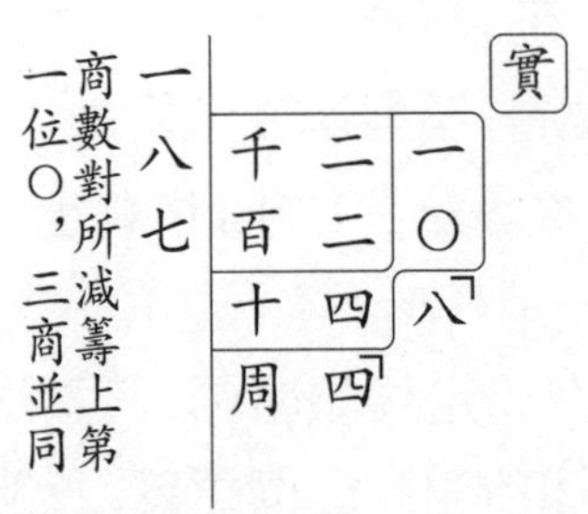

次簡籌第〔八〕行是〔〇九六〕，商八，減實〔九百六十〕，仍餘八十四。

末簡籌第〔七〕行〔〇八四〕，商〔七〕，減實盡。

定位訣同前。

四商法

假如有小珠三十四萬三千一百五十四粒，換得大珠重九錢六分五釐，每大珠一錢換小珠幾何粒？

答曰：每錢換三萬五千五百六十粒。[一]

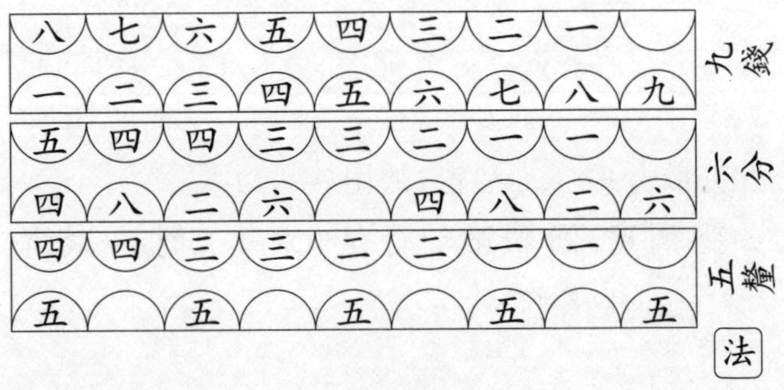

〔一〕下圖中"法"字原無，據例補。

此欲分爲九分有奇也,〔以錢爲主,則六分五釐是其奇零。九分之分,去聲。〕故以九六五爲法,用籌三根。

如後圖列實。

先簡籌第三行二八九五,略少於實,商三,減實二十八萬九千五百,餘實五萬三千六百五十四,以候續商。

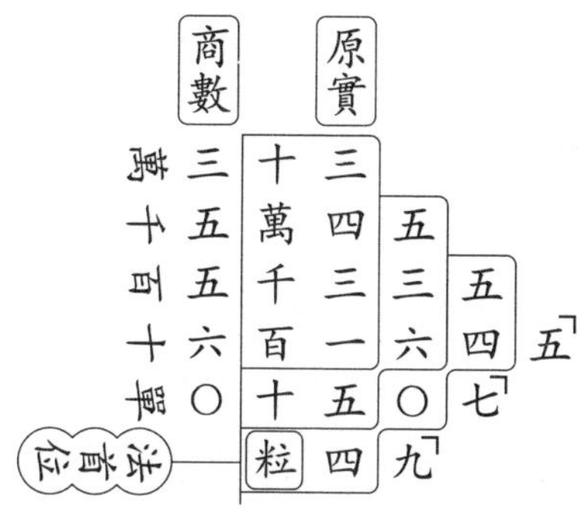

次簡籌第〔五〕行是〔四八二五〕,爲略少於餘實,商〔五〕,減餘實〔四萬八千二百五十〕,仍餘〔五千四百○四〕,以待第三商。

又簡籌第〔五〕行是〔四八二五〕,爲略少於餘實,又商〔五〕,減餘實〔四千八百二十五〕,仍餘〔五百七十九〕,知尚有第四商也。

又簡籌第〔六〕行是〔五七九○〕,與餘實恰合。商作〔六〕,除餘實〔五百七十九〕,恰盡。

四次商數,俱對首位。

定位訣從原實中尋法首〔單〕位,逆轉上一位得〔單〕粒,定所得爲〔三萬五千五百六十○粒〕,命爲大珠每錢所換小珠之數。

五園問曰:法是錢數,實是粒數,不類也,何定位亦如是準乎？

勿菴曰：此定位之法，所以的確不易也。且錢與粒不類，子疑之固矣，抑知單與單之爲一類乎？蓋所問是每錢若干，故錢數爲單位；若問每分若干，則法首錢數爲十位，得爲〔三千五百五十六〕矣。故定位須詳問意，乃要訣也。

法有〇籌式

假如布二萬一千七百六十八丈，給與九百〇七人，各幾何？

答曰：〔每人二十四丈。〕

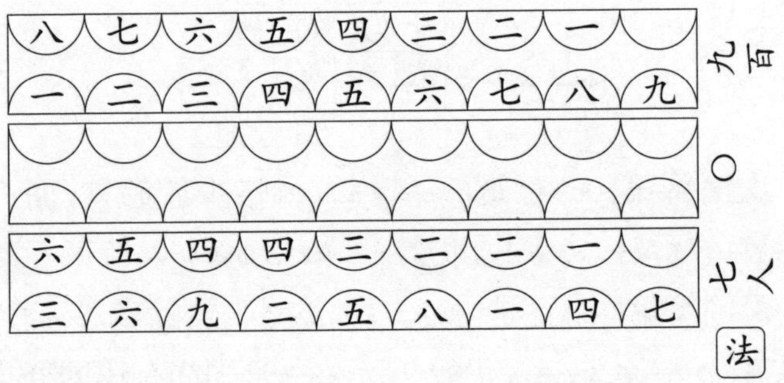

此欲分作〔九百〇七分〕也，故以〔九〇七〕爲法，用三籌。

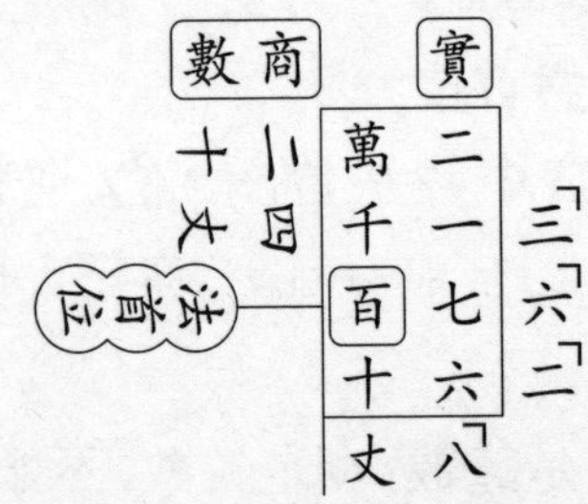

如圖，簡籌第〔二〕行〔一八一四〕，商作〔二〕，減實〔一萬八千一百四十〕，餘〔三千六百二十八丈〕。

次簡第〔四〕行〔三六二八〕，商〔四〕，除實盡。

以上例皆法少於實，故法首在原實中，乃本法也。

法多實少式〔即除分秒法。〕

假如銀〔五百一十二兩〕，給〔六百四十人〕，各若干〔一〕？

答曰：〔每人八錢。〕

解曰：〔凡不能成一單數者，皆分秒也，故斤下有兩，兩下有錢，錢下有分，分有釐，釐有毫。今以兩爲主，則兩爲單位，而錢爲兩十之一，八錢即十分兩之八。〕

此欲分爲六百四十分也，故以六四爲法，用兩籌。

實
五百
一十
二兩
〇兩
八錢
法首位

〔一〕此算例輯要本無。

如圖列實，簡籌第八行數恰合，除實盡，商作八。〔第八行故。〕又所減首位不空，故商數對之。

定位法曰：此法多於實也，尋法首位百，逆上一位是兩，兩位空，知是錢。

又式：

假如饑民〔四十八萬〕口，賑米〔三千六百〕石，各得若干？

答曰：每口〔七合五勺〕。

解曰：此以石爲單位，故〔斗升合勺〕皆其分秒。

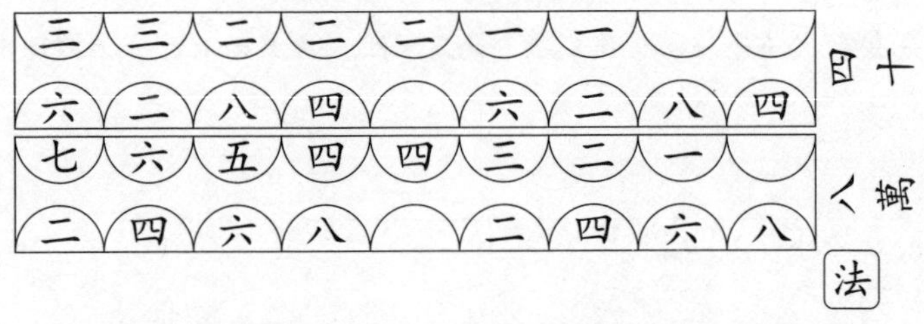

此人分米也，故以〔四十八萬〕爲法。

	商	位	實	
石（法上一位是單石位）	○			
斗（法首位）	○	萬十	○	
升	○	萬	○	
合	七	千	三	
勺	五	百	六	二
		十	○	四
		石	○	

〔如圖列實，簡籌第七行是三三六，初商七，餘二百四十石。次簡籌第五

行是二四〇，次商五，除盡。〕

〔定位法於原實内尋法首位，而原實内無十萬，只有千，虚進一位尋萬，又進一位十萬。十萬者，法首位也。再上一位得零，是單石，石位〇，順下斗升俱〇，知所得爲七合五勺。〕

列商數法同前。

以上兩例，皆法多於實者。其法首位或在原實中，必原實首位也；或不在原實中，則在其原實上幾位也。要之皆不能滿法，其所得必爲分秒，乃通變之法也。

論曰：除者，分也。吾欲作幾分分之則爲法，所分之物爲實，所分之物能如所欲分之數，則爲滿法，滿法則成一整數。假如〔三十六〕人分布，而布有〔三十六〕丈，則各人分得一丈。古云"實如法而一"，正謂此也。程大位算法統宗曰："歸於法前得零。"其意亦同，此立法之本意也。

乃有所分之物原少於所欲分之數，是不滿法也。既不滿法，則不能成一整數，而所分者皆分秒之數。假如〔三十六〕人分布〔二十七〕丈，則每人不能分一丈，只各得七尺五寸，是於〔一丈〕内得其〔七分五秒〕也。然必先知整數，然後可以知分秒。故必於原實上虚擬一滿法之位，若曰能如此數，則分得整數矣；而今不能，則所分得者皆分秒也。於是視所擬整數虚位，距商數若干位而命之。若相差一位，則得爲十之一，〔如兩有錢，尺有寸。〕隔位則爲百之一，〔如兩有分，丈有寸，〕此乃通變之法。要其爲法上得零，則一而已矣。

又論曰：此原實即不滿法也，若餘實不滿法，除之終不能盡,則以命分之法御之。詳後。

命分法

法曰:凡除法,商數至單已極,而有餘實不盡者,不能成一整數也,則以法命之。此有二法。

一法:即以除法爲命分,不盡之數爲得分,則云幾十幾分之幾。

解曰:命分者,以一整數擬作若干分而命之,如滿此數,則成一整數;而今數少,故命之也。得分者,今所僅有之數,在命分數内得若干也。〔命分者,古謂之分母;得分者,古謂之分子。〕

假如古曆以九百四十分爲日法,每年三百六十五日又九百四十分日之二百三十五,約爲四之一。〔約法見後。〕

一法:除之至盡,古曆家所謂退除爲分秒是也。單下有一位,命爲十分之幾;有兩位,命爲百分之幾十幾;三位則命分千,四位則命分萬,皆以除得數爲得分。

假如授時曆法每歲三百六十五日二千四百二十五分,是以萬分爲日,即命分也。

式如後:

假如五尺爲步,每方一步積二十五尺,今有積二百四十尺,得若干步?

答曰:九步又五分步之三。

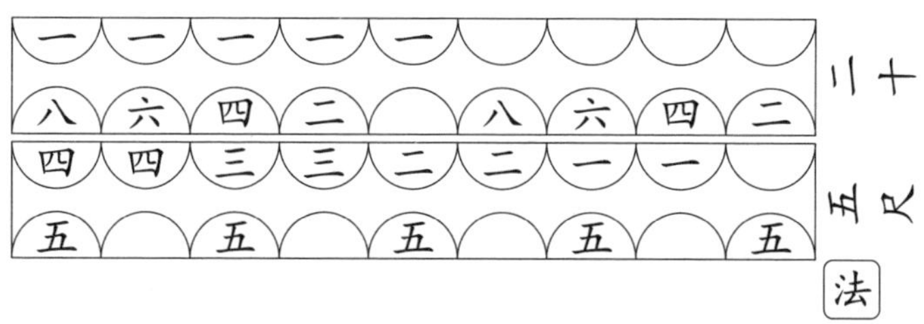

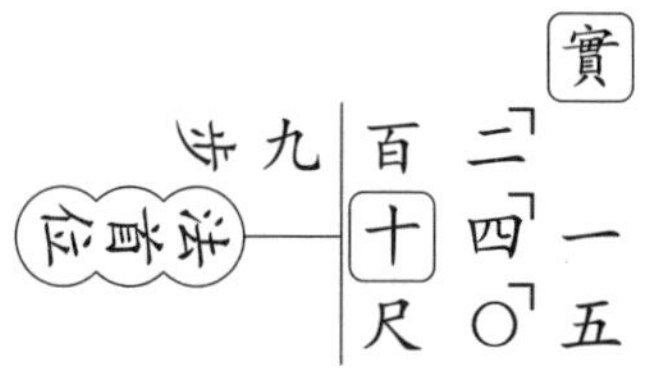

如圖列實，簡籌第九行是二二五，商作九，〔第九行故。〕減實二百二十五尺，餘一十五不盡，以法命之，命爲九步又二十五分步之一十五，約爲五之三。〔約分法見後。〕

若用第二命分法，再列餘實，加〇位商之，以得其分秒，如後。

除分秒圖

原實

步	九	百	二	
分	六	十	四	一
		尺	〇	五
		分	〇	

餘實下加一圈，則一十五尺，通爲一百五十分，可再商矣。簡籌第六行是一五〇，商六分，除餘實恰盡。

命爲九步六分。〔即十分步之六。〕

〔命分第二法與法多於實除法同,故皆曰除分秒也。〕

若餘實爲一十六尺,則又不盡一尺,法當於不盡一〇之下再加一圈爲一〇〇,使此一尺化爲一百分,而再除之,得四釐,共九步六分四釐。〔即百分步之六十四。〕

約分法

約分者,約其繁以從簡也。

法曰:母數子數,平列相減,而得其紐數。即以紐數爲法,轉除兩原數,而得其可約之分。

凡約分相減,不拘左右,但以少減多。如左少右多,則以左減右;左多右少,則以右減左。若減之後或多者變而少,則轉減之,必減至左右相同,無可減而止,即紐數也。〔若一減之即得紐數,則不必轉減。〕

解曰:紐數者,互相減之餘數相等者也。以此除兩數,則皆可分,乃兩數之樞紐。

若相減至盡而無紐數者,則不可約。

假如母數二十五,子數一十五,約之若干?

答曰:五之三。

一	二	一
五	五	〇

先以〔十五〕減〔二十五〕,餘〔一十〇〕。

一┐	一
五	〇

復以〔一十〕轉減〔十五〕，餘〔〇五〕。

〇	一┐	〇
五	〇┐	五

復以〔〇五〕轉減〔一十〕，餘〔〇五〕。〔左右皆五，即爲紐數。〕以紐數〔〇五〕爲法，轉除母〔二十五〕得〔五〕，除子數〔一十五〕得〔三〕，故曰五之三。蓋母數是五個五，子數是三個五也。

此轉減例。

又如母數九百四十，子數二百三十五，約之若干？

答曰：四之一。

二	九	七	四	二
三	四	〇	七	三
五	〇	五	〇	五

先以〔二百三十五〕減〔九百四十〕，餘〔七百〇五〕；又減之，餘〔四百七十〇〕；又減之，餘〔二百三十五〕。左右皆〔二百三十五〕，即紐數也。

以紐數〔二百三十五〕轉除母數〔九百四十〕得〔四〕，除子數〔二百三十五〕得〔一〕，故曰四之一。

母數是四個〔二百三十五〕，子數是一個〔二百三十五〕。

此不轉減例。

籌算卷二

開平方法

勿庵氏曰：自周髀算經特著開平方法，其説謂周公受於商高，矩地規天，爲用甚大，然有實無法，故少廣之在九數，别自爲章。今以籌御之，簡易直截，亦數學之一樂也。

解曰：平方者，長闊相等之形也。其中所容，古謂之冪積，亦曰面冪，西法謂之面。面有方有圓，此所求者方面也。其法有方有廉有隅，總曰平方也。〔冪音覓，覆物巾也。〕開亦除也，以所有散數整齊而布列之，爲正方形，故不曰除而曰開。平方四邊相等，今所求者，其一邊之數，西法謂之方根。

如後圖，方者，初商也。初商不盡，則倍初商之根爲廉法除之，得兩廉。又以次商爲隅法，自乘得隅，隅者以補兩廉之空。合一方兩廉一隅，成一正方形。

廉隅圖

隅	廉
廉	方

又圖

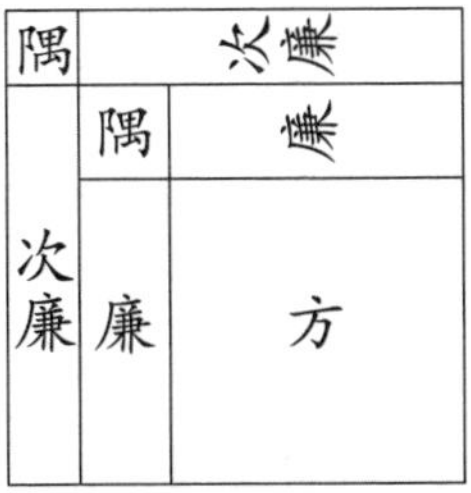

<table>
<tr><td>隅</td><td colspan="2">次廉</td></tr>
<tr><td rowspan="2">次廉</td><td>隅</td><td>廉</td></tr>
<tr><td>廉</td><td>方</td></tr>
</table>

如圖，一方兩廉一隅，除積仍不盡，則合初商、次商倍之爲廉法除之，以得次兩廉。又以三商爲隅法，自乘得隅。合一方四廉兩隅，成一正方形。〔商四次以上，做此加之。〕

平方籌式

八	六	四	三	二	一				平積
一	四	九	六	五	六	九	四	一	
九	八	七	六	五	四	三	二	一	根

解曰：上兩位者，自乘之積也。假如方一十，則其積一百；方二十，則其積四百；以至方九十，則其積八千一百也。下一位者，方根也。假如積一百，則其根一十；積四百，則其根二十；乃至積八千一百，則其根九十也。

開平方籌只用兩位積數，何也？曰：開方難得者，初商耳。平方積數雖多，而初商所用者只兩位。次商以後，皆廉積也，廉積可用小籌除之，開方大籌專爲初商，故積止兩位。

籌下一位單數也，而實有百也、萬也、百萬也、億也、

百億也、萬億也、百萬億也，皆與單同理。故獨商首位者，用下位之積數焉。〔其積自〇一至〇九，其方根爲一、二、三。〕

籌上一位十數也，而實有千也、十萬也、千萬也、十億也、千億也、十萬億也、千萬億也，皆與十同理。故合商兩位者，用上下兩位之積數焉。〔其積自一六至八一，其方根自四至九。〕

用法曰：先以實列位，列至單位止。實有空位，作圈以存其位，次乃作點。凡作點之法，皆從實單位起作一點，每隔位則點之，而視其最上一點以爲用。

首位有點者，以實首一位獨商之。〔乃補作一圈於原實之上，亦成兩位之形。〕

首位無點，點在次位者，以實首兩位合商之。

皆視平方大籌積數，有與實相同或差小於實者用之，以減原數，而得方數，即初商也。

定位法曰：既得初商，則約實以定其位。知其所得爲何等，〔或單或十或百之類。〕以求次商。

其法依前隔位所作之點總計之，視有若干點。

假如只一點者，初商所得必單數也，〔自方一至方九。〕則初商已盡，無次商矣。

有二點者，初商所得必十數也。〔自方一十至方九十。〕初商十數者，有次商。

有三點者，初商所得必百數也。〔自方一百至方九百。〕初商百數者，有次商，又有三商。

有四點者，初商千也，有商四次焉。

有五點者，初商萬也，有商五次焉。

次商法曰：依前術定位，則知其宜有次商與否。

若已開得單數，雖減積不盡，不必更求次商也。

雖未開得單數，而初商減盡，亦不必更求次商也。

惟初商未是單數，而減積又有不盡，是有次商矣。

次商者，倍初商爲廉法，用小籌以除之。〔初商一，則用第二籌；初商七，則用第一、第四兩籌，皆取倍數。〕視籌積數有小於餘實者，用之爲廉積，視廉積在小籌某行，命爲次商數。

既得次商，減去廉積，即用次商數爲隅法，以求隅積。

隅積，小平方也，即隅法自乘之數也。〔可借開方籌取之。〕

若隅積大於餘實，不及減者，轉改次商，及減而止。

以數明之。假如積一百，其方根十，即除實盡。此獨用方法，無廉隅矣。若積一百四十四，初商十，除實百，餘四十四，則倍初商之根得廿爲廉法。〔在初商之兩旁，故曰廉。廉有二，故倍之也。〕次商二，以乘廉得四十爲廉積。又次商二爲隅法，自乘得四爲隅積，共四十四，除實盡，開其根得一十二也。

商三次以上法曰：次商所得尚非單數，而減積又有不盡，是有第三次商矣。

商第三次者，合初商、次商數，皆倍之爲次廉法，如前用籌以除餘實，求得第三商，以減廉積。

又即以第三商之數爲隅法，以求隅積，皆如次商。

商四次、五次以上，並同第三商。

命分法曰：但開至單數而有餘實者，是不盡也，不盡者以法命之。法以所開得數倍之,又加隅一爲命分,不盡之數爲得分。凡得分必小於命分。

亦有開未至單,宜有續商,而其餘實甚少,不能除作單一者,亦如法命之。而於其開得平方數下,作圈紀其位。如云平方每面幾十〇,又幾十幾分之幾;或平方每面幾百〇〇,又幾百幾十幾分之幾。

若欲知其小分,别有開除分秒法,見第七卷。

列商數法曰:凡初商得數,而書之有二法。其法依前隔位所作點,以最上一點爲主,凡得數皆書於此點之上一位。五以上者又進一位,故有二法也。

其故何也?五以上之廉,倍之則十,故豫進一位以居次商;四以下雖倍之,猶單數也,所以不同。凡歸除開平方須明此理,不則皆誤矣。大約所商單數,必在廉法之上一位,乃法上得零之理也。平方有實無法,廉法者乃其法也。

凡次商列位,亦有二法。次商用歸除,除法者皆書於籌之第一位,故次商以之。

看次商所減之數,其籌行内第一位是空與否。若不空,即以次商數對而書之,對餘實首一位是也。若第一位是圈,即以次商數進位書之,以暗對其圈,餘實上一位是也。

知此則知空位矣。次商有一定之位,故空位亦一定也。如次商與初商隔位則作圈、隔兩位作兩圈是也。

商三次以上,書法並同。

隅積定位法曰:凡減隅積,皆視其隅數爲何等,〔隅數,即次商之數也，或單或十或百千等。〕以求其積。

隅數是單，其減隅積亦盡於單位。

隅數是十，其減隅積必盡於百位。

隅數是百，其減隅積必盡於萬位。

隅數千，其隅積必百萬。

隅數萬，其隅積必億。

每隅數進退一位，則隅積差兩位。〔隅積，小平方也，故皆與初商同理。〕

還原法曰：凡開方還原，皆以所開得數爲法，又爲實，而自相乘之。有不盡者，以不盡之數加入，即得原數。

假如有積三百六十，平方開之。

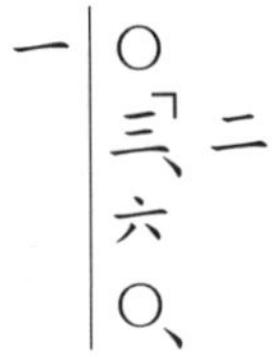

一｜○
　｜三、　二
　｜六
　｜○、

列位〔單位作圈。〕　作點〔從單位起。〕

視首位有點，以首位三百獨商之。

乃視平方籌積數有小於○三者，是○一也。○一之方一，故商一十。〔有二點，故初商是十。〕

於原實内減去方積一百，餘二百六十。〔初商是十，知有次商。〕

以上一點爲主，凡得數皆書於此點之上一位，此常法也。四以下用常法。

次倍初商〔一十〕作〔二十〕，用第二籌爲廉法。

一 〇
九 三、 二
六 八
〇、

視籌第九行積一八小於二六，次商九於初商一十之下。去廉積一百八十，餘八十。〔所減數在籌上一位，不空，故以商數九對餘實首位書之。〕

次以次商九爲隅法，其隅積八十一，大於餘實，不及減，應轉改次商爲八。視籌之第八行積數〔一六〕，減廉積一百六十，餘一百。〔所減第一位不空，故對位書之。〕

一 〇
八 三、 二 一
分命 六 三
〇、 六

乃以次商八爲隅法，減隅自乘積〔六十四〕，餘〔三十六〕不盡。

隅數單，故減隅積亦盡於單位。

初商〔一十〕，次商〔八〕，共〔一十八〕，是已開至單位也，而有不盡，當以法命之。以平方〔一十八〕倍之，又加隅〔一〕，共〔三十七〕爲命分，命爲平方一十八又三十七分之三十六。

還原法

	〇	
三	一	一
二	八	四
四		四
	一	八

以平方一十八用籌爲法，即以平方一十八爲實而自相乘之，得三百二十四。加入不盡之數三十六，共得三百六十，如原數。

命分還原，論詳别卷。

假如有積一十二萬九千六百，平方開之。

列位　作點

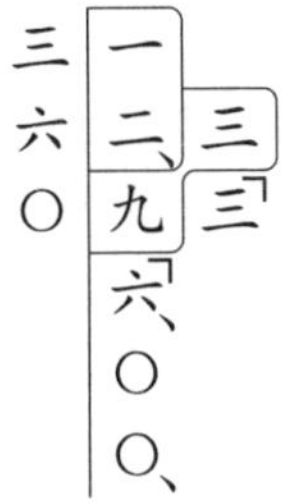

三	一	
六	二、	三
〇	九	三
	六、	
	〇	
	〇、	

視首位無點，點在次位，以兩位一十二萬合商之。

乃視平方籌積有小於一二者，是〇九，其方三也。於是商三百，〔三點，故初商百。〕減去方積九萬，餘三萬九千六百。〔初商百，故知有次商。〕

次倍初商〔三百〕作〔六百〕，用第六籌爲廉法。

視籌第六行積數〔三六〕小於〔三九〕，次商六十於初商三百之下，減去廉積三萬六千，餘三千六百。〔所減首位不空，

故對書之。〕次以次商〔六十〕爲隅法，減隅積三千六百，恰盡。〔隅數十，故減隅積必盡於百位。〕

凡開得平方三百六十〇。開方雖未至單，減積已盡，是方面無單數也。後倣此。

還原法

一	一	
二	〇	二
九	八	一
六		六
〇	三	六
〇		

以所得平方三百六十〇爲法爲實而自相乘之，得一十二萬九千六百〇〇，如原數。

假如有積一千，平方開之。

三	一		
一	〇、	一	
分命	〇	四	三
	〇、	九	

列位　作點

視點在次位，以首二位一千〇百合商之。

乃視平方籌小於〔一〇〕者，〔〇九〕也。〔〇九〕之方三，商作三十。〔二點，故初商十。〕減方積九百，餘一百。

次以初商〔三十〕倍作〔六十〕，用第六籌爲廉法。

視第六籌第一行是〔○六〕，小於〔一百〕，次商一於初商三十之下，減廉積六十，餘四十。〔所減是○六，首位空也，故書於進位，以對其○。今雖對於餘實，以所減六十言之，猶進位也。列位之理明矣。〕

次以次商一爲隅法，減隅積一，餘三十九不盡。〔隅積盡單位。〕

所開已至單位，而有不盡，以法命之。倍所商三十一，又加隅一，共六十三爲命分。命爲平方三十一又六十三分之三十九。

此以上，皆初商四以下列位之例，皆以最上之一點爲主，而書其初商所得數於點之上一位，乃常法也。

假如有積四千○九十六，平方開之。

列位　作點

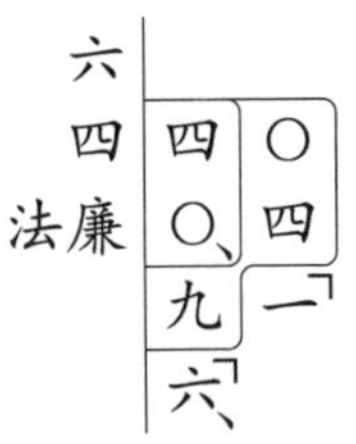

視點在次位，以四千○百合商之。

乃視平方籌積數有三六，小於四○，其方六也，商作六十。〔二點，故初商十。〕減方積三千六百，餘四百九十六。〔初商十，故知有次商。〕

以最上一點爲主，而書其得數於點之上兩位，乃進法。五以上用進法。

次倍初商〔六十〕作〔一百二十〕爲廉法。〔用第一、第二兩籌。〕

視籌第四行積數〔四八〕小於餘實，次商四於初商六十之下。減廉積四百八十，餘一十六。〔所減是○四八，首位空也，故次商四進位書之。若初商不進，則次商同位矣。〕

次以次商四爲隅法，減隅積一十六，恰盡。〔隅數單，故隅積盡單位。〕

凡開得平方六十四。

假如有積八千○九十九，以平方開之。

列位　作點

八				
九	八	一		
分命	○、	六	二	一
	九	五	七	
	九、	八		

視點在次位，以八千○百合商之。

乃視平方籌有〔六四〕小於〔八○〕，其方八也，於是商八十。〔二點，故初商十。〕除實六千四百，餘一千六百九十九。〔初商是十，宜有次商。〕

次以初商八十倍作一百六十爲廉法。〔用第一、第六兩籌。〕

合視兩籌第一行積〔一六〕與餘實同，宜商〔一十〕。因無隅積，改用第九行〔一四四〕，次商九於初商八十之下。減廉積一千四百四十，餘二百五十九。〔所減第一位不空，故對位書之。〕

次以次商九爲隅法，減隅積〔八十一〕，仍餘一百七十八不盡。〔隅數單，隅積盡單位。〕

已開至單位而有不盡，以法命之。應倍所商八十九，又加隅一，共一百七十九爲命分。

命爲平方八十九又一百七十九分之一百七十八。〔因少一數，故不能成九十之方。〕

假如有積二千五百四十八萬二千三百〇四，平方開之。

列位　作點

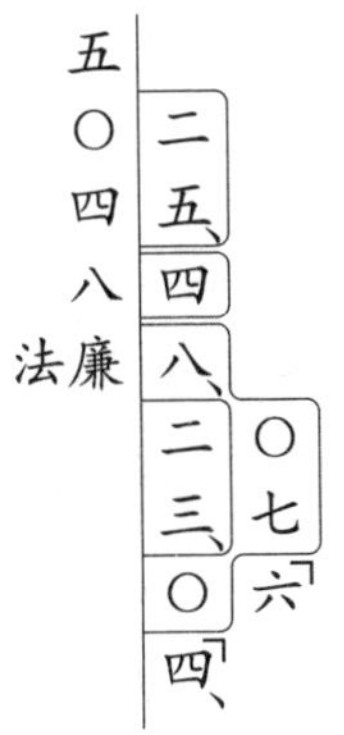

視點在次位，以二千五百萬合商之。

乃視平方籌積有〔二五〕，與實相同，其方五也，商五千。〔四點，故初商千。〕除方積二千五百萬，餘四十八萬二千三百〇四。〔初商千，有次商。〕

〔又法：既以四點知所得爲五千，倍之則爲一萬，即廉法也。法上一位便是單，逆上三位，則五千位矣。〕

次倍初商〔五千〕作〔一萬〕爲廉法。〔用第一籌。〕

視籌第四行積四與餘實同，次商四十於初商五千之隔位。減廉積四十萬，餘八萬二千三百〇四。〔所減是〇四，故進位書之，以對其〇。然與初商五千猶隔一位，故知所得爲四十。此定位之法之妙也。〕

次以次商四十爲隅法，減隅積一千六百，餘八萬〇七百〇四。〔隅數十，故減隅積盡於百位。商至十，有末商。〕

次合初商、次商倍之，得〔一萬〇〇八十〕爲廉。〔用第一、第八并二空位，共四籌。〕

〔大凡商五數以上，則其廉法視所商方數必進一位，不論初商、次商皆然。若四以下，則其廉法視方數必同位，亦初商、次商盡然。〕

合視籌内第八行積數〔八〇六四〕小於餘實，又次商八於先商五千〇四十之下，減廉積八萬〇六百四十，餘六十四。〔此所減第一位亦是〇，故商數八亦進位書之，以對其〇。〕

次以末商八爲隅法，用減隅積六十四，恰盡。〔隅數是單，故減隅積亦必盡於單位。〕

凡開得平方五千〇四十八。

以上皆商五以上進書例也。

常法中有初商得二或四者，進法中有初商得七或九者，並雜見開方分秒法并開方捷法中。

籌算卷三

開立方法

勿菴氏曰：物可以長短度者，泰西家謂之線。線之原度，一衡一縮，而自相乘之，以得其冪積者，平方也，西法謂之方面。方面與線再相乘，而得其容積，則立方也，西法謂之體。

解曰：平方長闊相等，形如碁局。立方長闊高皆相等，形如骰子。細分之，有方，有平廉，有長廉，有小隅，總曰立方。

立方亦有實無法，以所有散數整齊之，成一立方形，故亦曰開。

商兩位總圖

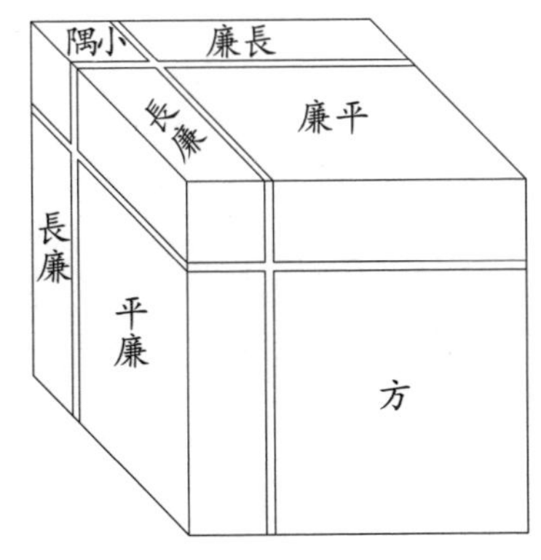

立方長闊高皆等，今所求者其一邊之數，故西法亦曰立方根。

如圖，方者初商也，初商不盡，則再商之，於是有三平廉、三長廉、一小隅共七，并初商方形而八，合之成一立方形。

散圖

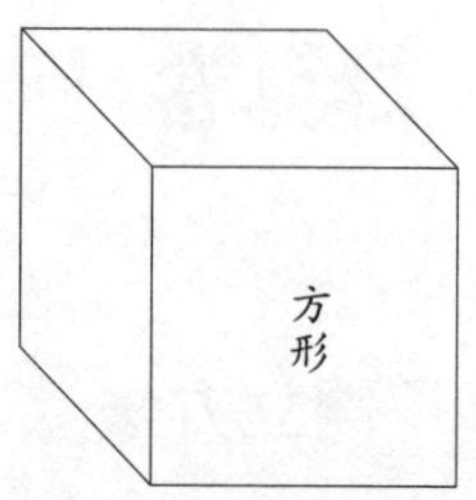

如圖，方形者，長闊高皆如初商之數。〔方形只一。〕

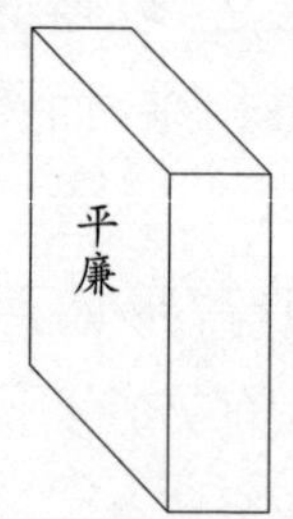

如圖，平廉形者，長闊相同，皆如初商數，其厚則如次商數。〔平廉形凡三，以輔於方形之三面。〕

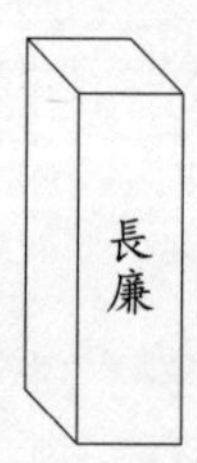

長廉者，長如初商數，其兩頭高與闊等，皆如次商數。〔長廉形亦三，以補三平廉之隙。〕

小隅者，長闊高皆等，皆如次商數。〔其形只一，以補三長廉之隙。〕

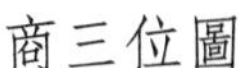
商三位圖

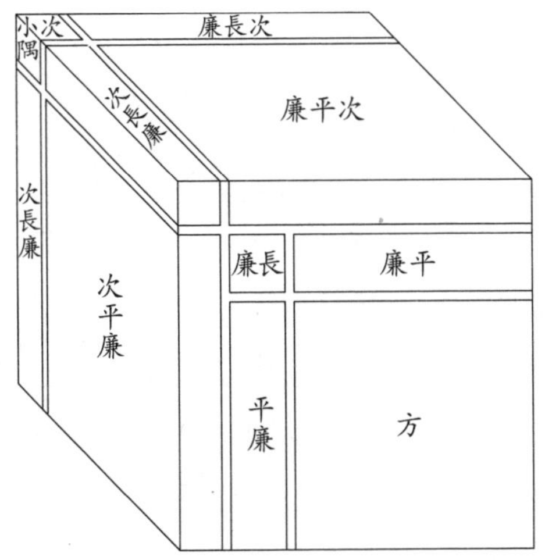

如後圖〔一〕，一方、三平廉、三長廉、一小隅除實仍不盡，則更商之。

又得次平廉、次長廉各三，次小隅一，合之共十五形，湊成一大立方形。次平廉之長闊相等，皆如初商并次商之數，厚如三商數，其形三，以輔初商并次商合形之外。次長廉之長如初商并次商之數，其闊與厚相等，皆如三商

〔一〕即上圖。

數，其形亦三，以補次平廉之隙。次小隅之長闊高皆等，皆如三商數，其形只一，以補次長廉之隙。

立方籌式〔列後。〕

立方籌式

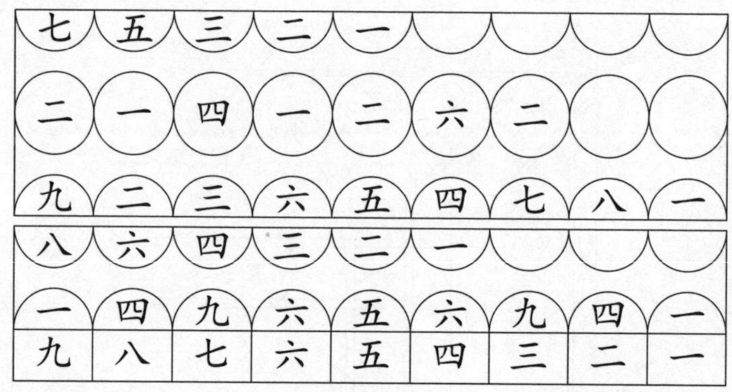

解曰：上三位者，自乘再乘之積也。假如根一十，則其積一千；根二十，則其積八千；乃至根九十，則其積七十二萬九千也。次兩位者，自乘之積，即平方也。置於立方籌者，以爲廉法之用。假如初商一百，則其平廉亦方一百，其積一萬；乃至商九百，則其平廉方九百，而積八十一萬也。又如次商一十，則其長廉之兩頭亦必方一十，而積一百；乃至次商九十，則其長廉之兩頭必方九十，而積八千一百也。下一位者，方根也。假如立積一千，則其根一十；立積八千，則其根二十；乃至積七十二萬九千，則其根九十也。

立方籌三位何也？自乘再乘之數止於三位也。且以爲初商之用，故只須三位。其餘實雖多位，皆廉積耳。

十兆	兆	千萬億	商十萬	六點
百萬億	十萬億	萬億	商萬	五點
千億	百億	十億	商千	四點
億	千萬	百萬	商百	三點
十萬	萬	千	商十	二點
百	十	單	商單	一點
	數積		數商	

法從積單位起，滿三位去之，餘爲初商實。

用法曰：先以積列位，至單位止。無單者，作圈以存其位。

次作點，從單位點起，每隔兩位作一點。〔即滿三位去之之法也。〕點訖，視最上一點以爲用。

點在首位者獨商之，以首位爲初商之實。

單數商法也。若千，若百萬，若十億，若萬億，若千萬億，凡以三位去之餘一位者，皆與單法同。

點在次位者，合首兩位爲初商之實。

十數商法也。若萬,若千萬,若百億,若十萬億,若兆,凡以三位去之餘二位者,皆與十同法。

點在第三位者,合首三位爲初商之實。

百數商法也。若十萬,若億,若千億,若百萬億,若十兆,凡以三位去之餘三位者,皆與百同法。

又法:視其點在首位,則於原實之上加兩圈;點在次位者,上加一圈,皆合三位而商之。

次以初商之實與立方籌相比勘,視立方籌積數有與實相同或差小於實者,用之以減原實,而得其立方之數,即初商也。

定位法曰:既得初商,則約實以定位,知所得立方爲何等,〔或單,或十、百等。〕以知有續商與否。皆以前所作點而合計之,視有若干點而命之。

假如只有一點,則商數是單。初商已得單數,無次商。

有二點者,商數十。初商十數者,有商兩次焉。

有三點者,商數百。初商百數者,有商三次焉。

四點商千,五點商萬。每多一點,則得數進一位,而其商數亦多一次,皆以商得單數乃盡也。

減積法曰:凡初商減積,皆止於最上點之位。

次商法曰:依前定位,若初商未是單,而減積未盡,是有次商也。

次商者,有平廉法,有長廉法,有隅法。〔解曰:平廉法古曰方法,長廉法古曰廉法。以後或曰平廉、長廉,從質也;或省曰方法、廉法,從古也。〕

先以所得初商數三之爲廉法。

又以初商數自乘而三之爲方法。以方法用籌除餘積，以得次商。〔以列位之法定之，其法見後。〕

既得次商，用其數以乘方法，爲三平廉積。

又以次商自乘，以乘廉法，爲三長廉積。

其次商即爲隅法。以隅法自乘再乘，得小立方積，爲隅積。

乃併三平廉、三長廉、一小隅積，爲次商廉隅共積。

若此廉隅共積與餘積適等，或小於餘積，則減而去之，視其仍餘若干以爲用。〔或續商，或以法命之。〕

若共積反大於餘實，不及減，轉改次商，及減而止。〔若次商單一而無減，以法命之。〕

商三次法曰：次商尚未是單，而減積未盡，是有第三次商也。

第三次商者，合初商、次商得數而三之爲廉法，又合初商、次商得數自乘而三之爲方法。如前以方法用籌除餘實，求得第三商。〔亦以列位法詳其所得。〕

既得第三商，如前求得三平廉、三長廉、一小隅積，以減餘實，其法並同次商。

四次以上皆同法。

命分法曰：但商得單數而有不盡，則以法命之。未商得單數，而餘實甚少，不能商單一者，亦以法命之。

其法以所商立方數自乘而三之，〔如平廉。〕又以立方數三之，〔如長廉。〕又加單一，〔如小隅。〕併三數爲命分，不盡之數爲得分。其命分必大於得分。

列商數法曰:依前隔位作點,以最上一點爲主而論之,有三法。

凡商得立方一數者,於此點之上一位書之,〔或單一,或一十,或一百,或一千,並同。〕此常法也。

若商得立方二、三、四、五者,於此點之上兩位書之,〔單十百千,其法並同。〕乃進法也。

若商得立方六、七、八、九者,於此點之上三位書之,〔單十百千,其法並同。〕乃超進法也。

平方只有進法,而立方有三法,何也?平方以廉法爲法,而平方只二廉,故其廉法之積數只有進一位,故止立進法,與常法爲二也。立方以方法爲法,而立方有三平廉,故其方法之積數有進一位、進兩位,故立進法、超進法,而與常法爲三也。其預爲續商之地,使所得單數居於法之上一位則同。

假如立方單一,其方法單三。若立方單二,則方法一十二,變爲十數,進一位矣。故單一用常法,而單二即用進法也。

又如立方單五,其方法七十五。若立方單六,則方法一百〇八,又變百數,進兩位矣。故單五只用進法,而單六以上必用超進之法也。

假如立方一十,其方法三百。若立方二十,則方法一千二百,變千數,進一位矣。故一十只用常法,而二十即用進法也。

又如立方五十，其方法七千五百。若立方六十，則方法一萬〇八百，又變萬數，進兩位矣。故五十仍用進法，而六十以上必用超進之法也。

若宜進而不進，宜超進而不超進，則初商、次商同位矣。不宜進而進，則初商、次商理不相接矣。此歸除開立方之大法也。

其次商列位，理本歸除，以所減積數首一位是空不是空定其進退，皆同平方。商三次以上並同。

隅積法曰：隅法單，隅積盡單位；隅法是十，隅積盡於千位；隅法百，隅積盡百萬之位。以上倣求。大約隅法大一位，則隅積大三位。

還原法曰：置開得立方數爲實，以立方數爲法乘之，得數再以立方數乘之，有不盡者加入不盡之數，即得原實。

假如有積一千三百三十一，立方開之。

列位　作點〔從單位起。〕

	○	
一	○	
	一、	○
	三	
	三	
	一、	

視首位有點，以〇〇一千爲初商之實。乃視立方籌有〇〇一，其立方一，於是商一十。〔有二點，故商十。〕減去立方積一千，餘三百三十一。〔初商十者，有次商也。〕

以最上點爲主，商一數者，書於點之上一位，常法也。

次以初商一十而三之，得三十爲廉法。

又以初商一十自乘而三之，得三百爲方法。〔用第三籌。〕

```
  │○
一│○
一│一、 ○
  │三
  │三
  │一、
```

視籌第一行積數〇三與餘實同，次商一於初商一十之下。〔減積首位是〇，故進位書於一十之下，以暗對其〇。〕

於是以次商一乘方法，仍得三百，爲平廉積。又以次商一自乘，仍得一，用乘廉法，仍得三十，爲長廉積。又以次商一自乘再乘，皆仍得一，爲隅積。併三積共三百三十一，除餘實恰盡。

凡開得立方一十一。〔還原以立方一十一自乘，得一百二十一，又以一十一再乘，合原積。〕

假如有積一十二億五千九百七十一萬二千，立方開之。

列位　作點

視首位有點，以〇〇一十億爲初商之實。乃視立方籌有〇〇一，其方亦一，於是商一千。減立方積一十億，餘二億五千九百七十一萬二千。

次以初商一千而三因之，得三千爲廉法。

又以初商一千自乘得一百萬而三之，得三百萬爲方

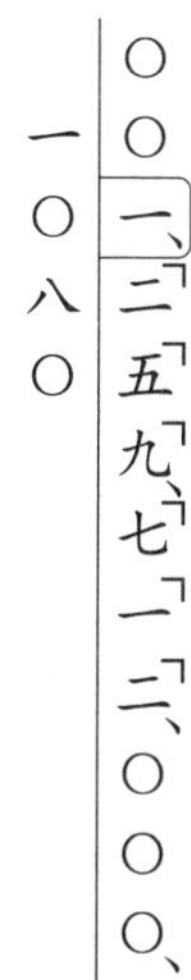

法。〔用第三籌。〕

視第三籌之第八行積數二四小於餘實，次商八十於初商一千之下一位。〔所減首位不空，故次商八書本位，而上一位作○，因與次商隔位，故知其是十。〕

就以次商八十乘方法三百萬，得二億四千萬爲平廉積。

又以次商八十自乘得六千四百，用乘廉法三千，得一千九百二十萬爲長廉積。又次商八十自乘再乘，得五十一萬二千爲隅積。併三積共二億五千九百七十一萬二千，除實盡。

凡開得立方一千○八十○。〔初商千，次商○八是十，而除實已盡，是所商單位亦○也，此列位之妙。〕

以上皆商得一數例也。皆以最上一點爲主，而以初商得數書於點之上一位，乃常法也。惟商得一數者可用常法，一十、一百、一千、一萬並同。

假如有積九千二百六十一，立方開之。

列位　作點

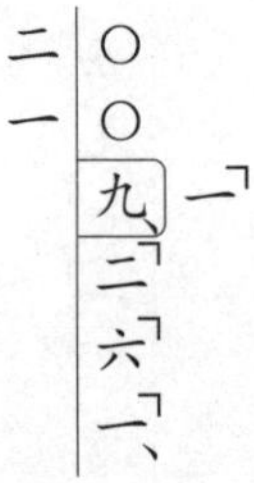

二	〇
一	〇
	九
	二
	六
	一

視點在首位，以〇〇九千命爲初商之實。乃視立方籌積有小於〇〇九者，〇〇八也，其立方二，於是商二十。〔二點，故初商十。〕減立方積八千，餘一千二百六十一。

以最上一點爲主，而以得數書於點之上兩位，乃進法也。商二至五之法也。

次以初商二十用三因之，得六十爲廉法。

又以初商二十自乘得四百，而三因之，得一千二百爲方法。〔用第一、第二兩籌。〕

合兩籌第一行積一二，與餘實相同，次商單一於初商二十之下。〔所減首位空，宜進書也。若初商不先用進法，則無以處次商矣，故進法自商二始。〕

就以次商一乘方法，仍得一千二百，爲三平廉積。又以次商一自乘得一，用乘廉法，仍得六十，爲三長廉積。又以次商一自乘再乘，皆仍得一，爲隅積。併三積共一千二百六十一，除實盡。

凡開得立方二十一。

假如有立方積三萬二千七百六十八，立方開之，問：得若干？

列位　作點

三	〇
二	三
首法	二、　五
	七
	六
	八、

視點在次位，以〇三萬二千爲初商之實。乃視立方籌積小於〇三二者，是〇二七，其立方三也，於是商三十。〔二點，故初商十。〕減立方積二萬七千，餘五千七百六十八。

次以初商三十用三因，得九十爲廉法。

又以初商三十自乘得九百而三之，得二千七百爲方法。〔用第二、第七兩籌。〕

合視兩籌第二行積〇五四小於餘實，次商單二於初商三十之下。〔所減首位〇，宜進書以對其〇。〕

就以次商單二乘方法，得五千四百爲平廉積。又以次商自乘得四，用乘廉法，得三百六十爲長廉積。又以次商自乘再乘，得八爲隅積。併三積共五千七百六十八，除實盡。

凡開得立方三十二。

假如有立方積一十一萬七千六百四十九，立方開得若干？

列位　作點

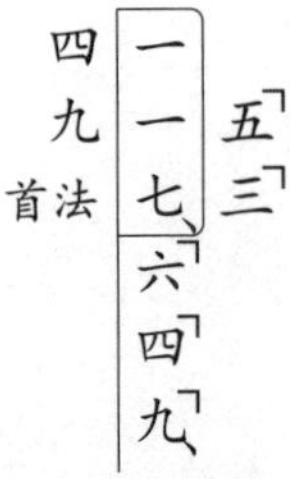

四	一	
九	一	五
首法	七	三
	六	
	四	
	九	

視點在第三位，以一十一萬七千爲初商之實。乃視立方籌積有小於一一七者，〇六四也，其立方四，於是商四十。〔二點，故初商十。〕減立方積六萬四千，餘五萬三千六百四十九。

次以初商四十用三因之，得一百二十爲廉法。

又以初商四十自乘得一千六百而三之，得四千八百爲方法。〔用第四、第八兩籌。〕

合視兩籌第九行積數四三二小於餘實，次商九於初商四十之下。〔所減首位不空，故本位書之。〕

就以次商九乘方法，得四萬三千二百爲平廉積。又以次商九自乘得八十一，用乘廉法，得九千七百二十爲長廉積。又以次商九自乘再乘，得七百二十九爲隅積。合計廉隅三積共五萬三千六百四十九，除實盡。

凡開得立方四十九。

假如有積一千六百六十三億七千五百萬，立方開得若干？

列位　作點

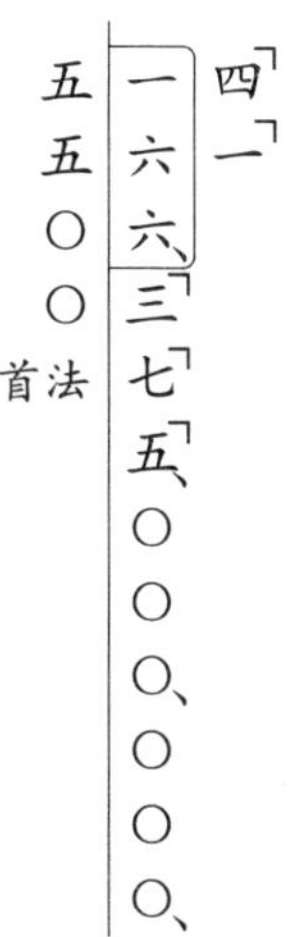

視點在第三位，以一千六百六十億爲初商之實。乃視立方籌有小於一六六者，是一二五，其立方五也，商作五千。〔四點商千。〕除立方積一千二百五十億，餘四百一十三億七千五百萬。

次以初商五千用三因之，得一萬五千爲廉法。

又以初商五千自乘得二千五百萬，而三因之，得七千五百萬爲方法。〔用第七、第五兩籌。〕

合視兩籌第五行積三七五小於餘實，次商五百於初商五千之下。〔所減首位不空，故書本位。〕

就以次商五百乘方法，得三百七十五億爲平廉積。又以次商五百自乘得二十五萬，用乘廉法，得三十七億五千萬爲長廉積。又以次商五百自乘再乘，得一億二千五百萬爲隅積。併三積共四百一十三億七千五百萬，除實盡。

凡開得立方五千五百〇〇。

以上乃商得二、三、四、五之例也。皆以最上一點爲主，而以初商所得，進書點之上兩位，進法也。初商得二、三、四、五者用進法，單十百千並同。

假如有積二十六萬二千一百四十四，立方開之。

列位　作點

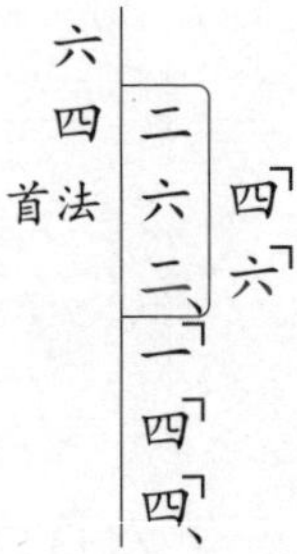

六		
四	二	
首法	六	四
	二、	六
	一	
	四	
	四、	

視點在第三位，以二十六萬二千爲初商之實。乃視立方籌有小於二六二者，二一六也，其立方是六，商六十。〔二點商十。〕減立方積二十一萬六千，餘四萬六千一百四十四。

以最上一點爲主，而以得數書於點之上三位，超進法也，乃商六至九之法也。

次以初商六十用三因之，得一百八十爲廉法。

又以初商六十自乘得三千六百，而三因之，得一萬〇八百爲方法。〔用第一、空位、第八三籌。〕

合視籌第四行積四三二小於餘實，次商四於初商六十之下。〔所減首位是〇，故進位書之，以對其〇。〕

就以次商四乘方法，得四萬三千二百爲平廉積。又以次商四自乘得一十六，用乘廉法，得二千八百八十爲長廉積。又以四自乘再乘，得六十四爲隅積。併三積共四萬六千一百四十四，除實盡。

凡開得立方六十四。

假如有積三十七萬三千二百四十八，立方開之。

列位　作點

七		
二	三	
首法	七	三
	三	〇
	二	
	四	
	八	

視點在第三位，以三十七萬三千爲初商之實。乃視立方籌積有小於三七三者，是三四三，其立方七也，商七十。〔二點商十。〕減立方積三十四萬三千，餘三萬〇二百四十八。

次以初商七十用三因之，得二百一十爲廉法。

又以初商七十自乘得四千九百，三之，得一萬四千七百爲方法。〔用第一、第四、第七三籌。〕

合視籌第二行積二九四小於餘實，次商二於初商七十之下。〔所減首位空，故進位書之，以對其〇。〕

就以次商二乘方法，得二萬九千四百爲平廉積。又以二自之得四，用乘廉法，得八百四十爲長廉積。又以二自乘再乘，得八爲隅積。併三積共三萬〇二百四十八，除實盡。

凡開得立方七十二。

假如有積五十三萬一千四百四十一，立方開之。

列位　作點

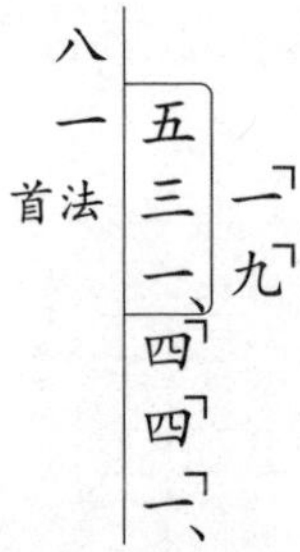

八		
一	五	
首法	三	一
	一、	九
	四	
	四	
	一、	

視點在第三位，以五十三萬一千爲初商之實。乃視立方籌積有五一二，小於五三一，其方八也，商八十。〔二點商十。〕減立方積五十一萬二千，餘一萬九千四百四十一。

次以初商八十用三因之，得二百四十爲廉法。

又以八十自乘得六千四百，三之，得一萬九千二百爲方法。〔用第一、第九、第二三籌。〕

合視籌第一行是一九二，小於餘實〔一〕，次商一於初商之下。就以次商一乘方法，爲平廉積。又以一自乘，用乘廉法，爲長廉積。又以一自乘再乘，爲隅積。併三積共一萬九千四百四十一，除實盡。

凡開得立方八十一。

假如有積九十七萬〇二百九十九，立方開之。

列位　作點

〔一〕小於餘實，原脱“餘”字，據前後文補。

九九首法

九七〇、二九九、

二四一

視點在第三位，以九十七萬〇爲初商之實。乃視立方籌有七二九，小於九七〇，其方九也，商九十。〔二點商十。〕減積七十二萬九千，餘二十四萬一千二百九十九。

次以初商九十三之，得二百七十爲廉法。

又以九十自之得八千一百，而三之，得二萬四千三百爲方法。〔用第二、第四、第三三籌。〕

合視籌第九行是二一八七，小於餘實，次商九於初商九十之下。〔所減首位不空，故本位書之。〕

就以次商九乘方法，得二十一萬八千七百爲平廉積。又以九自乘得八十一，以乘廉法，得二萬一千八百七十爲長廉積。又以九自乘再乘，得七百二十九爲隅積。併三積共二十四萬一千二百九十九，除實盡。

凡開得立方九十九。

此以上皆初商六、七、八、九之例也。皆以最上一點爲主，而以得數書於點之上三位，乃超進法也。初商六、七、八、九，用超進之法，單十百千並同。

命分例

假如有立方積[一]八百一十尺,問:立方每面各若干?

列位　作點

九｜八
　｜一、八
　｜〇、一

點在第三位,以八百一十〇尺爲初商之實。視立方籌有小於實者,爲七二九,其立方九,商九尺。減積七百二十九尺,餘八十一尺。

此商數已至單尺,而[二]有不盡,當以法命之。

法以商數九自乘〔八十一〕而三之,得〔二百四十三〕如平廉。又[三]置商數九而三之,得〔二十七〕如長廉。加小隅一,共〔二百七十一〕,爲命分。

命爲立方每面九尺又二百七十一分尺之八十一。

此商得單數而有不盡,以法命之之例也。

又如有立方積一億二千五百七十五萬尺,問:立方若干?

列位　作點

〔一〕立方積,原脱"積"字,據刊謬補。

〔二〕而,鈔康熙本作"商"。

〔三〕又,鈔康熙本作"以"。

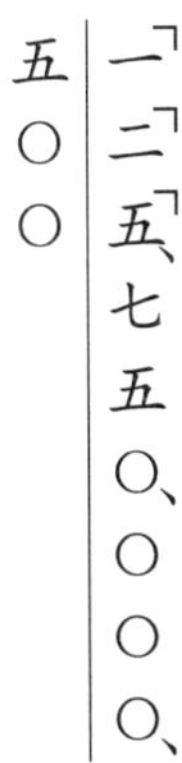

點在第三位，以一億二千五百萬尺爲初商實。視立方籌有〔一二五〕，恰與實合，商五百尺。減實〔一億二千五百萬尺〕，餘〔七十五萬〇〇〇〇尺〕。

有三點，故知所商是〔五百尺〕，宜有第二商、第三商也。

乃以初商〔五百尺〕自乘〔二十五萬尺〕而三之，得〔七十五萬尺〕爲平廉法。又以初商〔五百尺〕三之，得〔一千五百尺〕爲長廉法。視餘實〔七十五萬尺〕僅足平廉之數，而無長廉，知第二商、第三商皆空也。補作兩圈，而以法命之。

法以平廉法、長廉法合數加小隅一，共〔七十五萬一千五百〇一尺〕，爲命分。

命爲立方每面五百尺又七十五萬一千五百〇一分尺之七十五萬〇〇〇〇。

此商數雖未至單，而餘實甚少，不能成一整數，亦以法命之之例也。

籌算卷四

開帶縱平方法

勿菴氏曰：算有九，極於勾股。勾股出於圓方，故少廣、旁要相資爲用也。然開平方以御勾股，而縱法以御和較，古有益積、減積、翻積諸術，參伍錯綜，盡神通變，要之，皆帶縱一法而已。

帶縱圖

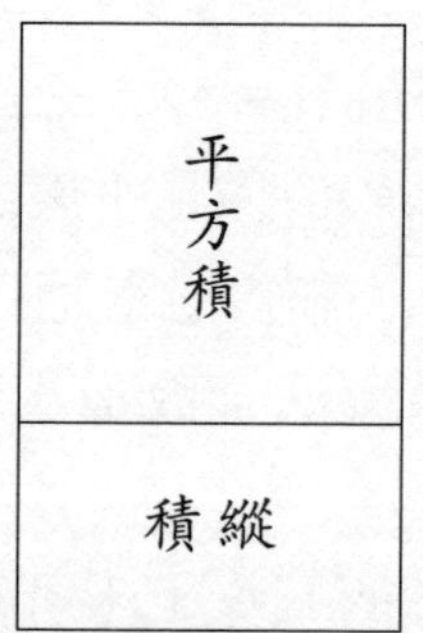

〔平方者，長闊相等如碁局也。平方帶縱者，直田也。長多於闊之數謂之縱。縱之闊如平方之數，其長則如縱之數。縱與方相乘得縱積，以加方積，成一直田形積也。〕

倍方不倍縱之圖

廉	平方	方縱
隅	廉	縱廉

平方與方縱兩形，初商之積也。兩廉一隅一廉縱者，次商之積也。廉有二，故倍之。廉之縱只一，故不倍也。

又圖

<table>
<tr><td>縱廉次</td><td colspan="2">廉次</td><td>次隅</td></tr>
<tr><td>縱廉</td><td>廉</td><td>隅</td><td rowspan="2">次廉</td></tr>
<tr><td>方縱</td><td>平方</td><td>廉</td></tr>
</table>

如前圖，除積不盡則有第三商。如此圖，雖三商，亦只倍廉而不倍縱。四商以上，倣此詳之。

用法曰：先以積列位，如法作點，從單位起，隔位點之。視點在首位，獨商之；點在次位，合兩位商之，皆命爲實。

次以帶縱數用籌與平方籌並列之，各爲法。

視平方籌積數有小於實者，用其方數爲初商，用其積數爲方積。〔初商自乘之數也。〕即視縱籌與初商同行之積數，用之爲縱積。〔初商乘縱之數也。如初商一，則用縱籌第一行。〕兼方積、縱積兩數，以減原實，而定初商。〔必原實中兼此兩積之數,則初商無誤矣,故曰“定”。〕若原實不及減,改而商之。如前求得兩積以減之,爲初商定數。不及減,又改商之,及減而止。

若應商十數,因無縱積,改商單九,是初商空也。則於初商之位作○,而紀其改商之數於○下,若次商者然。〔初商應是百而改九十,應是千而改九百,並同。〕

定位法曰:既得初商,視所作原實之點共有幾何,以定其得數之位,以知其有次商與否。〔如一點,則得數是單,而無次商;二點,則得數是十,而有次商之類,皆如平方法取之。〕

次商法曰:依前定位,知初商未是單數,而減積又有未盡,是有次商也。次商之法,倍初商加入縱爲廉法,用籌除之。視廉法籌行内之積數有小於餘實者,用爲廉積。以減餘實,用其行數爲次商。就以次商自乘爲隅積,以減餘實,以定次商。〔必餘實内有廉隅兩積,則次商無誤。〕不及減者,改商之,及減而止。皆如平方法。

商三次以上,並同次商。

命分法曰:若得數已是單而有不盡,則以法命之。法以所商數倍之,加入縱爲廉,又加隅一爲命分,不盡之數爲得分。

亦有得數非單而餘實少,在廉法以下,不能商作單一者,亦以法命之。法即以廉法加隅一爲命分。

列商數法曰:依平方法,視所作點,而以最上一點爲主。

若初商五以上,〔不論單五,或五十,或五千,或五百,並同。〕皆用進法,書其得數於點之上兩位,則不論縱之多少也。

若初商四以下，〔亦不論單十百千。〕則以縱之多少而爲之進退。法以縱折半加入初商，〔單從單，十從十，百千各以類加。〕若滿五以上者，變從進法，書於點之上兩位。〔如初商四而縱有二，初商三而縱有四之類。〕

若縱數少，雖加之而仍不滿五數者，仍用常法，書其得數於點之上一位。〔如初商四而縱只有一，初商三而縱只有二、只有三之類。〕

總而言之，所商單數皆書於廉法之上一位，故初商得數有進退之法，乃豫爲廉法之地，以居次商也。初商五以上，倍之則十，雖無縱加，廉法已進位矣。初商雖四以下，而以半縱加之滿五，則其倍之加縱而爲廉法也，亦滿十而進位矣。廉法進位，故初商必進兩位書也。若加半縱仍不滿五，則其廉法無進位矣，故初商只進一位而書之，蓋豫算所商單數已在廉法之上也。

又初商若得單數，其廉法即爲命分。凡商得單數，必在命分之上一位。以此考之，庶無謬誤。

假如有直田積六十三步，但云闊不及長二步〔一〕。

列位〔依平方法。〕　作點〔從單位起。〕

七｜
　｜六⌐
　｜三⌐

視點在次位，合六十三步商之爲實。

〔一〕以下六問，輯要本保留一、三兩問，餘並删。

次以平方籌與縱二籌平列之,各爲法。視平方籌積有〔四九〕,小於〔六三〕,其方七也,商作單七。〔用進法,書於點之上兩位。一點,知所商是單。〕

即視帶縱籌第七行積數〔一四〕,用爲縱積。

併方積〔四十九〕、縱積〔一十四〕,共六十三,除實盡。〔此亦偶除盡耳。設不盡,其命分必是十數,故前商七之數,必進書之,以存其位。〕

定爲闊七步,加縱二步,得長九步。

凡得數在五以上,用進法,書於點之上兩位,此其例也。

假如有直田六百三十步,但云長多闊二步。

列位〔無單位,補作圈。〕 作點

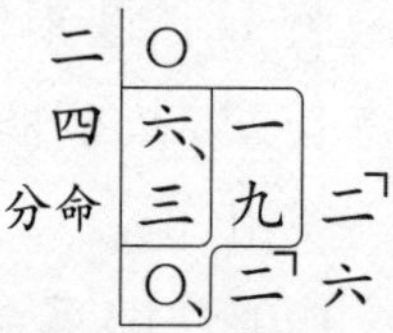

二	〇		
四	六、	一	
分命	三	九	二
	〇、	二	六

視點在首位,獨商之,以〇六百步爲實。

以平方、帶縱二,各用籌爲法。

視平方籌積數有〔〇四〕,小於〔〇六〕,其方二,商二十步,〔二點,故初商十。〕自乘得方積〔四百步〕。隨視縱籌第二行是〔四〕,得縱積〔四十步〕。併兩積,共四百四十步,以減原實,餘一百九十步,再商之。〔初商十,故有次商也。〕

〔商數二十,以縱折半得單一加之,共二十一,仍不滿五數,故只用常法,書於點之上一位。〕

次以初商〔二十步〕倍之〔四十步〕,加縱〔二步〕,共四十二

步爲廉法。〔用第四、第二兩籌。〕

合視兩籌第四行積數〔一六八〕小於〔一九〇〕，次商〔四〕，減廉積一百六十八步，餘二十二步。〔所減首位不空，次商故書本位。〕

次以次商〔四步〕爲隅法，自乘得〔一十六步〕爲隅積。用減餘實，不盡六步，以法命之。〔初商雖不進位，所得次商單數已在命分之上一位矣。列商數法，妙在於此。〕

倍所商〔二十四步〕爲〔四十八步〕，加縱〔二步〕，又加隅〔一步〕，共五十一步爲命分。

命爲闊〔二十四步〕又〔五十一分步之六〕，加縱〔二步〕，得長〔二十六步〕又〔五十一分步之六〕。

凡得數在四以下，以半縱加之，仍不滿五，則只用常法，書於點之上一位。此其例也。

假如有直田五畝，但云長多闊八十八步。

列位〔以畝法二百四十通之，得一千二百步。十步、單步空，補作兩圈。〕 作點

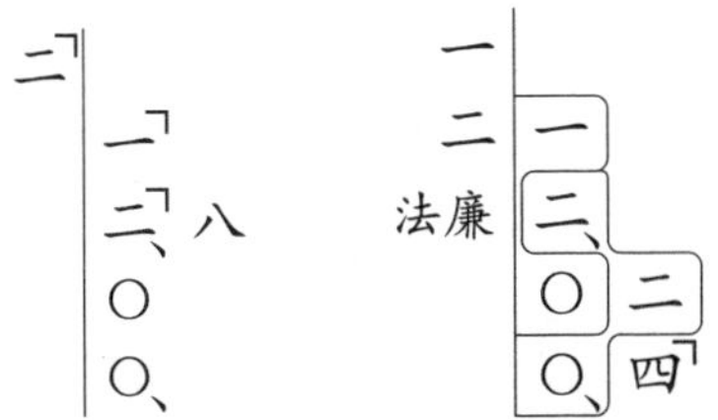

視點在次位，合商之，以一千二百步爲實。

縱有兩位，用兩籌，與平方籌並列，各爲法。

先視平方籌有〔〇九〕，小於〔一二〕，宜商三十，〔二點商十。〕

因有縱，改商二十。其方積四百步，縱積一千七百六十步。〔初商十與縱相乘，故縱單數皆成十數。〕兼兩積共二千一百六十步，大於實，不及減，所商有誤，抹去之。

改商〔一十步〕，其方積〔一百步〕，其縱積〔八百八十步〕。併兩積，共除實九百八十步，餘二百二十步。再爲實，以求次商。〔初商十，故有次商也。〕

〔縱折半四十四步，加初商一十步，共五十四步，故變用進法。〕

次以初商〔一十步〕倍之〔二十步〕，加縱〔八十八步〕，共一百〇八步爲廉法。〔用第一、空位、第八三籌。〕

合視籌第二行積〔二一六〕小於〔二二〇〕，次商〔二步〕於初商〔一十步〕之下，減廉積一百一十六，餘四步。〔所減首位〇，故進書之，初商豫進，正爲此也。〕

次以次商〔二步〕自乘，得四步爲隅積，除實盡。

定爲闊一十二步，加縱〔八十八步〕，得長一百步。

假如有直田一十二畝半，但云長多闊七十步。

列位〔以畝法二百四十通之，得三千步。百十單皆作圈。〕 作點

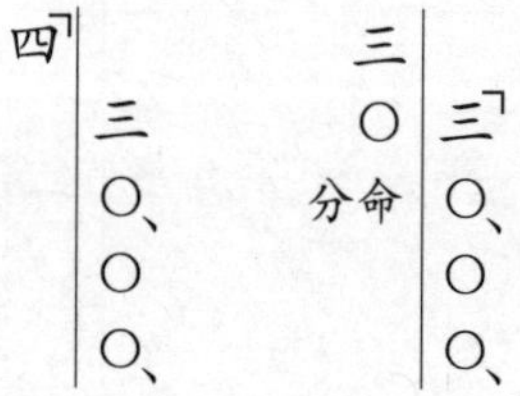

四		三	
	三	〇	三
	〇、	分命	〇、
	〇		〇
	〇、		〇、

視點在次位，以三千〇百步爲實。

以平方、帶縱七十，各用籌爲法。

先視平方籌積有二五，小於〔三〇〕，宜商〔五十〕。因縱

改商〔四十步〕，其方積一千六百步，其縱積二千八百步，共四千四百步。大於實，不及減，抹去之。

改商〔三十步〕，其方積〔九百步〕，其縱積〔二千一百步〕，共三千步，除實盡。

〔縱七十，折半三十五，加初商三十，共六十五，是五以上也。故用進法，書商三於點上兩位。〕

〔假有餘實，則當再商，或命之以分。今雖商盡，當存其位。〕

〔命分者，廉法加隅一也。倍初商加縱共一百三十，是原實百者，廉法之位也，進一位乃單位，初商不進兩位，何以容單數？〕

凡開得平方三十步爲田闊，加縱七十步，共一百步爲長。

假如有直田七畝，但云長多闊六十步。

列位〔以畝法二百四十通之，得一千六百八十步。單位空，作圈。〕作點

三		二	
	一	〇	一
	六、	分命	六、
	八		八
	〇、		〇、

視點在次位，合商之，以一千六百步爲實。

以平方、帶縱六十步，用籌各爲法。

先視平方籌有一六，與實同，宜商四十。〔二點，初商是十。〕因帶縱，改商三十步，其方積〔九百步〕，縱積〔一千八百步〕，共二千七百步。大於實，不及減，抹去之。

改商〔二十步〕，其方積〔四百步〕，縱積〔一千二百步〕，共減

一千六百步，餘八十步，再商之。

〔縱折半三十，加初商共五十，故進書之。〕

〔假餘實滿命分一百〇一步，即當商一步，故初商豫進，以居次商。今次商雖空，當存〇位故也。〕

次以初商〔二十步〕倍之〔四十步〕，加入縱六十步，共一百步爲廉法。廉法大於餘實，不及減，次商作〇。其餘實以法命之。法以廉法加隅一爲命分。

命爲闊〔二十步〕又〔一百〇一分步之八十〕，加縱爲長〔八十步〕又〔一百〇一分步之八十〕。

假如有直田四畝，但云長多闊九十步。

列位〔以畝法通之，得九百六十步。〕　作點

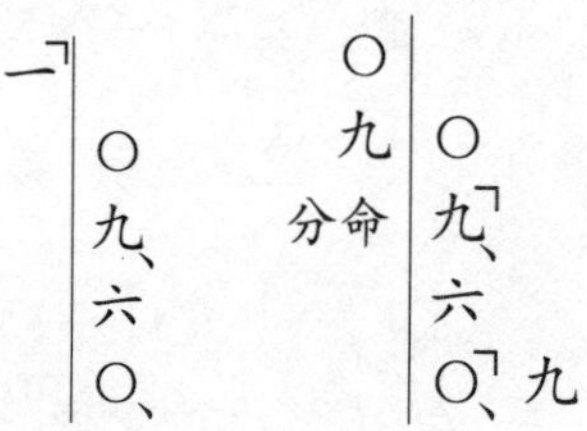

一		〇		
	〇	九	〇	
	九、	分命	九、	
	六		六	
	〇、		〇、	九

視點在首位，獨商之，以〇九百步爲實。

以平方、帶縱九十步，各用籌爲法。

先視平方籌積有〔〇九〕，與實同，宜商三十步。〔二點，故初商十。〕因帶縱，改商二十步，其方積〔四百步〕，縱積〔一千八百步〕，不及減。又改商一十步，其方積〔一百步〕，縱積〔九百步〕，共一千步，仍不及減。此有二點，宜商十步，今改商一十，仍不及減，是初商十位空也。

〔縱九十，折半四十五，加初商十步，滿五十以上，故商一進書點之上

兩位。〕

改商單九步，其方積〔八十一步〕，縱積〔八百一十步〕，共八百九十一步。以減實，餘六十九步不盡。〔此宜商十數者，變商單步，故初商之位作○，而以改商之九步書於○位下，如次商然也。蓋必如此書之，所商單數乃在命分之上一位也。〕

商數已得單步而有不盡，以法命之。以商九步倍之，加縱九十步，共一百○八步。更加隅一步，共一百○九步爲命分。

命爲闊九步又〔一百○九分步之六十九〕，加縱爲長九十九步又〔一百○九分步之六十九〕。

以上四則，乃縱多進位之法也。凡得數雖四以下，以半縱加之滿五，即用進法書於點之上兩位，此其例也。

籌算卷五

開帶縱立方法

勿庵氏曰：泰西家説勾股、開方甚詳，然未有帶縱之術。同文算指取中算補之，其論帶縱平方有十一種，而於立方帶縱終缺然也。程汝思統宗所載，又皆兩縱之相同者。惟難題堆垛還原有二例，衹一可用，其一强合而已，非立術本意，又不附少廣，而雜見於均輸。雖有善學，何從而辨之？兹因籌算，稍以鄙意完其缺，義取曉暢，不厭煩複，使得其意者，可施之他率不窮云爾。

凡立方帶縱有三：

一只帶一縱。如云長多方若干，或高多方若干是也。〔深即同高。〕

一帶兩縱而縱數相同。如云長不及方若干，高不及方若干是也。〔此方多數爲縱。〕

一帶兩縱而縱數又不相同。如云長多闊若干，闊又多高若干是也。

大約帶一縱者，只有縱數而已；帶兩縱者，有縱廉，又有縱方，故其術不同。

帶一縱圖三

闊帶縱圖

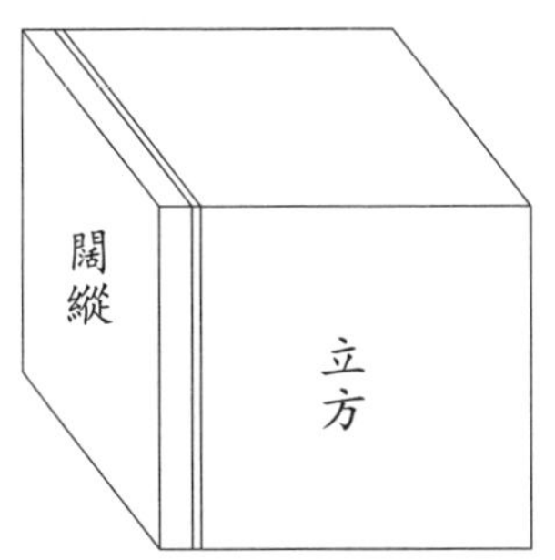

此長多於方也，爲橫縱。橫縱之形，闊與高等，如其方；其厚也，如其縱所設。

高帶縱圖

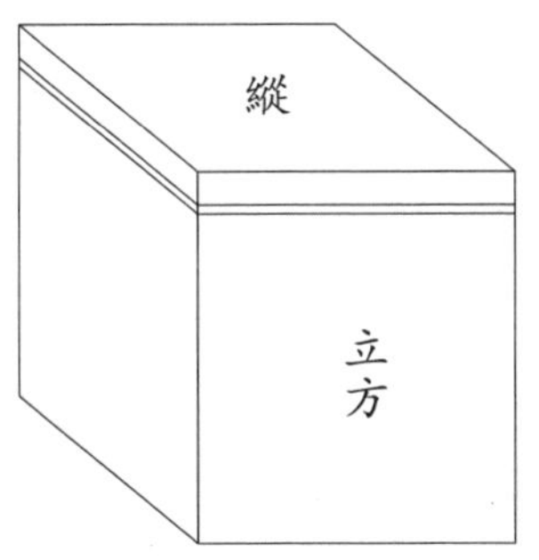

此高多於方也，爲直縱。直縱之形，長闊相等，如其方；其高也，如其縱所設。

俱立方一，縱形一，合爲長立方形。

廉法帶縱圖

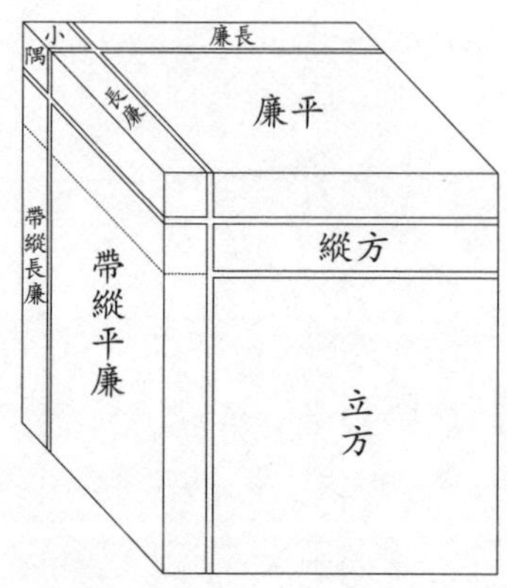

如圖,立方形、方縱形合者,初商也。平廉三,内帶縱者二;長廉三,内帶縱者一;小隅一。此七者,次商也。

平廉所帶之縱,長與立方等,厚與次商等,其高也則如縱所設。長廉所帶之縱,兩頭横直等,皆如次商,其高也如縱所設。

用法曰:以積列位,乃作點,從單位起,隔兩位點之。點畢,視積首位有點,獨商之,以首位爲初商之實。首位無點,以首位合有點之位商之。點在次位,以首兩位爲初商之實;點在第三位,以首三位爲初商之實。皆同立方法。

先視立方籌積數有小於初商之實者,用其方數爲初商,〔定位法合計所作點共有若干,一點者商單數,二點則商十數,每一點進一位,皆如立方。〕用其積數爲初商立方積。〔定位法視初商方數,若初商單數,其積亦盡於單位;若初商十數,其積乃盡於千位。每初商進一位,其積進三位,亦可以點計之,皆如立方。〕

次以初商自乘以乘縱數,爲縱積。

合計立方積、縱積共數，以減原積，而定初商。〔若初商無誤者，原實中必兼此兩積。〕命初商爲方數，加縱數爲高數。〔或長數，皆依先所設。〕不及減者改商之，及減而止。

次商法曰：依前定位，知初商是何等。〔或單十百千等。〕若初商未是單數，而減積又有不盡，是有次商也。

法以初商自乘而三之，又以縱與初商相乘而兩之，共爲平廉法。又法：以初商三之，縱倍之，併其數與初商相乘，得數爲平廉法。或以初商加縱而倍之，併初商數以乘初商，爲平廉法，並同。

又以初商三之，加縱爲長廉法。

乃置餘實列位，以平廉法除之，得數爲次商。〔用籌爲法，除而得之。〕

〔依除法定其位。〕

於是以次商乘平廉法，爲三平廉積；又以次商自乘，以乘長廉法，爲三長廉積；就以次商自乘再乘，爲隅積。合計平廉、長廉、隅積共若干數，以減原實。〔原實中兼此併積，知次商無誤矣。〕乃併初商、次商所得數爲方數，加縱命爲高數。〔或長數，皆如先所設。〕合問。不及減者改商之，及減而止。

商三次者，以初商、次商所得數加縱而倍之，併商得數爲法，仍與商得數相乘，爲平廉法。又以商得數三之，加縱爲長廉法。餘並同次商。

命分法曰：已商至單數而有不盡，則以法命之。其法以所商得數加縱倍之，加所商得數，以乘所商得數；〔如平廉。〕又以所商得數三之加縱。〔如長廉。〕併兩數，又加單一，

〔如隅。〕爲命分，不盡之數爲得分。

或商數尚未是單，而餘實甚少，在所用平廉、長廉兩法併數之下，或僅同其數，〔僅同者，無隅積。〕是無可續商也，亦以法命之。法即以所用平廉、長廉兩法併之，又加隅一爲命分。

列商數法曰：依立方法，以初商之實有點者爲主，〔即原實内最上之一點。〕凡初商得數，必書於點之上一位，乃常法也。惟初商一數者用常法。

有以初商得數書於點之上兩位者，進法也。初商二、三、四、五者，用進法。

有以初商得數書於點之上三位者，超進法也。初商六、七、八、九者，用超進之法。

若縱數多，廉法有進位，則宜用常法者改用進法，宜用進法者用超進之法，宜超進者更超一位書之。其法於次商時酌而定之，蓋次商時有三平廉法、三長廉法，再加隅一爲命分。法於原實尋命分之位爲主，命分上一位單數位也，從此單數逆尋而上，自單而十而百而千，至初商位止，有不合者，改而進書之。若與初商恰合者，不必强改。此法甚妙，平方帶縱亦可用之。

若宜商一十而改單九，或宜商一百而改九十，凡得數退改小一等數者，皆不用最上一點，而以第二點論之，此尤要訣。〔或於初商位作圈，而以所商小一等數書於圈之下，即可以上一點論也。細考其數則同，此商數列位立法之妙，宜詳翫之。〕

假如浚井計立方積七百五十四萬九千八百八十八

尺，但云深多方八百尺。法以立方帶縱爲法除之。

列位　作點

初商不定之圖

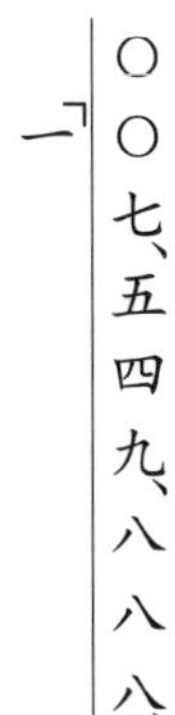

視點在首位，獨商之，以〇〇七百萬尺爲初商之實。

以立方籌爲法，視立方籌積有〇〇一，小於〇〇七，商一百尺，〔三點，故初商百。商一百，故用常法，書於點之上一位。〕得立方積一百萬尺。〔三點者，方積盡百萬之位。初商之方積，皆盡於最上之一點。〕

次以初商一百尺自乘一萬尺乘縱八百尺，得八百萬尺爲縱積。併兩積九百萬尺，大於原實，不及減，抹去之不用，改商如後圖。

視立方籌第九行積七二九，改商九十尺，得立方積七十二萬九千尺。〔百改十，故亦改用第二點。第二點是十位，故方積亦盡於千位。〕次以初商九十尺自乘八千一百尺乘縱八百尺，得六百四十八萬尺爲縱積。併兩積，共七百二十萬〇九千尺，以減原實，餘三十四萬〇八百八十八尺，再商除之。〔初商

改商之圖

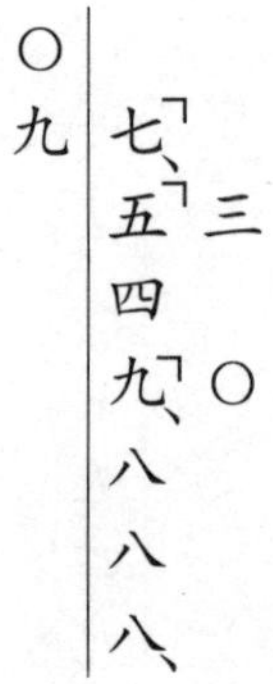

〇		
九	七、	
	五	三
	四	
	九、	〇
	八	
	八	
	八、	

一百，今改商九十，故上一點不用，用第二點論之。商九者書於第二點之上三位，超進法也。〕

次用次商又法，以縱八百尺加初商九十尺而倍之，得一千七百八十尺，併初商九十尺，共一千八百七十尺。用與初商九十尺相乘，得一十六萬八千三百尺爲平廉法。又以初商九十尺三因之，得二百七十尺，加縱八百尺，共得一千〇七十尺爲長廉法。

乃列餘實，以平廉爲法除之，〔用第一、第六、第八、第三共四籌。〕商九十，用超進法書於第二點之上三位。今以縱多，致廉法進爲十萬，故次商時應更爲酌定，又超一位書之，然後次商單數，在廉法上一位矣，改如後圖。〔廉法十萬上一位，單數位也。今商九十，不合在此位，故改之。〕

酌改進位之圖〔一〕

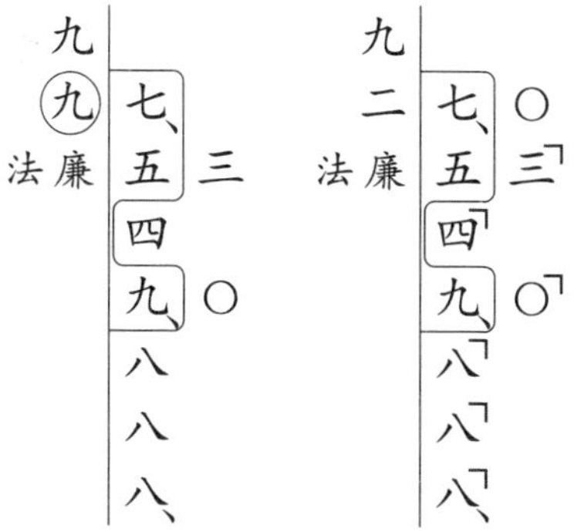

九			九		
九	七、		二	七、	〇
法 廉	五	三	法 廉	五	三
	四			四	
	九、	〇		九、	〇
	八			八	
	八			八	
	八、			八、	

合視籌第二行積〇三三六六小於餘實，次商二尺於初商九十之下。〔所減首位是〇，法宜進書也。初商不改而更超之，何以居次商？〕

就以次商二尺乘平廉法，得三十三萬六千六百尺爲平廉積。又以次商二尺自乘四尺，用乘長廉法，得四千二百八十尺爲長廉積。又以次商二尺自乘再乘，得八尺爲隅積。併三積，共三十四萬〇八百八十八尺，除實盡。

乃以商數命爲井方，加縱爲井深。

計開：

井方九十二尺，深八百九十二尺。

此超進法改而更超一位也。

〔一〕初商九，原有圈，據鈔康熙本、刊謬抹。

帶兩縱縱數相同圖二

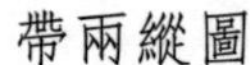

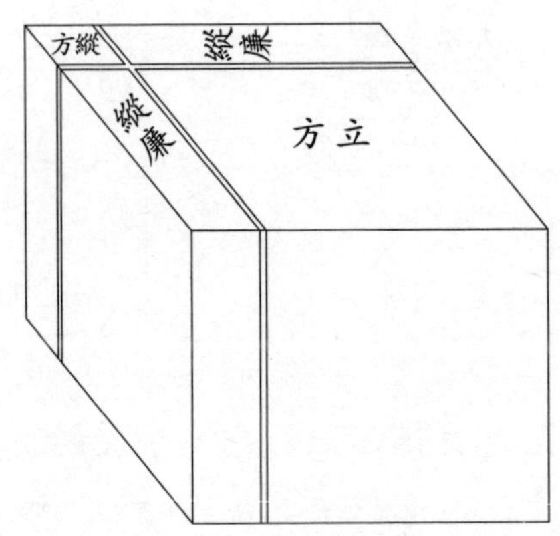

此高不及方也，方之横與直俱多於高，是爲兩縱。兩縱者，縱廉二，縱方一，并立方而四。

立方形長闊高皆相等。

縱廉形高與闊相等，如其方之數，其厚也如所設縱之數。

縱方形兩頭等，皆如縱數，其高也如立方之數。

兩縱廉輔立方兩面，而縱方補其隅，合爲一短立方形。

不及之數有在立方旁者，觀後圖，可互見其意。

廉帶兩縱圖

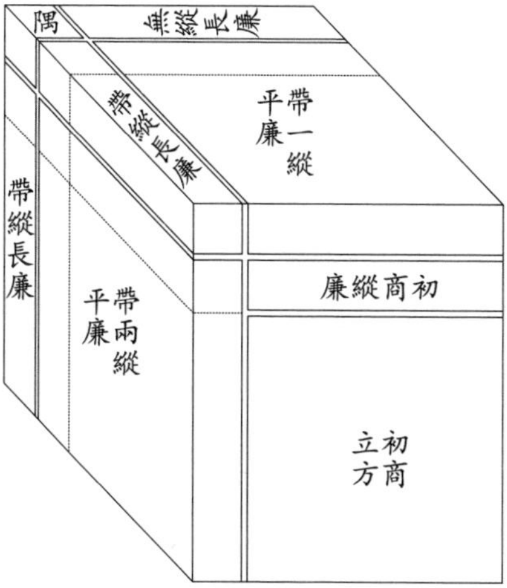

如圖，初商有立方，有縱廉二、縱方一，共四形。今只圖其二，餘爲平廉所掩，意會之可也。〔此横頭不及方也，即前圖之眠體。〕

次商平廉三，内帶一縱者二、帶兩縱者一；長廉三，内帶縱者二；小隅一，共七。

平廉帶一縱者，闊如初商，加縱爲長，厚如次商。其帶兩縱者，高闊皆等，皆如初商加縱之數，厚如次商。長廉帶縱者，長如初商加縱之數，其兩頭横直皆等，皆如次商。無縱長廉，長如初商，兩頭横直等，如次商。小隅横直高皆等，皆如次商。

用法曰：先以縱倍之爲縱廉，〔兩縱併也。〕以縱自乘爲縱方。〔兩縱相乘。〕

〔此因兩縱數同，故其法如此也。若兩縱不同，徑用乘法併法矣。〕

乃如法列位、作點，求初商之實。

以立方籌爲法，求得初商方數及初商立方積。〔皆如立方法，皆依定位法命之。〕

次以初商乘縱方，得數爲縱方積。又以初商自乘數乘縱廉，得數爲縱廉積。合計縱方、縱廉、立方之積，共若干數，以減原實，而定初商。〔皆如一縱法。〕

命初商爲高數，〔或深數，皆如所設。〕加縱爲方數。〔不及減改商之，若初商未是單數，則以餘實求次商。〕

次商法曰：以初商加縱倍之，以乘初商高數，得數。又以初商加縱，自乘得數。併之，共爲平廉法。〔又法：初商三之加縱，以初商加縱乘之，得數爲平廉法，亦同。〕

次以初商加縱倍之，併初商數，共爲長廉法。〔又法：初商三之、縱倍之，併爲長廉法，亦同。〕

乃置餘實列位，以廉法位酌定初商列法而進退之。以平廉爲法而除餘實，得數爲次商。〔皆以所減首位是〇與否而爲之進若退。〕又法：合平廉、長廉兩法，以求次商。

於是以次商乘平廉法爲平廉積，又以次商自乘數乘長廉法爲長廉積，又以次商自乘再乘爲隅積。合計平廉、長廉、隅積共若干數，以減餘實，而定次商〔一〕。〔皆如一縱法。〕

〔又法：以次商乘長廉法爲長廉法，又以次商自乘爲隅法。併平廉、長廉、隅法，以與次商相乘，爲次商廉隅共積，以減餘實，亦同。〕

乃命所商數爲高，〔或深之類，如所設。〕加縱數命爲方，合問。

〔一〕次商，原作"初商"，據輯要本改。

不盡者，以方倍之乘高，又以方自乘，〔如平廉。〕又以方倍之併高，〔如長廉。〕又加單一，〔如隅。〕爲命分。

假如有方臺積五百八十六萬六千一百八十一尺，但云高不及方一百四十尺，以帶兩縱立方爲法除之。〔方者長闊等，每面各多高一百四十尺。〕

先以縱一百四十尺倍之，得二百八十尺爲縱廉。又縱自乘之，得一萬九千六百尺爲縱方。

列位　加點

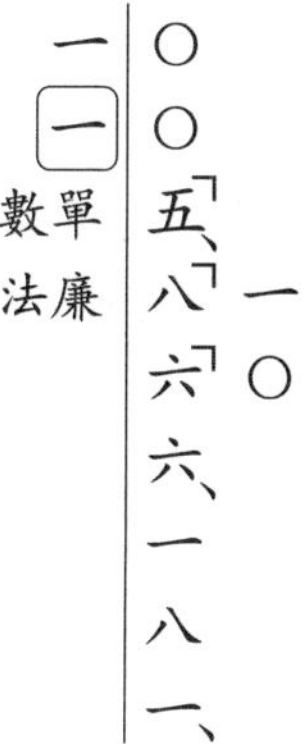

視點在首位，獨商之，以〇〇五百萬尺爲初商之實。視立方積有〇〇一，小於〇〇五，商一百尺，〔三點，故商百尺。〕得立方積一百萬尺。〔商一數，宜用常法，書於點之上一位。今因縱多，致廉法昇爲十萬，法上一位爲單，單上一位爲十。今初商是百尺，故改用進法書之。廉法之昇見後。〕

就以初商一百尺乘縱方，得一百九十六萬尺爲縱方積。

又以初商一百自乘一萬乘縱廉，得二百八十萬尺爲縱廉積。

合計立方、縱方、縱廉積，共五百七十六萬尺，以減原實，餘一十萬〇六千一百八十一尺。〔初商百尺，宜有續商。〕

初商一百尺，高也。加縱共二百四十尺，方也。

次以方倍之四百八十尺，用乘高數，得四萬八千尺；又以方自乘之，得五萬七千六百尺。併之，得一十萬〇五千六百尺，爲平廉法。

又以方倍之，併高得五百八十尺，爲長廉法。

乃列餘實，以廉法酌定初商，改進一位書之。

一	〇	
〇	〇	
一	五	
	八	一
	六	〇
	六	
	一	
	八	
	一	

以平廉法用籌除餘實，視籌第一行〇一〇五六小於餘實，次商一尺於初商一百尺之隔位。〔所減是〇一〇五六，首位〇，宜進書，然猶與初商隔位，故知爲單一尺。〕就以次商一尺乘平廉法如故，又以次商一尺自乘，以乘長廉法，亦如故，就命爲平廉、長廉積。又以次商自乘再乘，仍得一尺如故。

合計三積，共一十萬〇六千一百八十一尺，除實盡。

乃以所商數命爲臺高,加縱爲方。

計開：

臺高一百〇一尺,方二百四十一尺。

此常法改用進法也。

假如有方池積五十萬尺,但云深不及方五十尺〔一〕。

先以縱五十尺倍之一百爲縱廉,又縱自乘之,得二千五百尺爲縱方。

列位　加點

五	
五	五⌉
	〇
	〇、
	〇
	〇
	〇、

視點在第三位,合商之,以五十萬〇〇尺爲初商之實。視立方籌有三四三,小於五〇〇,宜商七十尺。〔二點,商十尺。〕因縱改商六十尺,得立方積二十一萬六千尺。次以初商六十尺自乘三千六百尺,用乘縱廉一百尺,得三十六萬尺,已大於實,不及減,不必求縱方積矣。

改商五十尺,用籌求得立方積一十二萬五千尺。就

〔一〕此算例輯要本無。

以初商五十尺乘縱方,得縱方積亦一十二萬五千尺。又以初商五十尺自乘二千五百尺,用乘縱廉,得縱廉積二十五萬尺。併三積,共五十萬尺,除實盡。以商數命爲池深,加縱爲方。

計開:

池深五十尺,方一百尺。

此進法改爲超進也。〔假有次商,則其平廉法二萬尺矣。假有命分,則其命分二萬〇二百五十一矣。〕亦有高與長同而闊不及數者,準此求之,但以初商命爲闊,而加縱爲高與長。

帶兩縱縱數不相同圖二

初商兩縱不同圖

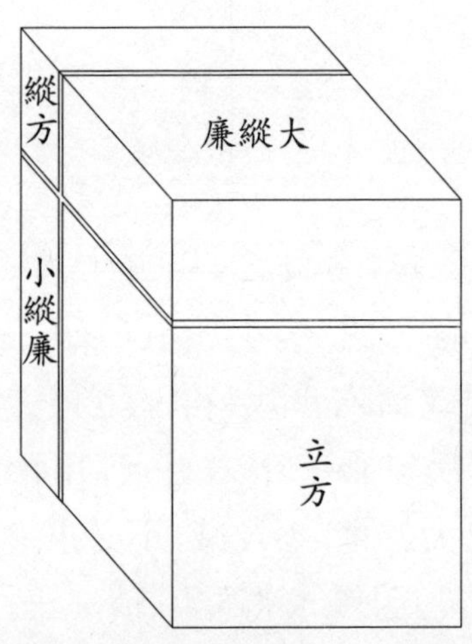

此長多於闊,而高又多於長也,是爲兩縱而又不相同。凡爲大縱廉、小縱廉各一,縱方一,并立方形而四。

立方形長闊高相等。

大縱廉横直等，如其方，而高如大縱。

小縱廉高闊等，如其方，而厚如小縱。

縱方形之兩頭高如大縱，厚如小縱，其長也則如立方。〔大縱、小縱以輔立方之兩面，而縱方補其闕，合爲一長立方形。〕

次商兩縱不同圖

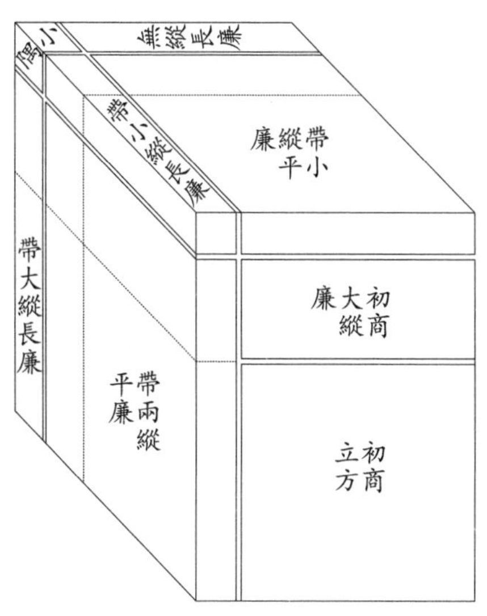

如圖，初商有立方，有大縱廉、小縱廉、縱方各一，共四。只圖其二，餘爲平廉所掩也。

次商平廉三，内帶小縱者一，帶大縱者一，〔在初商大縱立方之背面。〕帶兩縱者一；長廉三，内帶小縱者一，帶大縱者一，無縱者一〔一〕；小隅一，共七。

〔一〕無縱者一，原書無，據輯要本補。

帶小縱平廉,闊如初商,長如初商加小縱之數,高如次商。

帶大縱平廉,闊如初商,高如初商加大縱之數,厚如次商。

帶兩縱平廉,闊如初商加小縱之數,高如初商加大縱之數,厚如次商。

帶小縱長廉,長如初商加小縱之數;帶大縱長廉,高如初商加大縱之數;無縱長廉,長如初商數。其兩頭横直,皆如次商之數。

小隅横直高皆如次商之數。

用法曰:以兩縱相併爲縱廉,以兩縱相乘爲縱方。

列位,作點,求初商之實。以立方籌求得初商立方積,以初商求得縱方、縱廉兩積,皆如前法。乃以初商命爲闊,各加縱,命爲長爲高。

求次商者,以初商長闊高維乘得數而併之,爲平廉法。又以初商長闊高併之,爲長廉法。

乃置餘實列位。〔以平廉酌定初商之位。〕以平廉爲法,求次商及平廉積、長廉積、隅積,以減餘實,乃命所商爲闊。各以縱加之爲高爲長,〔如所設。〕皆如前法。

不盡者,以所商長闊高維乘併之,〔如平廉。〕又以長闊高併之,〔如長廉。〕又加單一,〔如隅。〕爲命分。

假如有長立方形積九十尺,但云高多闊三尺,長多闊二尺。

先以兩縱相併五尺爲縱廉,以兩縱相乘六尺爲縱方。

列位　作點

三｜○
　｜九「
　｜○、

視點在第二位，合商之，以○九十○尺爲初商之實。乃視立方籌有○六四，小於○九○，宜商四尺。因有縱，改商三尺，得二十七尺爲立方積。〔原實只一點，故初商是單。商三，故書於點之上兩位，用進法也。〕

次以初商三尺自乘九尺乘縱廉，得四十五尺爲縱廉積。

又以初商三尺乘縱方，得一十八尺爲縱方積。

併三積共九十尺，除實盡。

乃以初商命爲闊，各加縱爲高爲長。

計開：

闊三尺，長五尺，高六尺。

假如有立方積一千六百二十尺，但云長多闊六尺，高多闊三尺。

先以兩縱相併九尺爲縱廉，以兩縱相乘一十八尺爲縱方。

列位　作點

視點在首位，獨商之，以〇〇一千尺爲初商之實。

乃視立方籌有〇〇一，與實同，商一十尺，〔二點商十。〕得立方積一千尺。次以初商一十尺自乘一百尺乘縱廉，得九百尺爲縱廉積。又以初商一十尺乘縱方，得一百八十尺爲縱方積。合計之，共二千〇八十尺。大於實，不及減。〔商一十，故用常法，書於點之上一位。〕改商九尺，得七百二十九尺，爲立方積。〔十變爲單，則上一點不用，用第二點，故商九，書於第二點之上兩位，用超進法也。〕

次以初商九尺自乘八十一乘縱廉，亦得七百二十九尺，爲縱廉積。

次以初商九尺乘縱方，得一百六十二尺爲縱方積。

併三積共一千六百二十尺，除實盡。

乃以商數命爲闊，各加縱爲長爲高。

計開：

闊九尺，長一十五尺，高一十二尺。

假如有長立方積六萬四千尺，但云長多闊五尺，高又多長一尺。

先以長多五尺高多六尺併之，得十一爲縱廉。又以五尺、六尺相乘三十爲縱方。

〔解曰：長多闊五尺，高又多長一尺，是高多闊六尺也。〕

列位　作點

視點在第二位，合商之，以〇六萬四千尺爲初商之實。視立方籌有〇六四，與實同，宜商四十尺。因有縱，改商三十尺，〔二點，故商十尺。〕得二萬七千尺爲立方積。〔商

三十，故書於點之上兩位，用進法也。〕

三 | ○
六⌝ 二
四⌝、 六
○⌝ 二
○
○、

次以初商三十尺自乘九百尺乘縱廉，得九千九百尺爲縱廉積。

次以初商三十尺乘縱方，得九百尺爲縱方積。

併三積共三萬七千八百尺，以減原實，餘二萬六千二百尺，再商之。〔初商十，宜有次商。〕

初商三十尺，闊也。加縱五尺，共三十五尺，長也。又加一尺，共三十六尺，高也。

乃以初商長闊高維乘之。闊乘長得一千○五十尺，高乘闊得一千○八十尺，長乘高得一千二百六十尺。併三維乘數，共三千三百九十尺，爲平廉法。〔又法：併長與高乘闊，又以高乘長併之，亦同。〕

次以初商長闊高併之，共一百○一尺爲長廉法。〔又法：初商三之，加兩縱亦同。〕

乃以平廉用籌爲法，以餘實列位除之。

如後圖，合視籌第六行是二○三四，小於餘實，次商六尺，〔所減首位不空，故書本位。〕得二萬○三百四十尺爲平廉積。〔次商乘平廉法也。〕

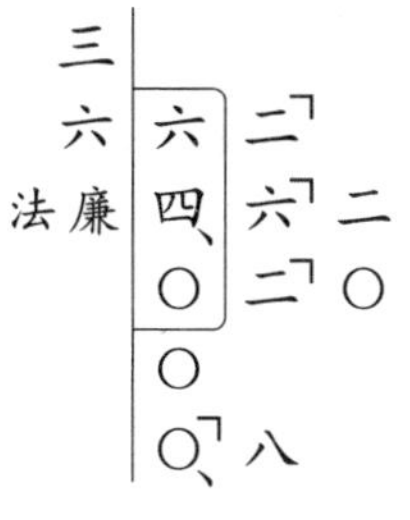

三 |
六 | 六 二⌝
法廉 | 四、 六⌝ 二
| ○ 二⌝ ○
| ○
| ○⌝、 八

次以次商六尺自乘三十六尺乘長廉法，得三千六百三十六尺爲長廉積。

又以次商六尺自乘再乘，得二百一十六尺爲隅積。

併三積，共二萬四千一百九十二尺，以減餘實，餘二千〇〇八不盡，以法命之。

法以初商闊高長各加次商爲闊高長，而維乘之。闊乘長得一千四百七十六尺，高乘闊得一千五百一十二尺，長乘高得一千七百二十二尺，併得四千七百一十尺。〔如平廉。〕又併闊高長得一百一十九尺，〔如長廉。〕又加一尺，〔如隅。〕共得四千八百三十尺，爲命分。不盡之數爲得分，命爲四千八百三十分尺之二千〇〇八，即奇數也。

計開：

闊三十六尺有奇，〔音基。〕長四十一尺有奇，高四十二尺有奇。

假如有長立方形積一十萬〇一千尺，但云長多闊五尺，高多闊六尺[一]。

先以兩縱併得一十一尺爲縱廉，以兩縱乘得三十尺爲縱方。

列位　作點

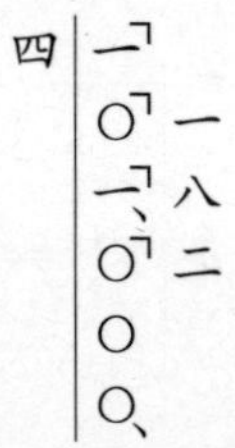

四	一	
	〇	一
	一、	八
	〇	二
	〇	
	〇、	

〔一〕此算例輯要本無。

視點在第三位，合三位商之，以一十萬〇一千爲初商之實。乃視立方籌有〇六四，小於一〇一，商四十尺，〔二點商十。〕得六萬四千尺爲立方積。〔商四十，故書於點之上兩位，進法也。〕

次以初商自乘一千六百尺乘縱廉，得一萬七千六百尺爲縱廉積。

次以初商乘縱方，得一千二百尺爲縱方積。

併三積，共八萬二千八百尺，以減原實，餘一萬八千二百尺，再商之。

初商四十尺，闊也。加縱五尺得四十五尺，長也。加縱六尺得四十六尺，高也。

乃以初商闊長高而維乘之。長乘闊得一千八百尺，闊乘高得一千八百四十尺，〔又法：併高與長九十一尺，以闊四十尺乘之，共三千六百四十尺，省兩維乘，其數亦同。〕高乘長得二千〇七十尺。併維乘數，共五千七百一十尺，爲平廉法。

又以闊長高併之，共一百三十一尺，爲長廉法。

乃列餘實，以平廉用籌爲法除之。

四	一		
二	〇	一⌝	
	一、	八⌝	六
	〇	二	
	〇⌝	四	
	〇、⌝	八	

合視籌第三行是一七一三，小於餘實，次商三尺。〔

所減首位不空，故本位書之〔一〕。〕就以次商三尺乘平廉法，得一萬七千一百三十尺爲平廉積。又以次商三尺自乘九尺乘長廉法，得一千一百七十九尺爲長廉積。又以次商三尺自乘再乘，得二十七尺爲隅積。併之得一萬八千三百三十六尺，大於餘實，不及減。

改商二尺。就以次商二尺乘平廉法，得一萬一千四百二十尺爲平廉積。〔即用籌第二行取之。〕次以次商自乘四尺乘長廉法，得五百二十四尺爲長廉積。又以次商自乘再乘，得八尺爲隅積。

併之共一萬一千九百五十二尺，以減餘實，仍餘六千二百四十八不盡，以法命之。

法以闊長高各加次商二尺爲闊長高，而維乘之。併高四十八尺、長四十七尺，共九十五尺，以闊四十二尺乘之，得三千九百九十尺。〔代兩維乘。〕又以長乘高，得二千二百五十六尺，併得六千二百四十六尺。又以長闊高併之，得一百三十七尺。又加一尺，共六千三百八十四，爲命分。

命爲六千三百八十四之六千二百四十八，即奇數也。

計開：

闊四十二尺有奇，長四十七尺有奇，高四十八尺有奇。

〔一〕本位書之，鈔康熙本作“書本位”。

籌算卷六

開方捷法

勿菴氏曰：廉、隅，二形也，故有二法。今借開方大籌爲隅法，列於廉法籌之下而合商之，則廉、隅合爲一法，而用加捷矣。存前法者，所以著其理；用捷法者，所以善其事。

平方

法曰：如前列實，從單位作點，每隔位點之，以求初商。〔初商列位有常法、進法，俱如前。〕既得初商，即倍根數爲廉法。〔亦同前法。〕以廉法數用籌，〔廉法幾位，用籌幾根。〕列於平方籌之上，爲廉隅共法。〔或省曰次商法。〕合視廉隅共法籌某行内有次商之實同者，或略少者，減實以得次商。〔以本行内方根命之。〕

三商者，合初商、次商倍之，以其數用籌，列平方籌上，爲廉隅共法。〔或省曰三商法。〕以除三商之實，而得三商。

四商以上，倣此求之

解曰：隅者，小平方也，故可以平方籌爲法。廉之數每大於隅一位，今以平方籌爲隅，列於廉之下，則隅之進位與廉之本位，兩半圓合成一數，故廉隅可合爲一法。〔何以知廉大於隅一位也？曰：有次商，則初商是十數矣。平方廉法是初商倍數，其位同初商，故大於隅一位。〕

凡初商減積盡最上一點，故最上一點者，初商之實也。次商減積盡第二點，故第二點以上，次商之實也。三商減積盡第三點，故第三點以上，三商之實也。推之第四點爲四商之實，第五點爲五商之實。〔以上並同。〕

審空位法曰：若次商之實小於廉隅共法之第一行，〔凡籌第一行，最小數也。〕則知次商是空位也，〔不能成一數，故空。〕即作圈於初商下，以爲次商。乃於廉法籌下、平方籌上加一空位籌，爲廉隅共法，以求三商。〔若空位多者，另有簡法，見後。〕

三商實小，有空位，並同。

假如有平方積二千四百九十九萬九千九百九十九尺，問：每面若干？

列位　作點

四｜二
　｜四、　八
　｜九
　｜九、
　｜九
　｜九、
　｜九
　｜九、

如圖，點在次位，以二千四百萬爲初商實。

視平方籌有小於二四者，是一六，其方四也，商四千尺，減積一千六百萬尺。〔有四點，故初商是千，而有次商。〕

次以初商四千尺倍之，得八千尺爲廉法。用第八籌，列平方籌上，爲廉隅共法。

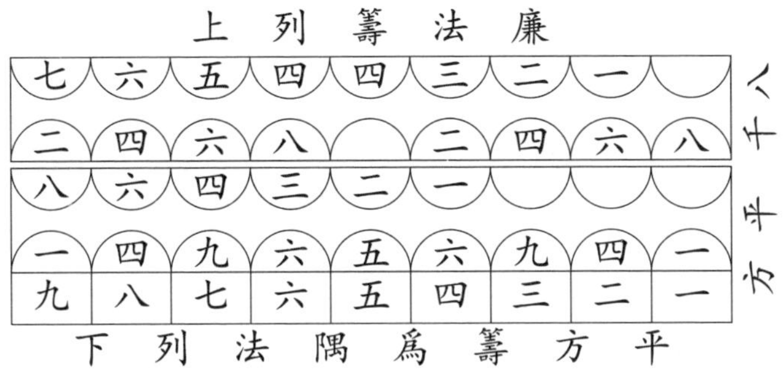

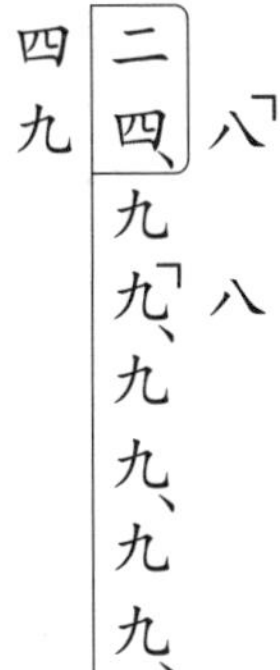

以第二點餘實八百九十九萬爲次商實，視籌第九行合數八〇一，小於實，次商九百尺，減實八百〇一萬尺。

〔此所減首位不空，故對位書之。〕

次倍初商、次商共四千九百尺，得九千八百尺，用第九、第八兩籌，列平方籌上，爲廉隅共法。以第三點上餘實九八九九爲三商之實。

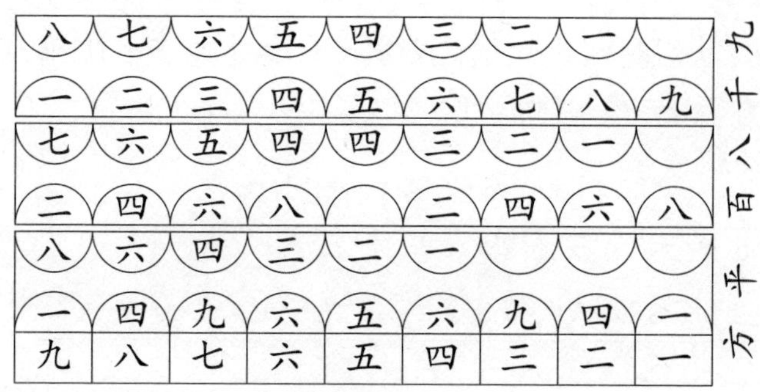

四 二
九 四、八
九 九
九、八 九
九
九、八
九
九、

合視籌第九行是八九〇一，小於實，商九十尺，減餘實八十九萬〇一百尺。

〔首位不空，故亦對位書之。〕

次倍三次商共四千九百九十尺，得九千九百八十尺，用九、九、八三籌，列平方籌上，爲廉隅共法。以第四點上餘積九九八九九爲四商之實。

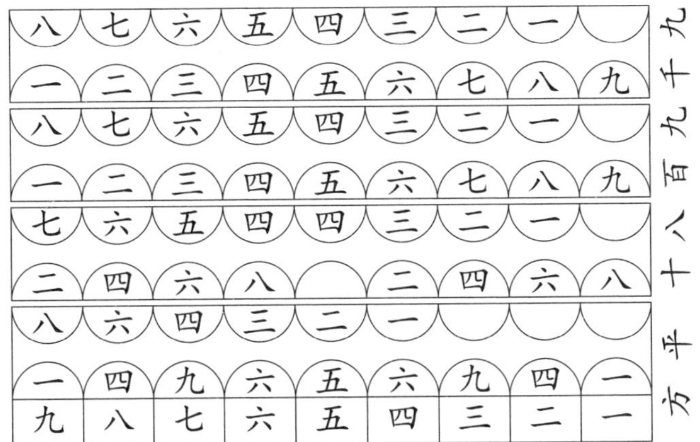

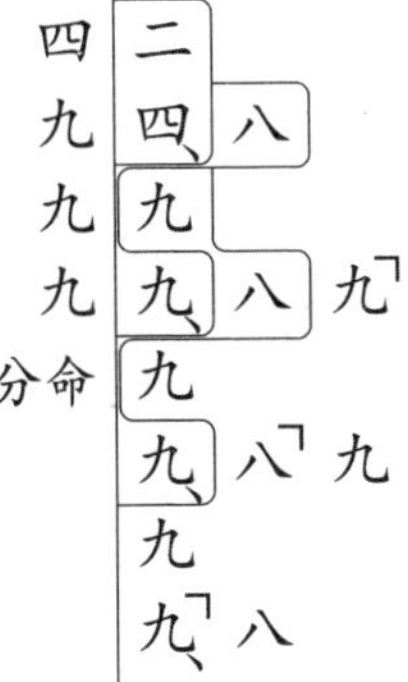

合視籌第九行積八九九〇一小於實，商九尺，減餘實八萬九千九百〇一尺，不盡九千九百九十八尺。

開方已得單尺，而有不盡，以法命之。倍方根，加一數，得九千九百九十九爲命分。

凡開得平方四千九百九十九尺，又九千九百九十九之九千九百九十八。

右例可明四以上用常法之理，蓋積所少者不過萬分之一，不能成五數之方，而其法迴異。

加空籌式

假如有平方積一千六百七十七萬七千二百一十六，問：每面若干？

列位　作點

四	一		四	一	
	六、	○	○	六、	○
	七			七	
	七、			七、	
	七			七	
	二、			二、	
	一			一	
	六、			六、	

如圖〔一〕，點在次位，以一千六百萬爲初商實。視平方籌有一六，與實同，其方四，商四千尺，減積一千六百萬尺。〔凡餘實必在商數下一位起，倘空位，則作圈補之，後倣此。〕次以初商四千尺倍得八千尺爲廉法，用第八籌，列平方籌上，爲廉隅共法。〔籌見前例。〕

以第二點上餘實○七七爲次商實。籌最小數是○八一，〔第一行數。〕大於實，不及減，是商數無百也。乃於初商四千下作一圈，以爲次商。〔減去實中○位。〕次如上圖〔二〕，

〔一〕即本頁左圖。
〔二〕即本頁右圖。

加一空位籌於次商廉法之下、平方籌之上，爲三商廉隅共法。

以第三點上七七七二爲三商實。

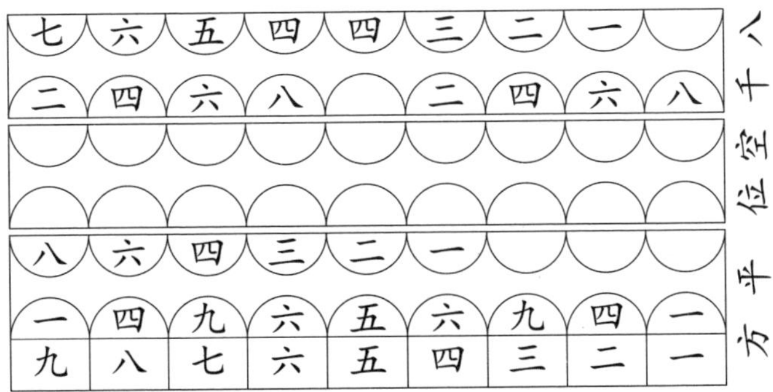

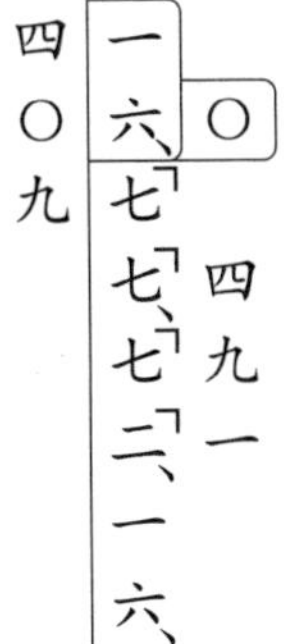

視籌第九行是七二八一，小於實，商九十尺，減積七十二萬八千一百。

次合初商、次商、三商共四〇九，倍之得八一八，爲廉法。去空位籌，加一、八兩籌，列於平方籌之上，爲四商廉隅共法。

以第四點上四九一一六爲四商之實。

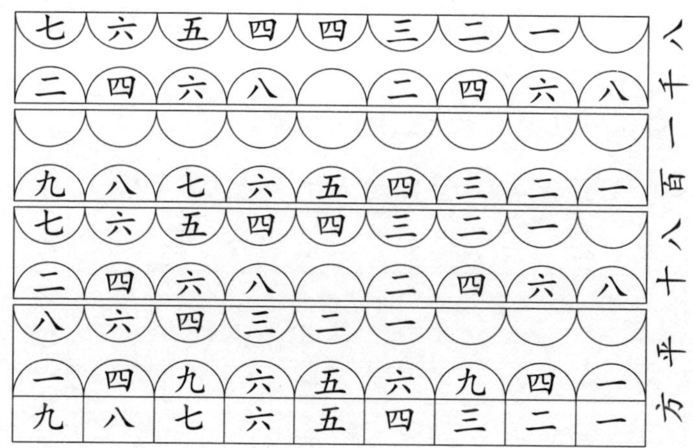

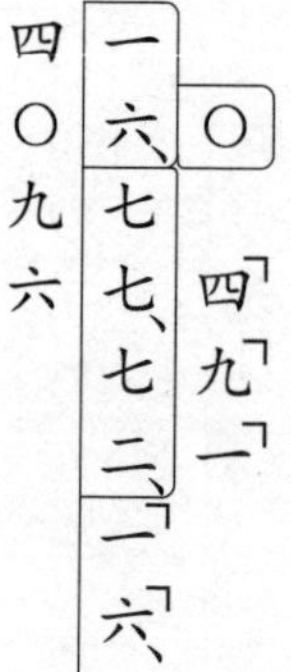

合視籌第六行數與實合，商六尺，減積四萬九千一百一十六尺，恰盡。

凡開得平方四千〇九十六尺。

假如有平方積九億〇〇一十八萬〇〇〇九步，問：每面若干？

列位　作點

如後圖，點在首位，以〇九億步爲初商實。

三｜〇⌝
九⌝、　〇
〇
〇、
一
八、
〇
〇、
〇
九、

視平方籌有〇九，與實同，商三萬步，〔五點，故初商萬。〕減積九億步。次以初商三萬步倍之得六萬步，用第六籌加平方籌上，爲次商法。〔即廉隅共法。〕以第二點上爲次商之實，視實三位俱空，無減，知商數有空位，且不止一空位也。如前法，宜挨次商得一空位，則於原實内銷一圈，〔凡續商之實，必下於前商之實一位，故雖〇位，必減去之，以清出續商之實。〕而於共法籌内加一空位籌。如此挨商，頗覺碎雜，故改用又法。

又法曰：凡實有多空位者，知商數亦有多空，不必挨商。當於原實中，審定可減之數在何位，則此位之上皆連作圈，而徑求後商。如此餘實有三圈，皆無積可減，必至〇一，乃有可減。而法是第六籌，籌最小是〇六，大於〇一，仍不可減，必至一八，方可減。而一是籌之進位，當以商數對之，則知以上俱是空位，乃皆作圈。合視之有三圈，即次商、三商、四商也，於原實内銷去三圈，如後圖。

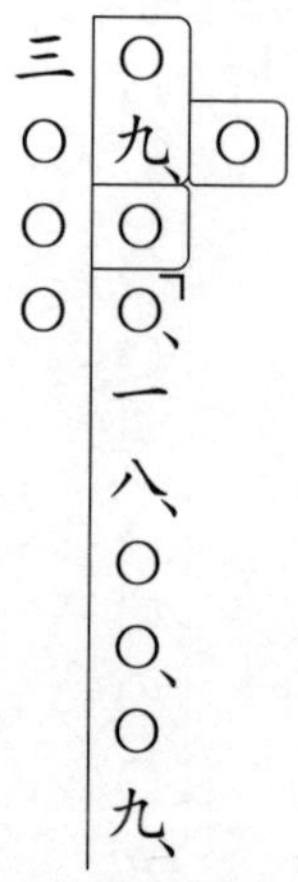

此即次商、三商、四商合圖也。

次加三空籌於平廉〔第六籌。〕之下、平方之上，爲五商廉隅共法。徑以第五點上一八○○○九爲五商實。

視籌第三行數與餘實合，商三尺，除積一八○○○九，恰盡。

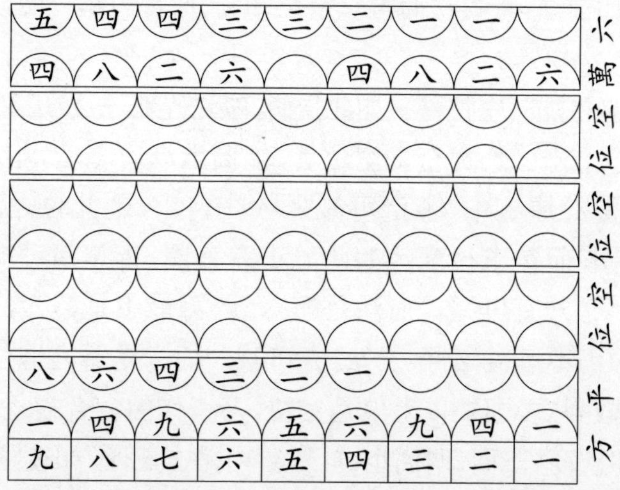

凡開得平方三萬〇〇〇三步。

又假如積二千五百〇七萬〇〇四十九尺，問：方若干？

列位　作點

五
二 〇
五、 〇
〇
七、
〇
〇、
四
九、

如圖，點在次位，以二千五百萬尺爲初商實。

視平方籌有二五，與實同，其方五，商五千尺，減積二千五百萬尺。

次倍初商五千尺，得一萬〇千尺，用一籌、空位籌爲廉法，〔凡商得五數，則原帶有空位。〕列平方籌上，爲次商法。實多空位，以前條又法審之，必至〇七萬尺，乃有可減。而〇七之〇與籌上首位之〇對，當以商數居之，則知此以上俱無商數也。於是於初商五千下作兩圈，如後圖。

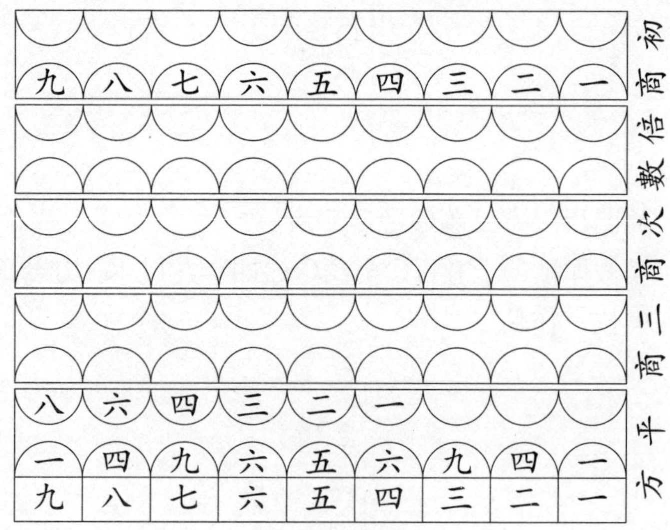

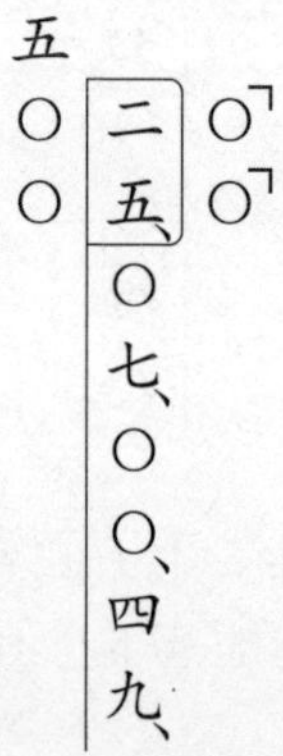

此次商、三商合圖也。〔原實上減兩圈,商數下加兩圈。〕

如上圖,加兩空位籌於廉法一萬〇千之下、平方之上,爲四商法。

以〇七〇〇四九爲四商實。〔次商、三商之兩點已銷,故徑用第四點。〕

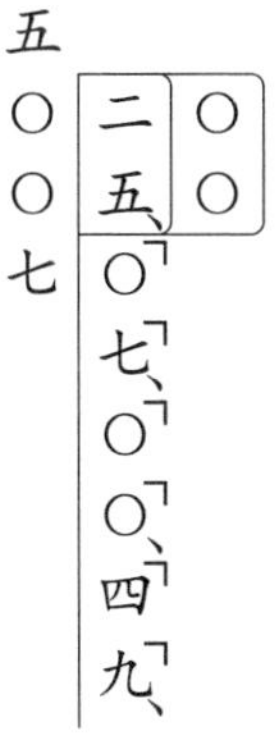

五
〇　二　〇
〇　五、　〇
七　〇
　　七、
　　〇
　　〇、
　　四
　　九、

視籌第七行相合,商七尺,減實恰盡。

凡開得平方五千〇〇七尺。

又假如積五十六萬三千五百〇〇尺,問:方若干?

列位　作點

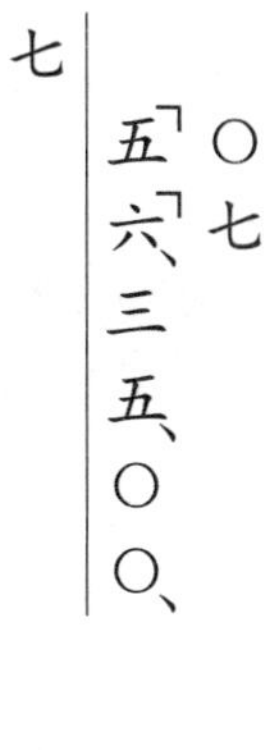

七
　五　〇
　六、　七
　三
　五、
　〇
　〇、

如圖，點在次位，以五十六萬爲初商實。

視平方第七行是四九，小於實，商七百尺，除實四十九萬。

次倍初商七百得一千四百，用第一、第四兩籌，列平方籌上，爲次商法。以第二點上〇七三五爲次商實。

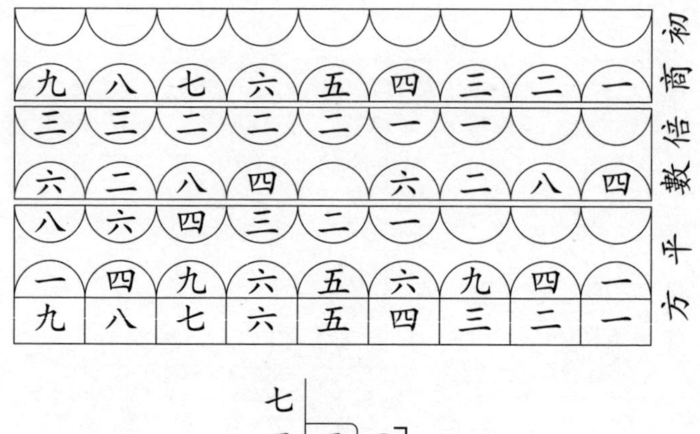

七
五　五　〇
　　六、七　〇
　　三　一
　　五、〇
　　〇
　　〇、

合視籌第五行是〇七二五，小於實，商五十尺，減去餘積〇七萬二千五百尺。

次合商數七百五十，倍之，得一千五百〇尺，應用第一、第五、空位三籌，加於平方籌上，爲三商法。以第三點上〇一千〇〇尺爲三商實，而實小於法，不能成一尺，乃於商數末作一圈，以爲三商。其不盡之數，以法命之。

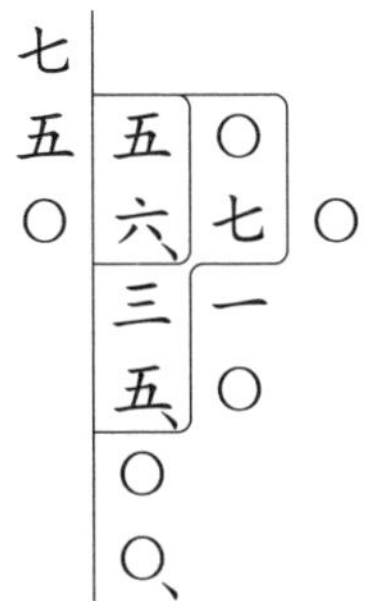

凡廉隅共法籌第一行數，即命分也，蓋能滿此數，即成一單數矣。

凡開得平方七百五十〇尺，又一千五百〇一之一千〇〇〇，約爲三之二弱。

立方

法曰：如前列實，隔兩位作點，以求初商。既得初商，即以初商數自乘而三之，爲平廉法。〔即方法。〕以平廉法用籌，列於立方籌之上，〔借立方籌爲隅法也。〕爲平廉、小隅共法。

别以初商數三之，而進一位爲長廉法。〔即廉法。〕以長廉法用籌，列於立方籌之下。〔法於長廉數下加一空籌，以合進一位之數。〕

先以平隅共法〔即平廉、小隅共法，或省曰共法。〕爲次商之法，即截取初商下一位，至第二點止，爲次商之實，法除實得次商。〔視共法籌内有小於實者，爲平廉、小隅共積，用其根數爲次商。〕次以次商之自乘數〔即大籌立積下所帶平方積數。〕與長廉法相乘，〔以平方數尋長廉籌之行，取其行内積數用之。〕得數加入平隅共

積,爲次商總積。以此總積減次商之實,及減則已,倘不及減,轉改次商,及減而止。〔因廉積或大,有不及減者。〕

三商者,合初商、次商數自乘而三之,爲平廉法,以其數用籌,列立方籌上,爲平廉、小隅共法。

別以初商、次商數三而進位,以其數用籌,加一空位籌,列立方籌下,爲長廉法。

截取次商下一位,至第三點,爲三商之實,共法爲法,除之以得三商。〔其積爲共積。〕次以三商自乘數與長廉法相乘,得數加入共積,爲三商總積,減實。〔又一法:長廉法不必加空位籌,但於得數下加一圈,即進位也。〕

四商以上倣此。

解曰:隅者,小立方也,故可以立方籌爲法。平廉之數每大於隅二位,今以立方籌爲隅列於平廉下,則隅之首位與平廉之末位,兩半圓合成一數,故平廉、小隅可合爲一法。長廉之兩頭皆如次商自乘之數,故可以平方乘之。又長廉之數每大於隅一位,故於下加一空籌,以進其位,便加積也。

〔何以知平廉大於隅二位,而長廉只大一位也?曰:平廉者,初商自乘之數也。初商於次商爲十數,十乘十則百數矣。隅積者,次商本位也,故平廉與隅如百與單,相去二位也。若長廉只是初商之三倍,位同初商,初商與次商如十與單,故長廉與小隅亦如十與單,相去一位也。〕

凡初商積盡於上一點,故上一點爲初商實。次商積盡於第二點,故第二點以上爲次商實。推之,三點爲三商實,四點爲四商實,以上並同。

審空位法曰：若次商之實小於平廉、小隅共法之第一行，或僅如共法之第一行，而無長廉積，則次商是空位也。即作圈於初商下，以爲次商，乃於平廉籌下、立方籌上加兩空位籌，爲三商平廉、小隅之共法，以求三商。其長廉法下又加一空位籌，〔并原有一空位籌，共兩空位籌。〕爲三商長廉法。〔又法：長廉不必加空籌，但於得數下加兩圈。〕若商數有兩空位者，平廉小隅籌下加四空位籌，長廉積下加三圈。

解曰：有空位，則所求者三商也。初商於三商如百與單，而平廉者初商之自乘，百乘百成萬，故平廉與三商之隅如萬與單，大四位也。此加兩空籌之理也。〔平廉原大二位，加二空籌，則大四位矣。〕初商與三商既如百與單，則長廉與隅亦如百與單，大兩位也，此又加一空籌之理也。

初商列位：商一用常法，二至五用進法，六至九用超法。今各存一例於後。

假如有立方積六百八十五萬九千尺，問：每面若干？

列位　作點

五

○
○
「六、
八
五
九、
○
○
○、

一

商數一，故書於點之上一位，用常法例也。

如圖，點在首位，以〇〇六百萬爲初商實。

視立方籌有小於〇〇六者，〇〇一也，其立方一，商一百尺，〔三點，故初商百。〕減積一百萬尺。次截取第二點上五八五九爲次商實。

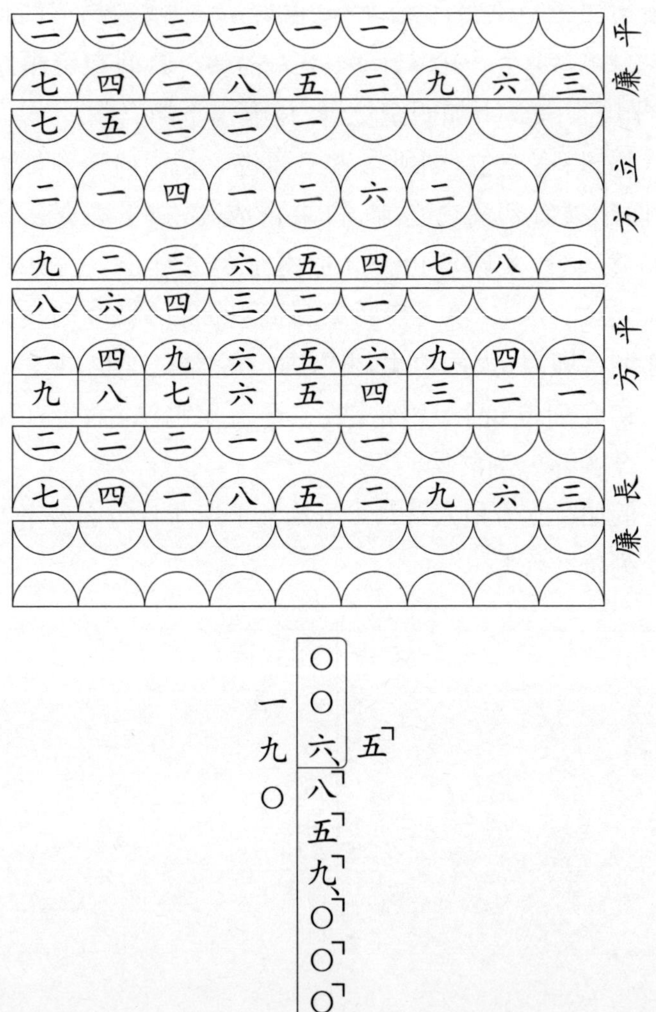

以初商一百尺自乘得一萬尺，而三因之，得三萬尺爲平廉法，用第三籌，列立方籌上，爲平廉、小隅共法。别以初商一百尺三而進位，得三百〇十尺爲長廉法，列立方籌下。視平隅共法籌第九行是三四二九，小於實，商九十尺。次以第九行平方八一乘長廉三，得二四三〇，以加共積，得五百八十五萬九千，爲次商九十尺之積，除實盡。〔次商十，宜有三商，而除實已盡，是方面無單數也。〕

凡開得立方每面一百九十〇尺。

假如有立方積一千二百八十六億三千四百六十七萬〇五百九十二尺，問：方若干？

列位　作點

〇三

一「二「八「六三四、六七〇、五九二、

五

商數五，故書於點之上兩位二至五用進法也

如圖，點在第三位，以一千二百八十億爲初商實。視立方籌内有小於一二八者，是一二五，其方五也，商五千尺，〔四點，故初商千。〕減積一千二百五十億。

次截取第二點上〇三六三四爲次商實。以初商五千自乘得二千五百萬，而三之，得七千五百萬爲平廉法，用七、五兩籌，列立方籌上，爲平廉、小隅共法。别以初商五千尺三而進位，得一萬五千〇百尺爲長廉法，用籌列立方籌下。

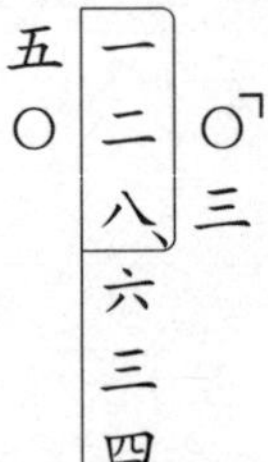

五〇

一二八、六三四、六七〇、五九二、

〇三

視共法籌第一行是〇七五〇一，大於實，不及減，知次商百位空也。於初商下作一圈爲次商。〔原實上減一圈。〕

乃截第三點三六三四六七〇爲三商實。

次於平廉籌下、立方籌上加兩空位籌，爲平廉、小隅共法。

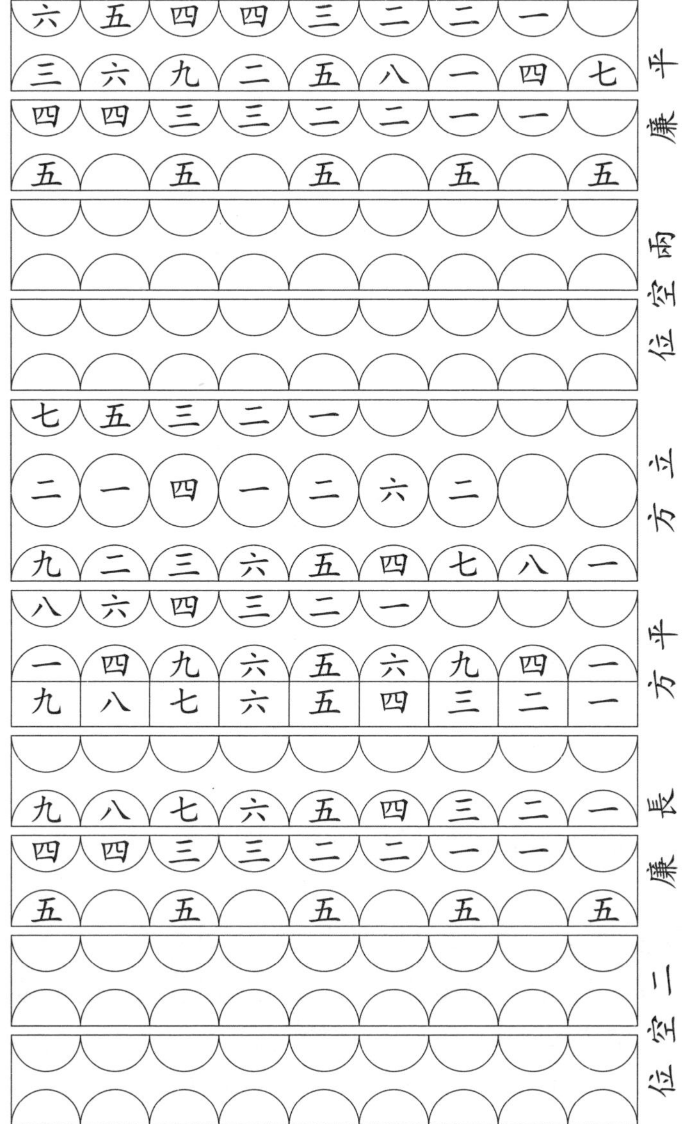

平
六 五 四 四 三 二 二 一
三 六 九 二 五 八 一 四 七
廉
四 四 三 三 二 二 一 一
五 五 五 五 五
兩空位
立方
七 五 三 二 一
二 一 四 一 二 六 二
九 二 三 六 五 四 七 八 一
平方
八 六 四 三 二 一
一 四 九 六 五 六 九 四 一
九 八 七 六 五 四 三 二 一
長
九 八 七 六 五 四 三 二 一
廉
四 四 三 三 二 二 一 一
五 五 五 五 五
二空位

於長廉籌下又加一空位籌，〔原有一空位籌，共二空位。〕爲長廉法。

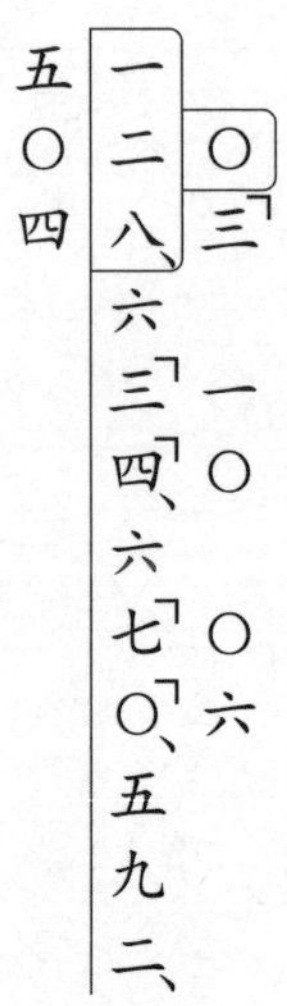

視共法籌第四行是三〇〇〇〇六四，小於實，用爲共積，商四十尺。以長廉法與四行之平方一六相乘，得二四〇〇〇，爲長廉積。加入共積，得三〇二四〇六四，減積三十〇億二千四百〇六萬四千尺。

次以商數五千〇四十自乘，得二千五百四十〇萬一千六百尺，而三之，得七千六百二十〇萬四千八百尺爲平廉法，列立方籌上，爲平隅共法。別以商數五千〇四十尺三而進位，得一萬五千一百二十〇尺爲長廉法，列立方籌下。乃截第四點六一〇六〇六五九二爲四商之實。視共法籌第八行六〇九六三八九一二小於實，商八尺。以長廉法與第八行平方六四相乘，得九六七六八〇爲長廉

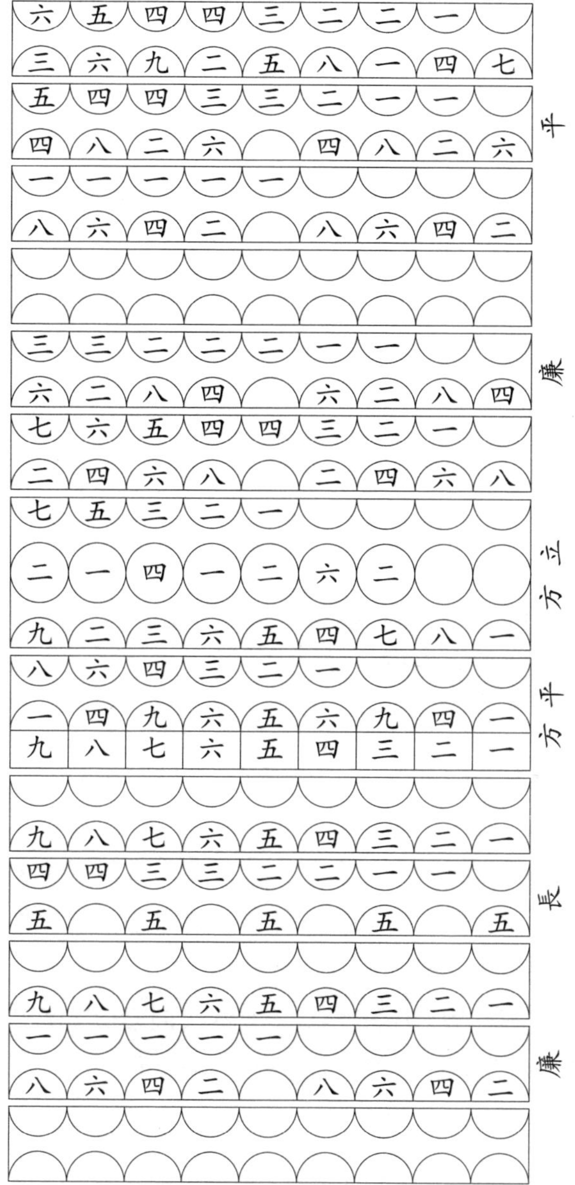
六 五 四 四 三 二 二 一
三 六 九 二 五 八 一 四 七
五 四 四 三 三 二 一 一
四 八 二 六 四 八 二 六
平
一 一 一 一 一
八 六 四 二 八 六 四 二
三 三 二 二 二 一 一
六 二 八 四 六 二 八 四
廉
七 六 五 四 四 三 二 一
二 四 六 八 二 四 六 八
七 五 三 二 一
二 一 四 一 二 六 二
九 二 三 六 五 四 七 八 一
立方
八 六 四 三 二 一
一 四 九 六 五 六 九 四 一
九 八 七 六 五 四 三 二 一
平方
九 八 七 六 五 四 三 二 一
四 四 三 三 二 二 一 一
五 五 五 五 五
長
九 八 七 六 五 四 三 二 一
一 一 一 一 一
八 六 四 二 八 六 四 二
廉

積。以加共積，得六一〇六〇六五九二，除實盡。

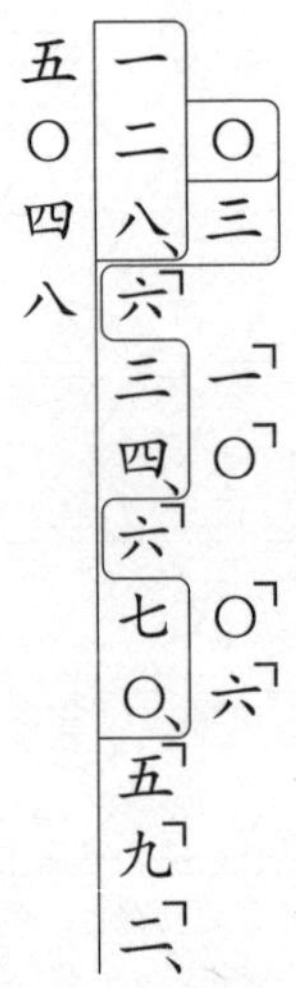

凡開得立方每面五千〇四十八尺。

右加兩空籌例。

假如有立方積七千二百九十七億二千九百二十四萬三千〇二十七尺，問：每面若干？

列位　作點

如圖〔一〕，點在第三位，以七千二百九十億爲初商實。視立方籌方九之積七二九與實同，商九千尺，減積七千二百九十億。〔四點，故初商千。〕

次截第二點〇〇〇七二九爲次商實，以初商九千尺自乘八千一百萬尺，而三之，得二億四千三百萬尺爲平廉

〔一〕圖見次頁。

〇〇〇

七「二「九「、七二九、二四三、〇二七、

九

商數九，書於點上三位。六至九用超進法也。

法，列立方籌上，爲平廉、小隅共法。别以初商九千尺三而進位，得二萬七千〇百尺爲長廉法，列立方籌下。視共法籌第一行是〇二四三〇一，大於實，不及減，知次商百位空也。於初商九千尺下作一圈，爲次商。〔原實上減去一圈。〕

乃於平廉籌下、立方籌上加兩空籌，爲平廉、小隅共法。於長廉籌下又加一空籌，得二七〇〇爲長廉法。截取第三點〇〇七二九二四三爲三商實，視共法籌第一行是〇二四三〇〇〇一，大於實，仍不及減，知三商十位亦空也。於商得九千〇百下，加一圈爲三商。〔原實上又減去一圈。〕

〔又法：實多空，不必挨商，但尋至不空之界如〇七，乃與平廉相應，即於〇七之上、初商之下作連圈，爲次商、三商，而於原實中銷兩圈。〕

九〇〇
七二九
〇〇〇
七二九二四三〇二七

此次商、三商合圖也。

乃於平廉籌下、立方籌上又加兩空籌，〔共四空籌。〕爲平廉、小隅共法。其長廉籌下又加一空籌，〔共三空籌。〕得二七〇〇〇爲長廉法。〔或不必加籌，只於得數下加三圈，亦同。〕

截取第四點〇七二九二四三〇二七爲四商實。視共法籌第三行是〇七二九〇〇〇〇二七，小於實，商三尺。以長廉法與第三行平方〇九相乘，得二四三〇〇〇爲長廉積。以加共積，得〇七二九二四三〇二七，除實盡。

凡開得立方每面九千〇〇三尺。

右加四空籌例。

九〇〇三
七二九
〇〇〇
七二九二四三〇二七

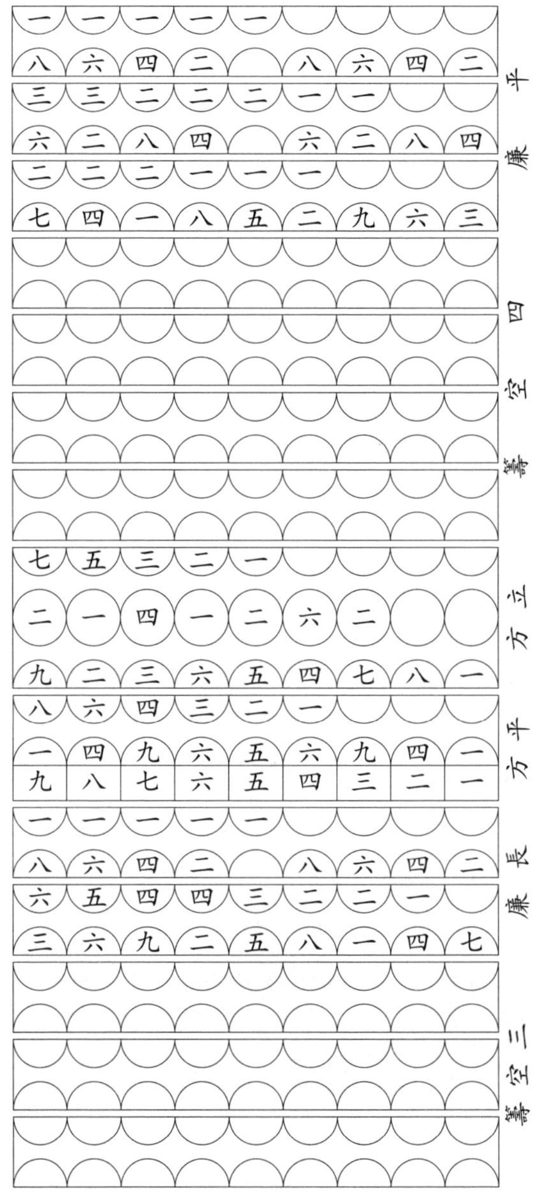
平廉
四空籌
立方
平方
長廉
三空籌

籌算卷七

開方分秒法

勿菴氏曰：命分，古法也。然但可以存其不盡之數而已，若還原，則有不合，故有分秒法以御之也。雖亦終不能盡，然最小之分，即無關於大數，視命分之法，不啻加密矣。

平方

法曰：凡開平方有餘實，不能成一數，不可開矣。若必欲開其分秒，則於餘實下加二圈，〔原實一化爲一百分。〕如法開之，所得根數是一十分内之幾分也。或加四圈，〔原實一化爲一萬分。〕如法開之，所得根數是一百分内之幾分也。或加六圈，〔原實一化爲一百萬分。〕如法開之，所得根數是一千分内之幾分也。如此遞加兩圈，則多開得一位，乃至加十圈，〔原實一化爲百億分。〕其根數則十萬分内之幾萬幾千幾百幾十幾分也。

假如平方積八步，開得二步，除實四步，餘四步不盡，分秒幾何？

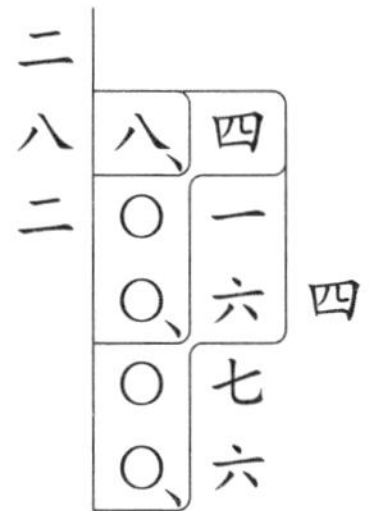

法於餘實下添兩圈，則餘實四步化爲四百〇〇分，爲次商之實。依捷法，以初商二步倍作四步爲廉法，列平方籌上，爲廉隅共法。簡籌第八行積三八四小於餘實，次商八分，除實三百八十四分，開得平方每面二步八分，不盡一十六分，再開之。

又於餘實下加兩圈，則餘實一十六分化爲一千六百〇〇秒，爲三商之實。依捷法，以初商、次商共二步八分倍之，得五步六分爲廉法，列平方籌上，爲廉隅共法。簡籌第二行積一一二四小於餘實，商作二秒，除實一千一百二十四秒，共開得平方每面二步八分二秒，不盡四百七十六秒。

此單下開兩位式也，所不盡之數，不過百分之四。若欲再開，亦可得其忽微，如後式。

還原以二步八二用籌爲法，又以二步八二列爲實，而自相乘之，得七萬九千五百二十四分，加不盡之分四百七十六，共八萬。乃以一萬分爲一步之法除之，〔當退四位。〕仍得八步，合原數。

解曰：此以一步化爲百分，故其積萬分，何也？自乘者，横一步，直一步也。今既以一步化爲一百分，則是横一百分，直一百分，而其積一萬分爲一步。

					共得	不盡	自乘
	〇						
七	五	二					
九	六	二	〇丨				
五	四	五	五丨	萬	八		七丨
二		六	六		〇		九丨
四			四		〇	四	五丨
	二	八	二		〇	七	二丨
	步				〇	六	四

假如平方九十步，開得九步，除實八十一步，餘實〇九步不盡，〔小分幾何〕？

法於餘實九步下加八圈，則餘實九步化爲九億，共作五點，而以第二點〇九億〇〇分爲次商之實。

依捷法，以初商九步倍作一十八步爲廉法，列平方籌上，爲廉隅共法。簡籌第四行〇七三六略小於餘實，商四千分，除實七億三千六百萬分，餘一億六千四百〇〇萬分，爲第三商之實。〔第三點也。〕

又依捷法，以初商、次商九步又十之四倍之，得一十八步八爲廉法，列平方籌上，爲廉隅共法。簡籌第八行一五一〇四略小於餘實，商八，除實一億五千一百〇四萬，餘一千二百九十六萬分〇〇，爲第四次商之實。〔第四點也。〕

又依捷法，以三次所商共九步四八倍之，得一十八步九六爲廉法，列平方籌上，爲廉隅共法。簡籌第六行

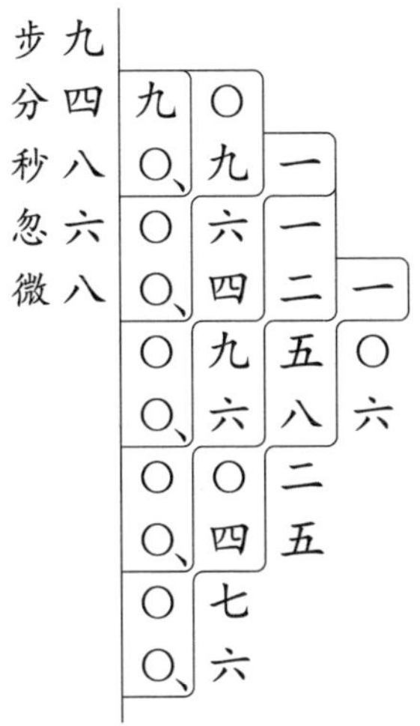

一一三七九六略小於實，商六，除實一千一百三十七萬九千六百分，餘一百五十八萬〇四百〇〇分，爲第五次商之實。〔第五點也。〕

又依捷法，以所商九步四八六倍之，得一十八步九七二爲廉法，列平方籌上，爲廉隅共法。簡籌第八行一五一七八二四略小於實，商八，除實一百五十一萬七千八百二十四分，餘六萬二千五百七十六分不盡。凡開得平方每面九步四千八百六十八分，〔亦可名爲四分八秒六忽八微。〕不盡一〇〇〇〇〇〇〇〇之〇〇〇〇六二五七六。〔即一萬分之六分有奇。〕雖不盡，不過萬分之一，不足爲損益，可棄不用。

還原以九步四八六八用籌爲法，又爲實，自乘得八十九億九千九百九十三萬七千四百二十四分。加入不盡之分六萬二千五百七十六，共九十億。以一億分爲一步之法除之，〔當退八位。〕仍得九十步，合原數。

解曰：此以一步化爲一萬分，故其自乘之積一億，何也？自乘者，横一步、直一步之積也。今既以一萬分爲步，則是横一萬分、直一萬分，而其積一億爲一步。

億十八	八				
億九	五	三丨			
萬千九	三	七	七‖		
萬百九	八	九	五	五‖	
萬十九	一	四	八	六	七川
萬三	二	七	九	九	五丨
千七		二	四	二	八丨
百四			四	〇	九丨
十二				八	四
四					四
	九步	四	八	六	八

共得	不盡	自乘
億十九		八丨
〇		九丨
〇		九丨
〇		九丨
〇		九丨
〇	六	三丨
〇	二	七丨
〇	五	四丨
〇	七	二丨
〇	六	四

若依命分法，則還原不合。

如前例，原實八步，開得方二步，除實四步，不盡四步。法當倍每方二步作四步，又加隅一步爲命分，命爲二步又五分步之四。意若曰：若得五步，則商三步矣；今只四步，是五分内止得四分也。然還原有不合，何也？

以算明之。

用通分法，以命分五通二步得一十分，又加得分四，共一十四分。自乘得一百九十六爲實，以命分五自乘得二十五分爲法，〔每步通作五分，横一步，直一步，則共得二十五分也。〕除之，得七步又二十五分之二十一。以較原實，少二十五之四。

七｜一
　｜九　二
　｜六　一

以圖明之。

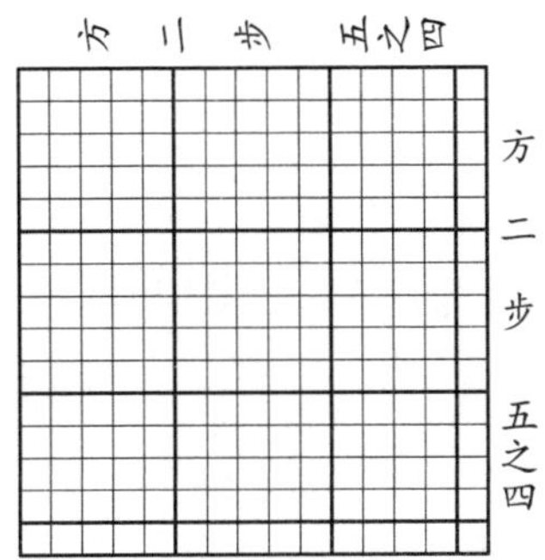

每步作五分，其冪積二十五分。方二步，積四步，共一百分。又五之四以乘方二步，得四十分，倍之爲廉積八十分；又五之四自乘，得隅積一十六分，共九十六分。以合原餘積四步該一百分，少二十五分之四。

以此觀之，實數每縮，虚數常盈，故命分之法不可以還原。其故何也？曰：隅差也。何以謂之隅差？曰：平方之有奇零，其在兩廉者實，其在隅者虚，何也？廉之虚者一面，而隅之虚者兩面也。即如二步五之四，謂五分内虚一分,故不能成一步也。然試觀於圖,兩廉之四步皆虚一分,〔横四分,直五分,積二十分。以二十五分計之,是爲於五分之中虚一分。〕而隅之一步虚一分有零,〔横四分,直亦四分,積一十六分,虚九分。以二十五分計之,是爲五分之中虚二分弱。〕則是邊數二步五之四者,其積不及五之四也。今餘積四步者,實數也。其邊數常盈於五之四有奇也,而命之曰五之四,宜其不及矣。然則古何以設此法?曰:古率常寬,以爲所差者微,故命之也。不但此也,古率圓一圍三、方五斜七,今考之,皆有微差,故曰寬也。

愚常考定開平方隅差之法,法曰:如法以命分之母通其整而納其子,〔即得分。〕爲全數。以全數自相乘,得數爲通積。另置分母,以分子减之,餘數以乘分子,而加之爲實。乃以分母自乘爲法除之,即適還原數。如上方二步五之四,以分母五通二步得十,納子四共十四,自乘得方積一百九十六分。另以分子四减分母五餘一,以轉乘分子四得四,即隅差也。以隅差加入方積,共二百分爲實,乃以分母五自乘得二十五爲法,以除實得八步,合原積。

又如後例,原實九十步,開得九步,除實八十一步,不盡九步。法當倍每方九步作十八步,又加隅一共十九步,爲命分,命爲九步又十九分步之九。意若曰:若得十九步,則加商一步成十步;今只九步,是十九分内止得九分也。然還原亦不合。

以算明之。

用通分法,以命分十九通九步,得一百七十一步。又加得分九，共一百八十步，自乘得三萬二千四百爲實。以命分十九自乘，得三百六十一爲法，〔每步十九分，横十九分，直十九分，共得三百六十一分也。〕除之，得八十九步又三百六十一分之二百七十一。以較原實之九十步，計少三百六十一分之九十分。

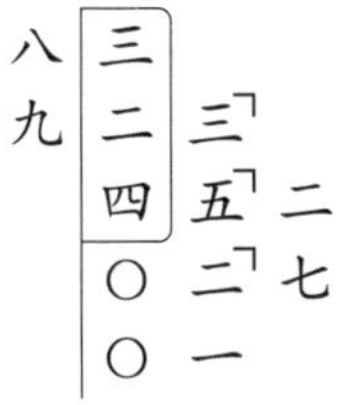

八	三		
九	二	三	
	四	五	二
	○	二	七
	○	一	

若依隅差之分，以得分九減命分十九餘十，轉乘得分，得九十分爲隅差。以加自乘通積三萬二千四百，共得三萬二千四百九十爲實。乃以命分自乘三百六十一爲法除之，恰得九十步，合原積。

以圖明之。

隅差總圖

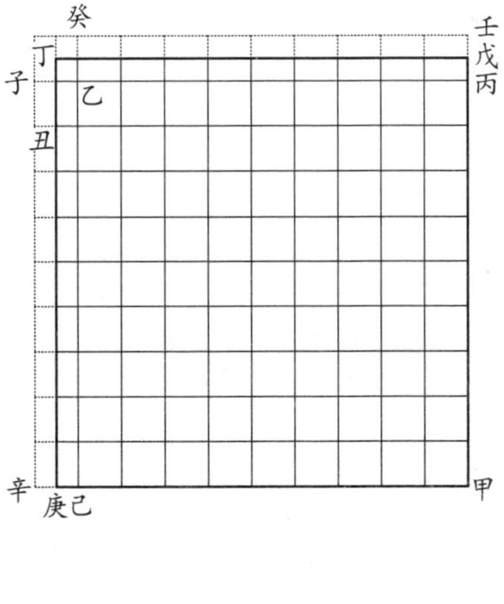

甲戊丁庚形者，方九步九分之總形也。通爲一百八十分，積三萬二千四百分。以三百六十一爲步除之，較原實少九十分。

内分甲丙乙己形，爲初商方九步之形，其積八十一步。

戊乙形、庚乙形，次商廉積之形也。長九步，〔通爲一百七十一分。〕闊九分，積一千五百三十九分，兩廉共計三千〇七十八分。

丁乙者，小隅也。横直各九分，以較廉積中每一步之形，〔如丑乙。〕欠一丁癸形，即隅差也。以積考之，廉九步，每步闊九分、長一步，〔通爲十九分。〕積一百七十一分。隅闊九分，長亦九分，積八十一分，少九十分，爲隅差。

散形

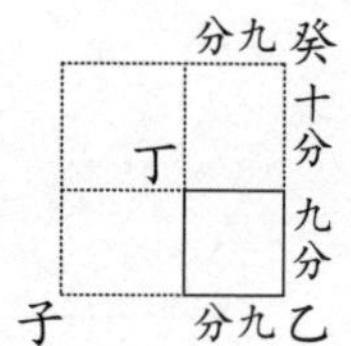

癸乙丁子者，方一步之形。癸丁乙者，廉法每步之形也。〔即同乙丑形。〕丁乙者，小隅也。以較乙丑形，實欠一丁癸虚形，是爲小隅之差。

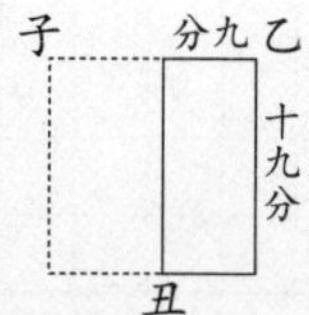

乙丑子者，方一步之形也。乙丑者，廉積每步之形也。

立方

法曰：凡立方有餘實，不能成一數，不可開矣。若必欲知其分秒，則於餘實下加三圈，〔原實一化爲一千分。〕如法開之，所得根數是一十分之幾分也。若加六圈，〔原實一化爲一百萬分。〕所得根數是一百分之幾分也。若加九圈，〔原實一化爲十億。〕則根數是一千分之幾分也。若加十二圈，〔原實一化爲萬億。〕則根數是一萬分之幾分也。

解曰：平方籌兩位，故兩位作點，而其化小分亦以兩位爲率。蓋積多兩位，則根數可多一位也。〔廉一位，隅一位，故兩位。〕立方籌三位，故三位作點，而其化小分亦以三位爲率。蓋積多三位，則根數可多一位也。〔平廉一位，長廉一位，隅一位，故三位。〕

假如立方積一十七步，開得立方二步，除八步，餘實九步不盡。法於餘實下加十二圈，則餘實九步化爲九萬億分。〔增四點，可加開四位。〕

依捷法，截第二點〇九〇〇〇爲次商之實。以初商二自乘〔四〕而三之，得一十二步爲平廉法，列立方籌上，爲平隅共法。以初商〔二〕三而進位，得〔六〇〕爲長廉法，列立方籌下。簡共法籌第五行積〔〇六一二五〕小於實，商五分。〔六行、七行亦小於實，因無長廉積，故不用。〕乃以第五行平方〔二五〕與長廉法相乘，得〔一五〇〇〕爲長廉積，以加共積，共得〔〇七六二五〕，是爲次商五分之積。以除實，餘一三七五，以俟三商。

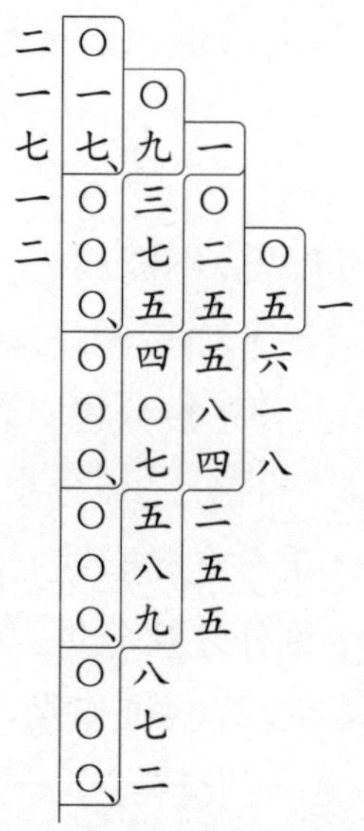

又截取第三點一三七五〇〇〇爲三商之實。以初商、次商共二步五分自乘,得〔六二五〕而三之,得〔一八七五〕爲平廉法,列立方籌上,爲平隅共法。以初商、次商〔二步五分〕三而進位,得〔七五〇〕爲長廉法,列立方籌下。簡共法籌第七行〔一三一二八四三〕小於實,商七秒。乃以第七行平方〔四九〕與長廉法相乘,得〔三六七五〇〕爲長廉積,以加共積,共得〔一三四九五九三〕,爲三商七秒之積。以除實,餘〇二五四〇七,以候續商。

又截取第四點〇二五四〇七〇〇〇爲四商之實。以商數〔二五七〕自乘得〔六六〇四九〕,而三之,得〔一九八一四七〕爲平廉法,列立方籌上,爲平隅共法。以商數〔二五七〕進位而三之,得〔七七一〇〕爲長廉法,列立方籌下。簡共法籌第一行〔〇一九八一四七〇一〕小於實,商一忽。乃以第一行平方〔一〕乘長廉，得〔七七一〇〕爲長廉積。以加共積，得〔一九八二二四一一〕，爲商一忽之積。以除實，餘〇五五八四五八九，以候末商。

通第五點〇五五八四五八九〇〇〇爲末商之實。以商數〔二五七一〕自乘，得〔六六一〇〇四一〕，而三之，得〔一九八三〇一二三〕爲平廉法，列立方籌上，爲平隅共法。以商數〔二五七一〕進位而三之，得〔七七一三〇〕爲長廉法，列立方籌下。簡共法籌第二行〔〇三九六六〇二四六〇八〕小於實，商二微。乃以第二行平方〔〇四〕乘長廉法，得〔三〇八五二〇〕爲長廉積。以加共積，得〔〇三九六六三三三一二八〕，爲末商二微之積。以減實，餘一六一八二五五八七二不盡。

凡開得立方每面二步五分七秒一忽二微。〔不盡之數不能成一微，棄不用。〕

還原以二步五七一二用籌爲法，別以二步五七一二列爲實，以法乘實，得六六一一〇六九四四。

	〇				
六	五	一			
六	一	二	一‖		
一	四	八	七	〇‖	
一	二	五	九	二	〇|||
〇	四	六	九	五	五|
六		〇	八	七	一
九			四	一	四
四				二	二
四					四
	二步	五	七	一	二

再乘之，得一十六萬九千九百八十三億八千一百七十四萬四千一百二十八分。

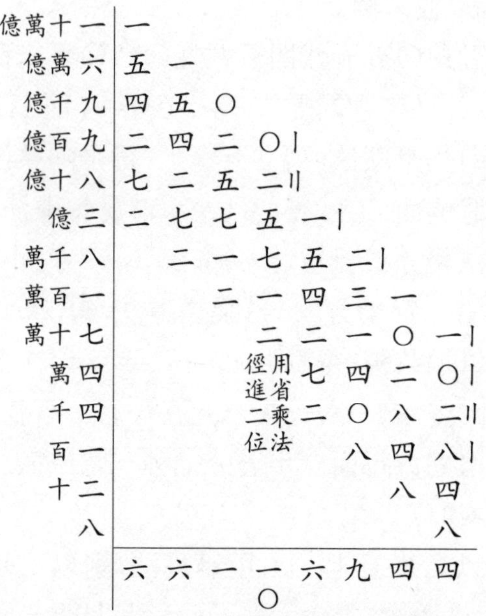

乃以不盡之積一十六億一千八百二十五萬五千八百七十二分加入再乘積，共得一十七萬億。以一萬億爲一步之法，〔以一步爲萬分，横一萬，直一萬，高一萬，共一萬億。〕除之得一十七步，合原數。

若依命分法，則還原不合。

如前所設立方積一十七步，開得立方每面二步，除積八步[一]，餘九步。法當以立方二步自乘，得四步而三之，

〔一〕八步，原作"九步"，據刊謬改。

得十二步爲平廉；又以立方二步三之，得六步爲長廉；又加〔一步〕爲隅，共〔一十九步〕爲命分，命爲立方二步又十九分步之九。意若曰：餘積若滿十九步，則加商一步矣。今只有九步，是以十九分爲一步，而今僅得九分也。然還原則有不合。

再乘	不盡	共得
一		一
六		七
九		〇
九		〇
八	一	〇
三	六	〇
八	一	〇
一	八	〇
七	二	〇
四	五	〇
四	五	〇
一	八	〇
二	七	〇
八	二	〇

以算明之。

用通分法，以命分十九通立方二步，得〔三十八分〕。又加得分九，共〔四十七分〕。此即所云二步又十九分之九，乃立方一面之數也。以此自乘，得〔二千二百〇九分〕，再乘，得〔一十〇萬三千八百二十三〕，乃立方二步又十九分之九所容積數也，爲實。别以命分十九自乘，得〔三百六十一〕，再乘，得〔六千八百五十九，〕乃方一步之積，爲法。以除實，得〔一十五步又六千八百五十九之九百三十八〕，較原實一十七步少〔一步又六千八百五十九分之五千九百二十一〕。

其故何也？曰：長廉、小隅之差也。何以言之？曰：立方之有奇零，其在平廉者實，其在長廉、小隅者虚，何也？平廉之虚者一面，而長廉虚兩面、小隅虚三面故也。今以十九分爲一步，其立方積〔六千八百五十九分〕爲步法，以十九分除之，得每〔三百六十一〕爲分法。平廉每步〔横十九分，直十九分，高九分，積三千二百四十九。〕分法除之，得九，是爲十九分之九，適合命分之數也。

若長廉,〔横九分,直十九分,高九分,積一千五百三十九分。〕分法除之,得四分有奇而已。以較平廉九分之積〔三千二百四十九〕,少〔一千七百一十分〕。三長廉共〔六步〕,共少〔一萬〇二百六十分〕。步法除之,得一步又三千四百〇一分,爲長廉差。

若小隅,〔横直高各九分,積七百二十九分。〕分法除之,得二分有奇而已。以較平廉九分之積〔三千二百四十九〕,少二千五百二十分,爲隅差。

合廉、隅兩差計之,共少一步又六千八百五十九分之五千九百二十一。

以圖明之。

步法圖

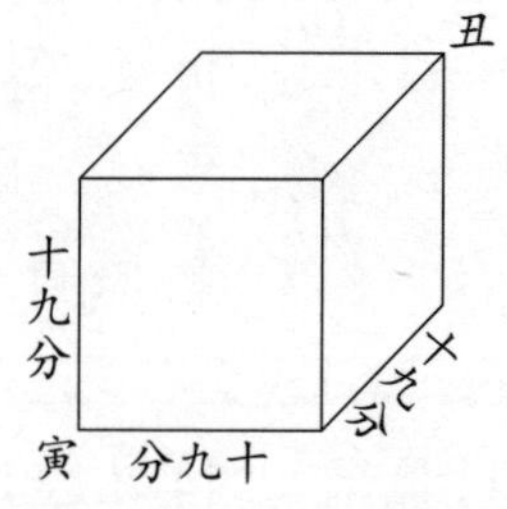

丑寅爲立方一步之形,每步通爲十九分,横直高各十九分,積六千八百五十九分,是爲步法。

以十九分除步法,得三百六十一分,是爲分法。

廉隅總圖

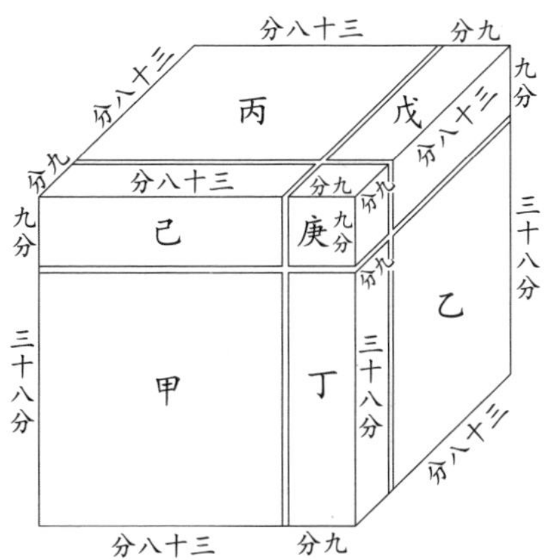

甲、乙、丙，三平廉也。縱横各方二步，通爲三十八分，厚九分，積一萬二千九百九十六分，三廉共三萬八千九百八十八分。丁、戊、己，三長廉也。各長二步，通爲三十八分，厚闊各九分，積三千〇七十八分，三廉共九千二百三十四分。

庚，小隅也。長闊高皆九分，積七百二十九分。

三長廉、三平廉、一小隅共包一正方形在内。正方形縱横各二步，通爲三十八分，積五萬四千八百七十二分。總形方二步九分，通爲四十七分，高如之，積一十〇萬三千八百二十三分。以步法除之，得一十五步有奇，不滿原實一步又五千九百二十一分。

平廉圖

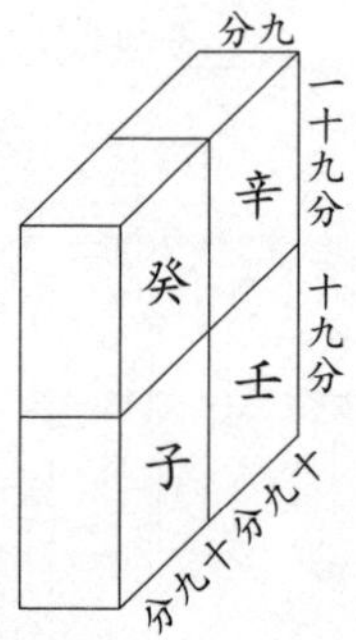

平廉方二步，其容四步，即辛、壬、癸、子之分形也。每步縱横皆一步，通爲十九分，厚皆九分，積三千二百四十九。〔辛一形積如此，壬、癸、子並[一]同。〕以分除之，適得九分。

長廉之圖

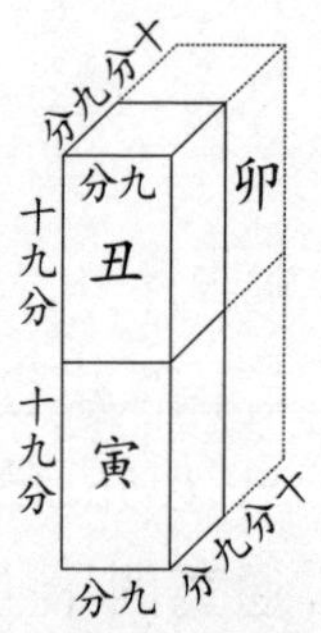

長廉長二步，〔如丑、寅合形。〕通爲三十八分，厚九分，皆與平廉同。所不同者，平廉闊十九分，而長廉闊只九分，故長廉二步尚不及平廉一步之積。以積計之，每長廉一

〔一〕並，原作“者”，據刊謬改。

步,〔如丑形。〕積一千五百三十九分,較平廉每步之積,〔如丑、卯合形。〕少一千七百一十分。〔如丑之虛分卯。〕三長廉計六步,共少一萬〇二百六十分,是爲長廉之差。

隅差圖

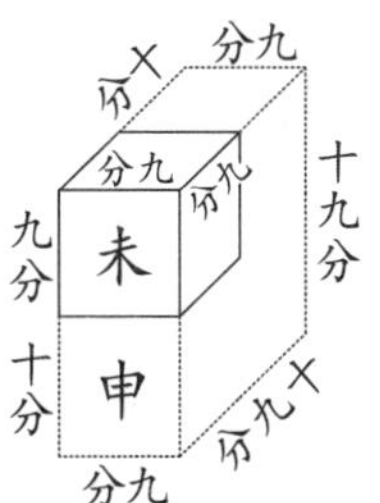

小隅横直高皆九分,〔如未形。〕於平廉一步之積,不及四之一。以積計之,小隅之積七百二十九,較平廉一步之積,〔如未、申合形。〕少二千五百二十分,〔如未之虛分申。〕是爲小隅之差。

合二差,共一步五千九百二十一分。

今考定開立方廉隅差法,法曰:凡立方有命分者,如法以分母〔即命分。〕通其整而納以分子,〔即得分。〕爲立方全數,以全數自乘再乘,得數爲立方通積。另置命分〔母數。〕與得分,〔子數。〕各自乘,得數以相減,用其餘數以乘得分,得數爲隅差。又置命分與得分相減,用其餘數轉與得分相乘,以乘命分,得數,是爲長廉每步虛數。又以長廉法乘之,得數爲長廉差。合二差數,以加通積爲實,以命分自乘再乘,得數爲法除之,即適還原數。

如所設立方積十七步,開得立方二步又十九分之九。法以分母〔十九〕通立方二步,而以分子〔九分〕納之,共〔四十七分〕,爲立方全數。以全數自乘再乘,得〔一十〇萬三千八百二十三〕爲通積。另置命分〔十九〕,自乘得〔三百六十一〕,内減分子〔九〕自乘〔八十一〕,餘〔二百八十分〕,以分子〔九〕乘之,得〔二千五百二十分〕,爲隅差。又置命分〔一十九〕,内減得分〔九〕,餘十分,轉乘得分〔九〕,得〔九十分〕,以乘命分〔十九〕,得〔一千七百一十分〕爲長廉每步虚數。又以長廉法〔六步〕乘之,得〔一萬〇二百六十分〕爲長廉差。合二差,共一萬二千七百八十分,以加通積,共得一十一萬六千六百〇三分爲實。以命分一十九自乘再乘,得六千八百五十九分爲法,以除實,得一十七步,合原積。

兼濟堂纂刻梅勿菴先生曆算全書

度算釋例〔一〕

〔一〕是書約成於康熙十七年，勿庵曆算書目著録爲勿庵度算二卷，列爲中西算學通初編第三種，據書目解題記載，是書包括度算與矩算兩部分。康熙五十六年，安徽布政使年希堯在南京藩署刻成度算釋例二卷，包括勿庵度算中尺算舊稿及梅文鼎胞弟梅文鼐比例規用法假如，而不含勿庵度算舊稿中矩算内容。該刻本卷末附輕重比例三線法，與勿庵曆算書目算學類所載權度通幾一卷内容相當，應是一書。年氏刻本今未見流傳，曆算全書本卷首有年希堯序言，應據年氏刻本刊刻。四庫本合併爲一卷，收入卷三十九中。梅氏叢書輯要删除卷首年希堯序及梅文鼎比例規用法假如原序，僅保留自序，收入卷八、卷九中。另外，此書還有算式集要三種本，題作梅氏尺算須知，底本爲輯要本。

敘

度算釋例者，宣城梅子定九因西人之作而爲之者也。西學未出之先，古有九章：一曰方田，以御田疇界域；二曰粟布，以御交易質劑；三曰差分，以御貴賤廩税；四曰少廣，以御方員冪積；五曰商功，以御功程積實；六曰均輸，以御遠近勞費；七曰贏不足，以御隱雜互見；八曰方程，以御錯糅正負；九曰句股，以御高深廣遠。而總名之九數，則言算數而測量已在其中矣。秦火以後，淵源莫考。不知何時，此學流入西國。西國之人家傳代習，精於測量，遂能以量法爲算法。如羅雅谷氏所譯比例規解者，尤爲簡妙，特其書言不盡意，而知之者希。梅子獨深有取焉，偕其季爾素問難探討，詳爲之詁訓，以曲暢其旨，又增設類例以徵其事。其有文句譌缺、圖説不符而名實乖午者，必直窮其所以然，不憚爲之刊正，以衷於至當。於是其書乃有眉目，而可施於用。梅子之言曰："西人之術多以象告，而翻譯者或未深諳厥故，得其影似，參之臆解，作者之精意遂淹。或者不察，疑其故爲祕惜，亦不然也。夫理有當知，與天下共明之而已，中西何異焉？"其言若此。余性耽測算製器，與梅子聞聲相思，而遠宦粵西，道阻且長，未由相印可，嘗用爲憾。兹焉蒞政江左，始得折柬招致。則行年八十五矣，耄而多病，不良於行，視聽猶未衰，而好學彌篤。因出此一編視予，予嘉其爲奇文發覆，而無町畦之見也，且不欲自私，而公之同好也。遂亟爲之雕板，以廣其傳。

康熙丁酉長至日，廣寧年希堯書於金陵藩署。

自　序

同在九州方域之内，而嗜好風尚不齊，況踰越海洋數萬里外哉？要其理數之同，未嘗不一。今歐邏測量之器、步算之式多出新意，與古法殊。然所測者同此渾圓之天，所算者同此一至九之數，彼固箴能自異。當其測算精密，雖隸首、商高復起，宜無以易。乃或以學之本末非同，而并其測算疑之，非公論矣。古算器資籌策〔一〕，近則珠盤；舊西算惟筆録，近乃用籌，各以所習便用，踵事而增，非以是相夸詡也。至比例規一種，用兩尺張翕以差多寡，與牙籌之衡縮進退、珠盤之上下推移，理亦相通，而爲製特簡。嚮曾〔二〕爲之校注，稍發明之，未能出以請正同人也〔三〕。大方伯年公博雅好古，尤深於制器尚象之旨。兹奉簡命，涖治江邦，恭趍召命，摳謁之頃，即出手製小渾儀測算諸器，羅列几案，並極精好，輝映座間。公臨下以簡，庶政多暇，益得親承誨

〔一〕籌策，輯要本作"算策"。

〔二〕嚮曾，輯要本作"因"。

〔三〕"未能"句，輯要本作"屬弟文鼐爲之算例"。

迪，觀所藏奇書奇器，日聞所未聞〔一〕。語及尺算，謹以稿本呈閱〔二〕，謬蒙許可，欲爲之流通，以資學者，甚盛心也。爰取舊稿并余弟爾素〔三〕所作算例重加參校，比次整齊，而授諸梓人。

康熙丁酉仲冬宣城梅文鼎撰，時年八十有五。

〔一〕"兹奉簡命"至"日聞所未聞"，輯要本作"兹涖治江邦，臨下以簡，庶政多暇，始得親承緒論，觀所藏奇書奇器。"

〔二〕呈閱，輯要本作"請政"。

〔三〕爾素，二年本、輯要本無。

比例規用法假如原序

康熙癸未，季弟爾素有比例規用法假如之作。又五年丁亥，重加校録示予，屬爲序。序曰：形而上者，不可得而數。有數可數，即有象可見。故算法、量法理本相通，而尺可爲算器也。曆書中有書一卷，耑明尺算，謂之比例規解。“比例”云者，謂以尺中原有之兩數求今所問之兩數。以例相比，如古者異乘同除及西人三率之法，而有尺以著其象，則不煩言説，乃作者之意也。“規”云者，謂以銅鐵爲規器，兩髀翕張，用其末鋭，分指兩尺上同數，以得横距，而命得數，則用尺之法也。規本畫員之器，於尺算爲借用，故仍其名曰“規”。本解有作法、用法，惜無設例，罕能用者。檇李陳獻可藎謨補作例，祇平分一線而已。龍舒方位白中通作數度衍，以横尺取數，而不用規，亦惟平分一線。夫平分用止乘除，聊足以明異乘同除之理，而尺算之善，不盡於是。若乃平方、立方、分圓、輕重諸術，其求法多不以異乘同除爲用，而數變爲線，爰生比例，即盡歸於異乘同除，此其所長也。又規端取數，毫釐可辨，而游移進退，簡快靈妙。横距雖無數，而取諸本尺，其則不遠，固勝横尺矣。吾弟此書，仍其用規本法，自平分以下十線，一一爲之用例以明之，原書謬誤稍爲刊正，然後其書可得而用，爲功於度數之學不小也。憶歲乙卯，余始購得曆書抄本於吴門姚氏，偶缺是解。至戊午秋，介亡友黄俞邰太史虞稷，借到皖江劉潛柱先生本抄補之。蓋逾時而後能通其條貫，以是正其訛闕。又次年己未，始爲山陰友人何奕美作尺，亦稍以己意增損推廣之，而未暇爲立假如。今得爾素是書，可以無作矣。勿菴兄文鼎序。

〔方爾素撰此書時，安溪相國以冢宰開府上谷，公子世得鍾倫鋭意曆算之學，余兄弟及兒以燕下榻芝軒，與諸同學晨夕問難，甚相得也。無何，爾素挈兒燕南歸，相國入參密勿，而世得、亡兒相繼化去，余亦大病瀕死。然猶能偷視息至今日，爲爾素序此書，不可謂非不幸中幸也。憶爾素六十時，余有句云："如稼觀登場，如行將百里。何以收桑榆，無爲所生恥。"今當相與念兹弗替爾。勿菴又識。〕

度算釋例卷一

宣城梅文鼎定九著

柏鄉魏荔彤念庭輯　男　乾斆一元

士敏仲文

士説崇寬同校正

錫山後學楊作枚學山訂補

凡　例

按：西士羅雅谷自序謂“譯書草創，潤色之，增補之，必有其時”。今之釋例，不嫌小有同異，所以相成，當亦作書者之所欲得也。

比例規解原列十線，爲十種比例之法，今仍之。

比例既有十種，可各爲一尺。今總歸一尺者，便攜也。

一尺中列十線，則一尺而有十尺之用。恐其不清，故各線之端，書某線以別之。

各線並從心起數，惟立方線初點最大，割線亦然，又五金線之用近尺末，故俱不到心，以便他線之書字。然其實並從心起算，用者詳之。〔尺心，即尺端也。兩尺端聯於樞心成一點，故從茲起算。〕

目　録

第一平分線

第二平方線〔原名分面。〕

第三更面線〔原名變面。〕

第四立方線〔原名分體。〕

第五更體線〔原名變體。〕

第六割圓線〔一〕

第七正弦線〔舊名節氣。〕

第八切線〔舊名時刻。〕

第九割線〔舊名表心。〕

第十五金線〔附三線比例。〕

以上十線，並如舊式。惟平方、立方改從古名，取其易曉。又正弦改附割圓，切線分爲時刻，取其便用。割線去表心之目，以正其名，免誤用也。説見各條之下。

又按：羅序言此器"百種技藝無不賴之，功倍用捷，爲造瑪得瑪第嘉之津梁"。然則彼中藉此製器，如工師之用矩尺，則日晷等製，並其恒業。迺書中圖説反有參錯，非故爲靳祕也，良由倣造者衆，未必深知法意，爰致承譌。抑或譯書時，語言不能盡解，而强以意通，遂多筆誤耳？今於其似是而非之處，徹底釐清，以合測量正理。起立法之人於九京，必當莫逆。

〔一〕割圓線，輯要本作"分圓線"。

比例尺式〔即度數尺也。原名比例規，以兩尺可開可合，有似作員之器，故亦可云規。〕

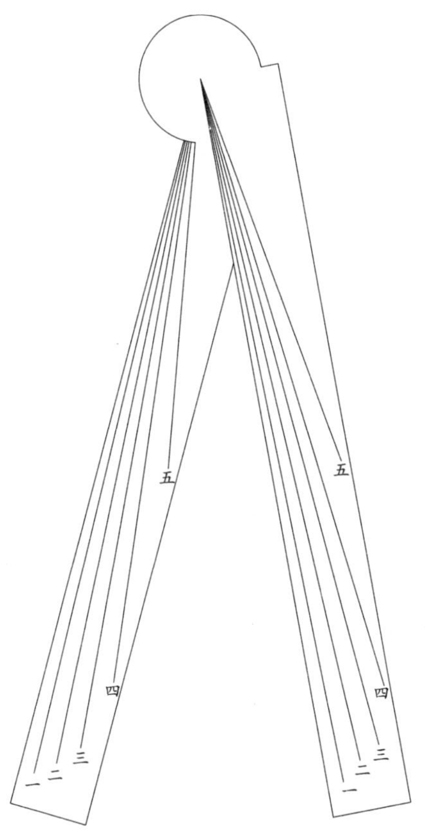

兩面共十線。

用薄銅板[一]，或厚紙，或堅木，〔黄楊木等。〕作兩長股。

〔一〕薄銅板，輯要本作“厚銅片”。

如圖，任長一尺，上下廣如長八之一，兩股等長等廣。股首上角爲樞，以樞心爲心，從心出各直線，以尺大小定線數。今折中作五線，兩股兩面共十線，可用十種比例之法。線行相距之地，取足書字而止。尺首半規餘地，以固樞也，用時張翕游移。

比例尺又式

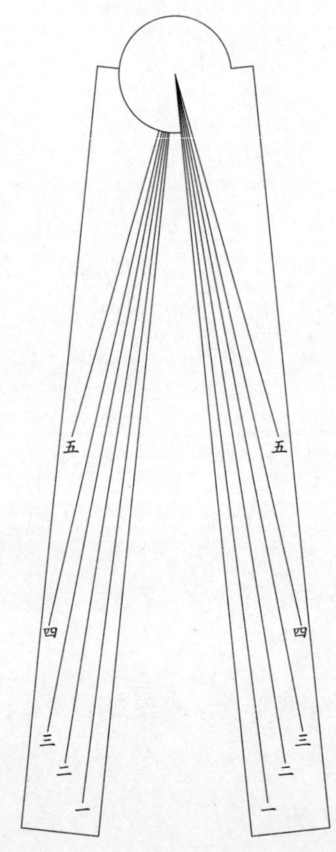

前式兩股相疊，此式兩股相並。股上兩用之際以爲心，規餘地以安樞。其一規面與尺面平，而空其中；其一剡規而入於彼尺之空，令密無罅也。樞欲其無偏也，兩尺並，欲其無罅也。樞心爲心，與兩尺之合線，欲其中繩也。張盡，令兩首相就，成一直線，可作長尺。或以兩尺橫直相得，成一方角，可作矩尺。

規式〔此本爲畫圓之器，尺算賴之以取底數，蓋相須爲用者也。〕

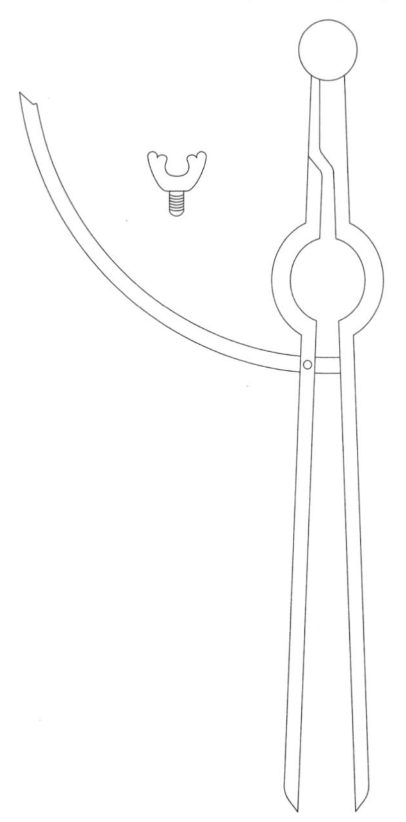

用銅或鐵，亦如尺作兩股，但尺式扁方，此可圓也。首爲樞，可張可翕。末鋭，以便於尺上取數也。當其半腰，綴一銅條横貫之，勢曲而長，如割圓象限之弧，與樞相應。得數後，用螺釘固之〔一〕。

凡算例假如有言取某數爲底線者，並以規之兩鋭於平分線上量而得之。其用底線爲得數者，並以規取兩尺上弦線相等之距，於平分線上量而命之，故規之兩鋭可當横尺。數度衍以横尺比量，反不如用規之便利，而得數且真也。

〔一〕輯要本增"又式"，如圖

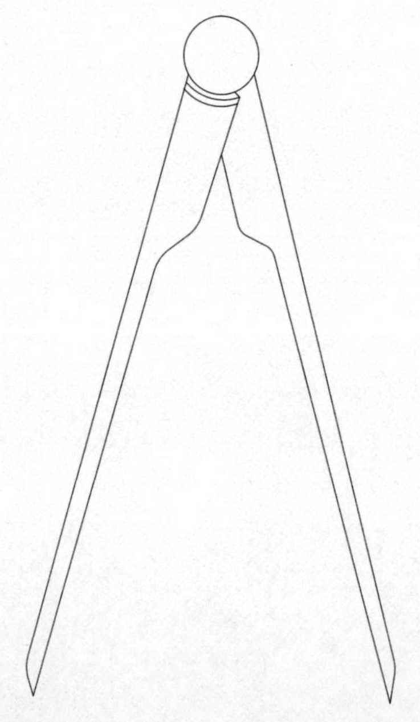

第一平分線

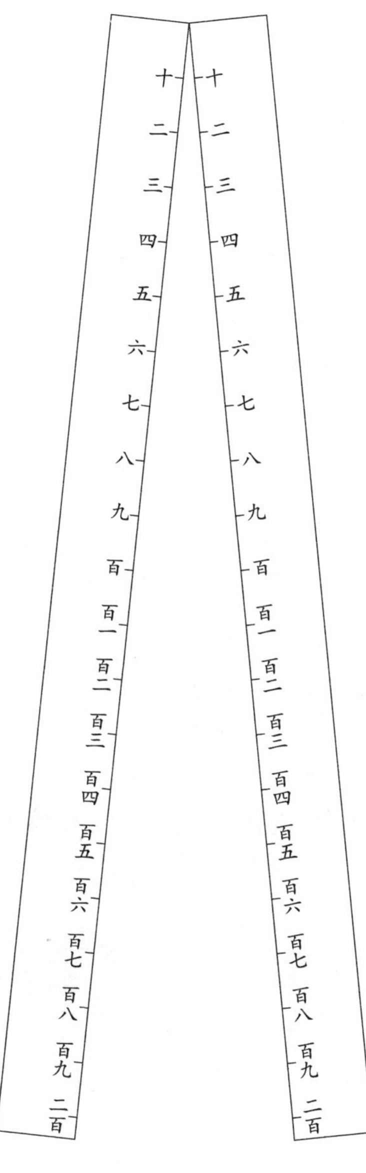
十
二
三
四
五
六
七
八
九
百
百一
百二
百三
百四
百五
百六
百七
百八
百九
二百
十
二
三
四
五
六
七
八
九
百
百一
百二
百三
百四
百五
百六
百七
百八
百九
二百

此線爲諸線之根，取數貴多。尺大可作一千，然過密又恐其不清也，故以二百爲率。

分法

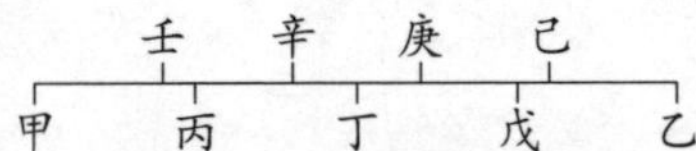

如設一直線，欲作百分，先平分之爲二，又平分之爲四，又於每一分内各五分之，則已成二十分矣。於是用更分法，取元分四改作五分，〔如甲乙内有丙、戊、丁三點，是元分之四也。今復匀作五分，加己、庚、辛、壬四點。〕則元分與次分之較，〔如壬丙及己戊。〕皆元分五之一，亦即設線百分之一分。準此爲度而周布之，即百分以成。

解曰：元分爲設線百分二十分之一，即每一分内函五分也。今壬丙、己戊既皆五分之一，則甲壬、己乙皆五分之四，亦即百分之四也。又丙辛、庚戊皆三，而辛丁、丁庚皆二也。任用一度，參差作點，互相攷訂，即成百分匀度矣。〔每數至十至百，皆作字記之。〕或取元分六，復五分之，亦同。何則？元分一内函五分，則元分四共函二十分，故可以五分之。若元分六，即共函三十分，故亦可五分之，其理一也。

用法一

凡設一直線，任欲作幾分。假如四分，即以規量設線爲度，而數兩尺之各一百以爲弦，乃張尺以就度，令設線度爲兩弦之底，置尺。〔置尺者，置不復動，故亦可云定尺。下倣此。〕數兩尺之各二十五以爲弦，斂規取二十五兩點間之底以爲度，即所求分數。〔即四分中一分也。以此爲度，而分其線，即成四分。〕若求極微分，如一百之一，如上以一百爲弦，設線爲底，置尺。次以九十九爲弦取底，比設線，其較爲百之一。若欲設線内取零數，如七之三，即以七十爲弦，設線爲底，置尺。次以三十爲弦，斂規取底，即設線七之三。

謹按：尺算上兩等邊三角形，分之即兩句股也。兩句聯爲一線而在下，直謂之底，宜也。若兩尺上數原係斜弦，改而稱腰，於義無取，今直正其名曰弦。

用法二

凡有線求幾倍之，以十爲弦，設線爲底，置尺。如求七倍，以七十爲弦取底，即元線之七倍。若求十四倍，則倍得線；或先取十倍，更取四倍，并之。

用法三

有兩直線，欲定其比例。以大線爲尺末之數，〔尺百即百，千即千。〕置尺。斂規取小線度，於尺上進退，就其兩弦等數。如大線爲一百，小線爲三十七，即兩線之比例，若一百與三十七，可約者約之。〔約法以兩大數約爲兩小數，其比例不異，如一百與三十約爲十與三。〕

用法四

有兩數求相乘。假如以七乘十三,先以十點爲弦,取十三點爲底,置尺。次檢七十之等弦,取其底,得九十一,爲所求乘數。〔若以十爲弦,七爲底,置尺,而檢一百三十點之底,得數亦同。〕

〔論曰:乘法與倍法相通,故以七乘十三,是以十三之數七倍之,是七個十三也;以十三乘七,是以七數十三倍之,是十三個七也,故得數並同。〕

用法五

有兩數求相除。假如有數九十一,七人分之,即以本線七十爲弦,取九十一爲底,置尺。次檢十點之弦取底,必得十三,爲所求。

又法:以九十一爲弦,用規取七十爲底,置尺。斂規取一十爲底,進退求其等弦,亦得十三,如所求。

〔論曰:算家最重法實,今當以七人爲法,所分九十一數爲實。乃前法以法數七爲弦,實數九十一爲底,又法反之,而所得並同,何也?曰:異乘同除。以先有之兩率爲比例,算今有之兩率,雖曰三率,實四率也。徵之於尺,則大弦與大底,小弦與小底,兩兩相比,明明四率,較若列眉。故先有之兩率當弦,則今所求者在底,是以弦之比例例底也。若先有之率當底,則今所求者在弦,是以底之例例弦也。但四率中原缺一率,比而得之,固不必先審法實,殊爲簡易矣。〕

〔然則乘除一法乎?曰:凡四率中所缺之一率,求而得之,謂之得數。乘則先缺者必大數也,故得亦大數;除則先缺者必小數也,故得亦小數。所不同者此耳。是故乘除皆有四率,得尺算而其理愈明,亦諸家所未發也。〕

假如有銀九十六兩,四人分之,法以人數取四十分爲底，置銀數九十六兩爲弦，定尺。斂規取一十分爲底，進退求其等弦，得二十四兩，爲每人得數。

又法：取銀數九十六兩爲底，置一百分爲弦，定尺。斂規於二十五分等弦，取其底，亦得二十四兩，爲每人數。

又如有數一百二十三，欲折取三分之一，法以規取三十分爲底，置一百二十三等數爲兩弦，定尺。斂規取一十數爲底，進退求其等數爲弦，必得四十一，命爲三分之一，如所求。

用法六

凡所求數大，尺所不能具，則退位取之。

假如有數一百二十，欲加五倍，即退一位，取一十二爲底，以尺之一十點爲兩弦，定尺。取兩弦五十點之底，〔即五倍。〕得六十，進一位，命所得爲六百。〔以一十二當一百二十，是一而當十，故進位命之也。凡用尺算，須得此通融之法。〕

又法：以規取一十數爲底，於尺之一十二點爲兩弦，〔一十二以當一百二十，是一當十也。或二十四亦可，爲一當五。〕定尺。展規取五十數〔以當五倍。〕爲底，進退求其等數之弦，必得六十，進位成六百。

假如有銀十三兩，每兩換錢一千二百文，法退二位，以規取十二分〔當一千二百，以尺上一數當一百。〕爲底，置一十點〔即每兩之位。〕爲弦，定尺。然後尋一百〔一〕三十點〔即十三兩之

〔一〕百，原作"伯"，據輯要本改。

位。〕爲弦，展規取其底，得一百五十六分，進二位命之，得共錢一十五千六百。

又如有銀四兩，每兩换錢九百六十文，法作兩次乘，先乘六十，取六數爲底，置一十點爲弦，定尺，展規取四十點之底，得二十四。次乘九百，取九數爲底，置一十點爲弦，定尺，展規取四十點之底，得三十六。進一位併之，得三八四，末增一〇爲進位，得三千八百四十文。

千	三	三	
百	八	六	二
十	四		四
文	〇		

因每兩是九百六十，故末位增〇。

假如有數一百二十，欲折取三分之一，法以規取六十〔折半法也。〕爲底，置九十分爲弦，定尺。然後尋兩弦之三十分點，〔即三之一。〕取其底，於本線比之，必二十，命所得爲四十。〔加倍法也，先折半，故得數加倍。〕凡所用數在一十點以内，近心難用，則進位取之。如前條所設，宜用六數、九數爲底，其點近心，取數難清，即進位作六十取數用之，是進一位也。但先進一位者，得數後即退一位命其數，此可於前假如中詳之。〔用尺時有退位，得數後進位命其數；用尺時有進位，得數後退位命其數。其理相通，故不另立假如。〕或先進二位者，得數亦退二位；或先加倍者，得數折半，並同一法。

用法七〔一〕

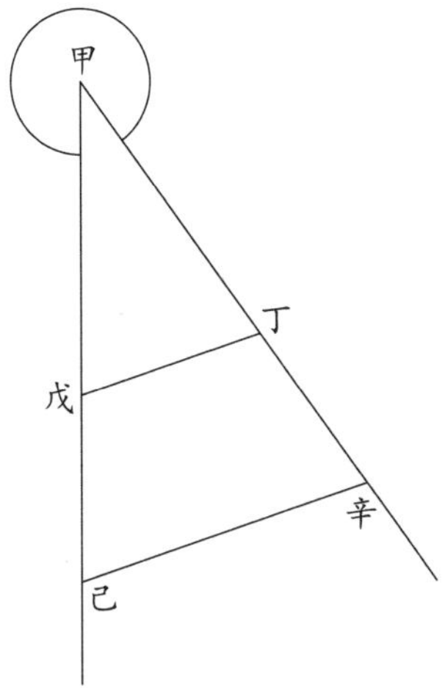

凡四率法有中兩率同數者,謂之連比例。假如有大數〔三十六〕,小數〔二十四〕,再求一小數與此兩數爲連比例。法以大數爲弦,〔如辛甲。〕小數爲底,〔如辛己。〕定尺。再以辛己底爲弦,〔如甲丁。〕而取其底,〔如丁戊。〕其數必〔十六〕,則三十六與念四之比例,若念四與十六也。〔其比例爲三分損一。〕若先有小數〔十六〕,大數〔二十四〕,而求連比例之大數,則以小數爲底,〔如丁戊。〕大數爲弦,〔如丁甲。〕定尺。再以丁甲弦爲底,〔如辛己。〕取其弦,〔如辛甲。〕其數必三十六,則十六與念四若念四與卅六也。〔其比例爲三分增一。〕他皆倣此。〔原書有斷比例法。今按:斷比例即古法之異乘同除,西法謂之三率。前各條中用尺取數,皆異乘同除之法,故不更立例。〕

〔一〕原圖僅有丁、戊點,而無丁戊弦,今據文意補繪。

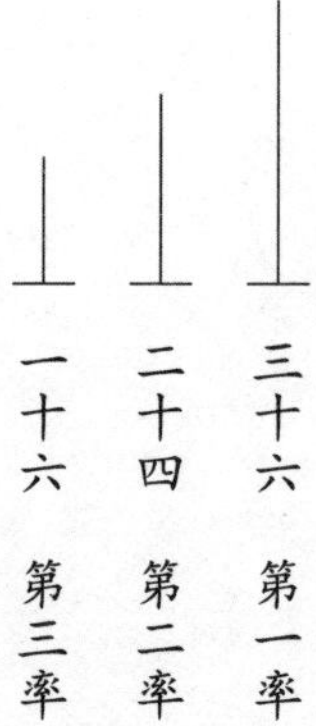

若先有小數,則反用其率。

用法八

凡句股形,有句有股有弦,共三件。先有兩件而求其不知之一件,法以尺作正角取之。假如有句〔八尺〕,股〔十五尺〕,欲知其弦,法以規量取八十點爲底,一端指尺上之六十四點,一端指又一尺之四十八點,以定尺,則尺成正角。乃於尺上取八十點爲句,於又一尺上取一百五十點爲股。張規以就所識句股之兩點,必一百七十。退一位,得弦十七尺,如所求。〔取句股數時,原進一位,故所得弦數退一位命之。説見前。〕

〔甲戊尺上取乙甲爲句,甲己尺上取甲丙爲股,以規取乙丙爲弦,如此定尺,則甲爲正角。〕

〔既有正角,則任設甲辛句、甲丁股,可求辛丁弦。〕

若先有弦〔十七尺〕,股〔十五尺〕,求其句。則以規取一百七十點爲句股之弦,乃以規端指一百五十點,以餘一端

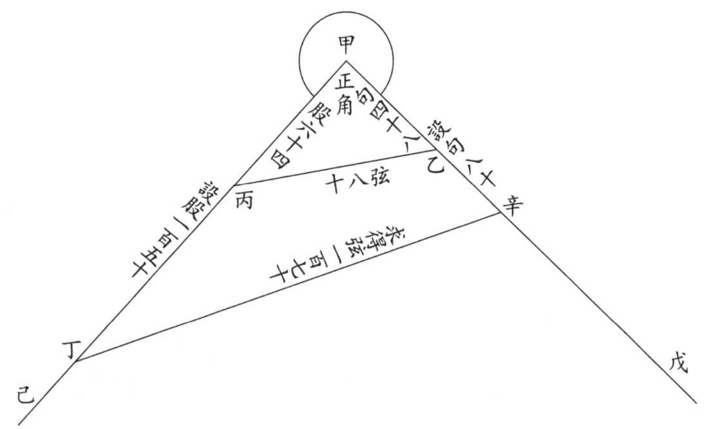

於又一尺上尋所指之點，必八十也。如上退位，得句八尺。

或先有弦〔十七尺〕，句〔八尺〕，求其股。亦以規取〔一百七十〕，而一端指〔八十〕，尋又一端之所指，必得〔一百五十〕，命〔一十五尺〕爲股，如所求。

用法九

凡雜三角形，内無正角，不可以句股算，法先作角。假如先有一角及角旁之兩邊，求餘一邊。法於平分線〔任用一邊，如甲乙。〕取數爲底，分圓線〔六十〕度爲兩弦，定尺。以規取所設角之底，〔爲平分線上任用甲乙邊等度之底。〕定尺，則尺間角如所設。〔如乙角。〕乃於兩尺上依所設取角旁兩邊之數，於兩尺各作識，〔如甲乙、丙乙。〕遂用規取斜距之底。〔如甲丙。〕即得餘一邊，如所求。

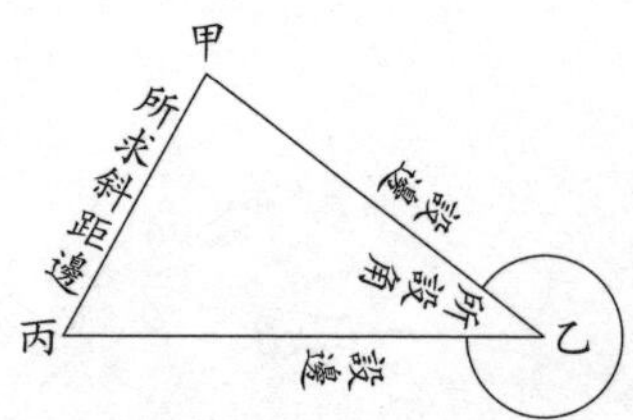

又法

假如乙甲丙三角形，有甲角〔五十三度〇七分〕，甲乙邊〔五十六尺〕，甲丙邊〔七十五尺〕，而求乙丙邊。法以規取一百分，爲分圓線上六十度之底，斂規取五十三度强之底，移於平分線上，作百分之底，定尺。乃於尺上取五十六點，〔如甲乙。〕又一尺上取七十五點。〔如甲丙。〕乃以規取兩點斜距之底，於尺上較之，即得六十一尺，〔如乙丙。〕命爲所求邊。〔分圓線見後。〕

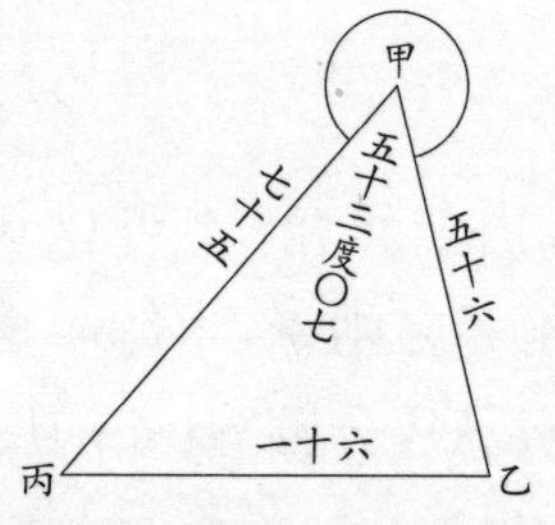

用法十

有小圖欲改作大幾倍之圖，用前倍法。假如有小圖闊一尺二寸，今欲展作五倍，即取十二爲十點之底，定尺，展規取五十點之底，必得六十，命爲六尺，如所求。

用法十一

平圓形周徑相求。法於平分線上作兩識，以一百八十八半弱上爲周，六十爲徑，各書其號。假如有徑〔七十一〕，求周。法以規取七十一，加於徑點爲底，定尺，展規取周點之底，即得周二百二十三，如所求。〔以周求徑，反此用之。〕

用法十二

求理分中末線。法於線上定三點，於九十六定全分，五十九又三之一爲大分，三十六又三之二爲小分。假如有一直線〔一百四十四〕，欲分中末線。即以設線加於全分點爲底，取其大小分點之底，即得〔八十九强〕爲大分，〔五十五弱〕爲小分。

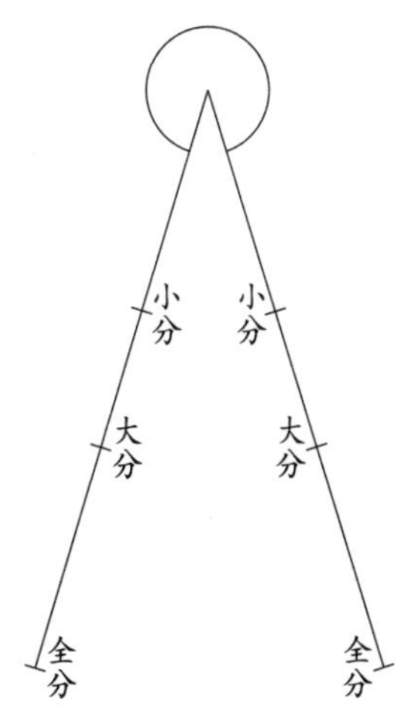

〔按:平線上既作周徑之號,若又作此,則太繁,不如另作一線,其上可寄五金線也。又按:原書全分七十二,大分四十二又三之一,小分二十七又三之二,大有訛錯,今改定。〕

以上十二用法,姑舉其概。其實平分線之用,不止於是,善用者自知之耳。

第二平方線[一]〔舊名分面線。凡平方形有積有邊,積謂之冪,亦謂之面,邊線亦謂之根,即開平方法也。〕

原爲一百不平分,今按:若尺小欲其清,則但爲五十分亦可。假如有積六千四百,則以平分線之二十自之,得四百,於積爲十六倍之一。若置二十分於一點爲底,求十六點之底,則得方根八十。或置於二點爲底,則求三十二點之底;或置於三點爲底,則求四十八點之底,皆同。

分法有二:一以算,一以量。

〔一〕圖見次頁。

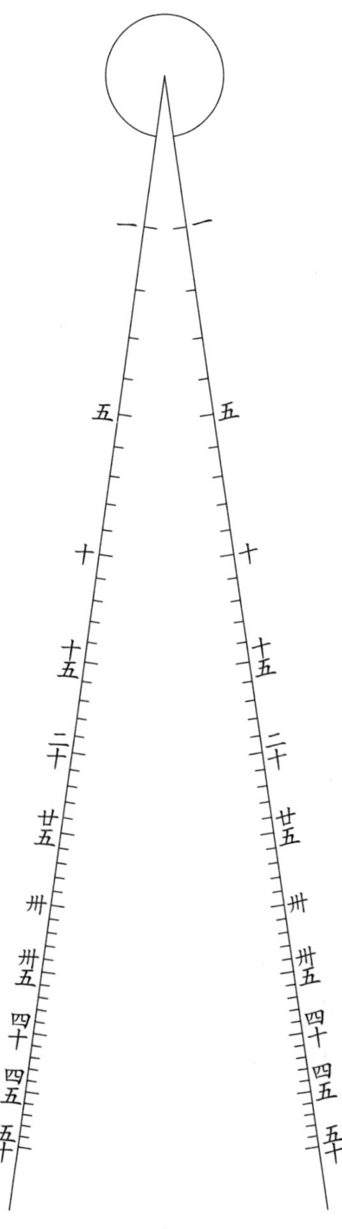
一
五
十
十五
二十
廿五
卅
卅五
四十
四五
五十
一
五
十
十五
二十
廿五
卅
卅五
四十
四五
五十

以算分

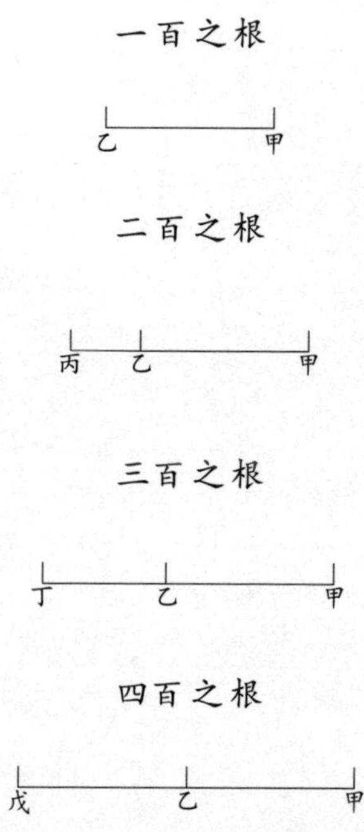

算法者，自樞心〔甲〕任定一度，命爲十分，〔如甲乙。〕即平方積一百分之根。今求加倍平方二百分之根，爲十四又念九之四，即於甲乙線上加四分强，〔如丙。〕命甲丙爲倍積之根。求三倍，則開平方三百分之根，得十七又三十五之十一，即又於甲乙線上加十分半弱，〔如丁。〕即甲丁爲三倍積之根。求四倍，則平方四百之根二十，即以甲乙倍之得甲戊，爲四倍積之根。五、六、七以上並同。〔按用方根表，甚簡易。〕

以量分

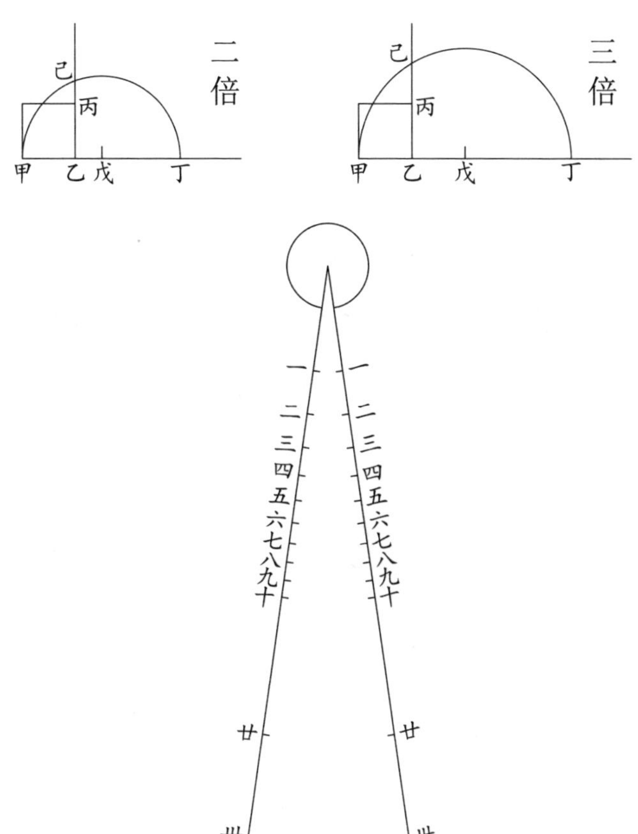

以任取之甲乙度作正方形,〔如丙乙甲。〕乃於乙甲橫邊引長之,以當積數;丙乙直邊引長之作垂線,以當根數。如求倍積之根,即於橫線上截丁乙,爲甲乙之倍。次平分甲丁於戊,戊爲心,甲爲界,作半圈,截垂線於己,即己乙爲二百分之邊。求三倍,則乙丁三倍於甲乙。四倍以上並同。

又捷法：如前作句股形法，定兩尺間成正方角，如甲。乃任於尺上取甲乙，命爲一點，而又於一尺取甲丙度，與甲乙相等，即皆爲一百之根。次取乙丙底，加於甲乙尺上，爲二百之根甲丁。又自丁至丙作斜弦，以加於甲乙尺上，爲三百之根甲戊。又自戊至丙作弦，以加於甲乙尺上，爲四百之根甲己。如此遞加，即得各方之根，其加法俱從尺心起。〔如求得丙乙，即以丙加甲，乙加丁，成甲丁。他皆倣此。〕

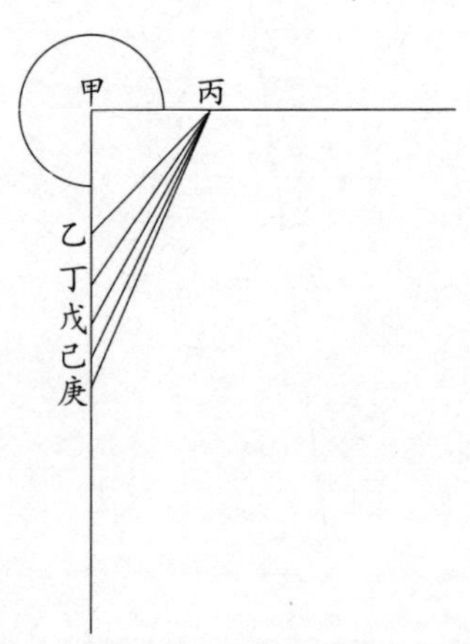

試法：甲乙爲一正方形之邊，倍其度，即四倍方積之邊，否即不合。三倍得九倍方積之邊，四倍得十六，五倍得二十五。又取三倍之邊倍之，即十二倍之邊。〔四其三也。〕再加一倍，得二十七倍之邊。〔九其三也。〕再加倍，得四十八倍之邊。〔十六其三也。〕再加倍，得七十五倍之邊。〔廿五其三也。〕若以五倍之邊倍之，得二十倍之邊。〔四其五

也。〕再加倍，得四十五倍之邊。〔九其五也。〕再加倍，得八十倍之邊。〔十六其五也。〕

〔凡言倍其度者，線上度也。如正方四百分之邊二十分，甲乙正方一百分之邊十分，其大爲一倍也。言幾倍方積者，積數也。如邊二十者積四百，即尺上所書。〕

用法一

有平方積，求其邊。〔即開平方。〕法先求設數與某數能相爲比例得幾倍，如法求之。假如有平方積一千二百二十五尺，欲求其根。以約分法，求得二十五爲設數四十九之一，即以規於平分線取五點，爲平方線上一點之底定尺。展規於四十九點取其底，即得一邊三十五尺，爲平方根。〔積二十五，方根五。加四十九倍，爲積一千二百二十五，方根三十五。〕或用四十九爲設數〔一千二百二十五尺〕二十五之一，即以規取七點，爲平方一點之底，而取平方二十五點之底，亦得方根三十五，如所求。〔積四十九，方根七。加二十五倍，爲積一千二百二十五，則其方根三十五。又法：若無比例可求者，但以十分爲一點之底定尺。有假如在用法七。〕

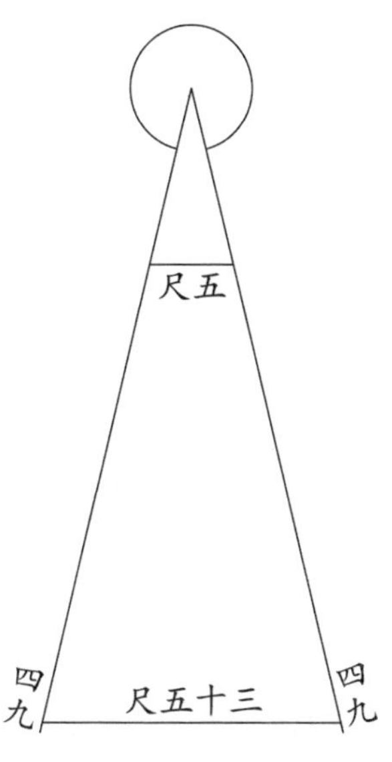

用法二〔一〕

凡同類之平面形，可併爲一大形。〔或方，或員，或三角、多邊等形，但形相似，即爲同類。〕假如有平面正方四形，求作一大正方形與之等積。其第一形之冪積爲二，第二形之積爲三，第三形之積四有半，第四形之積六又四之三。法先併其積，得〔十六又四之一〕。乃任取第一小形之邊爲底，二點爲弦定尺。〔若用第二形之邊爲底定尺，即用三點爲弦。〕而於十六點又四之一取其底爲大形邊，其面積與四形總數等。

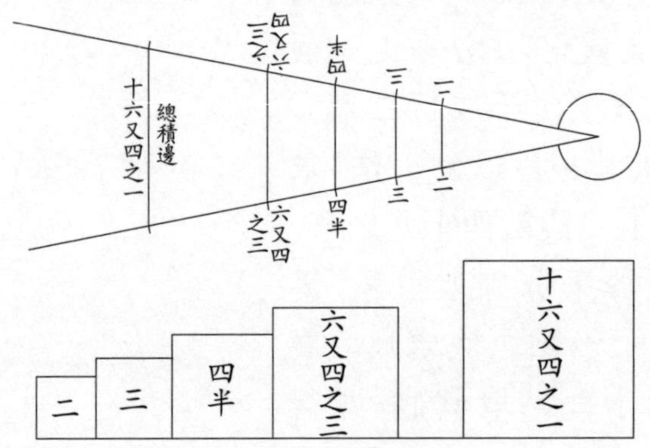

若但有同類之形，而不知面積，亦不知邊數，則先求其積之比例。如甲、乙、丙、丁方形四，法以小形甲之邊爲底，平方線第一點爲弦定尺。次以乙形邊爲底，進退求等數，得第二點外又五分之一，即命其積爲二又五之一。〔此與小形一之比例，不拘丈尺。〕次丙形邊爲底，求得〔二又四之三〕，

〔一〕此法下第一圖，輯要本無。

丁形邊得〔四又六之五〕。并諸數及甲形一，得〔十又六十分之四十七〕，約爲〔五之四弱〕。向元定尺上尋十點外十一點内之距，取其五之四爲等數之兩弦，〔即十一弱。〕用其底爲大方形邊，其面積與四形併數等。

〔此加形法也。圜面及三角等面凡相似之形，並可相併，其法同上。〕

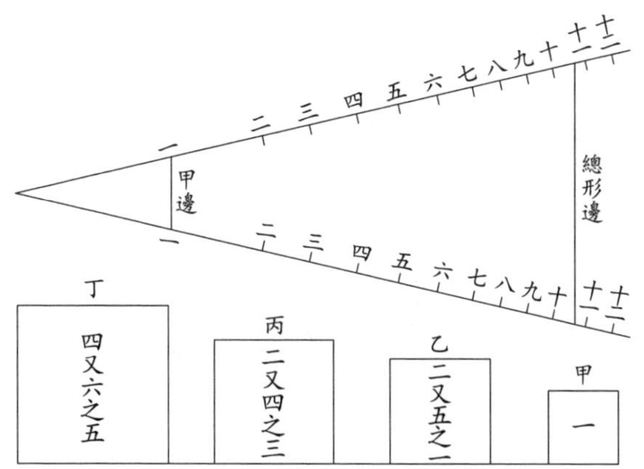

用法三

平面形求作一同類之他形，大於設形幾倍。〔以設形之邊爲一點之底定尺。〕假如有正方形面積四百，其邊二十，今求別作一方形，其容積大九倍。法以設形邊〔二十〕爲平方線一點之底定尺，而取平方九點等數之底得〔六十〕，如所求。

〔邊六十，其方積三千六百，以比設形積，爲大九倍。〕

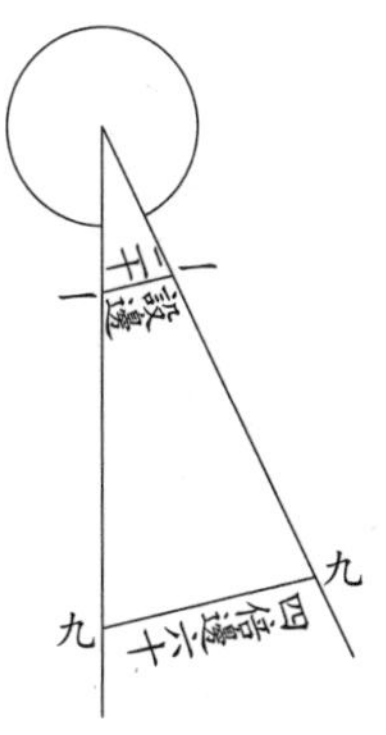

用法四

平面形求別作一同類之形，爲設形幾分之幾。〔以設形之邊爲命分定尺，而於得分取數。〕假如有平方形積三千六百，其邊六十，今求作小形，爲設形九之四。法以設形邊〔六十〕爲平方第九點之底定尺，而取第四點之底得〔四十〕，如所求。〔邊四十，其積一千六百，以比設形，積爲九之四也，九爲命分，四爲得分。〕

此減積法也。員面、三角等，俱同一法。

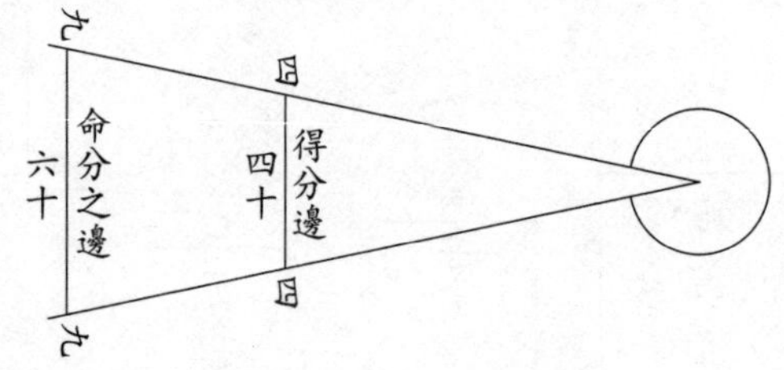

用法五

有兩數，求中比例。〔即三率連比例之第二率。〕

假如有二與八兩數，求其中比例。法先以大數爲平方線八點之底，而取二點之底得四，如所求。

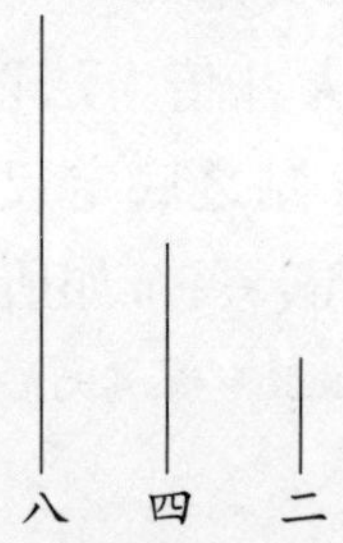

二與四如四與八，皆加倍之比例，故四爲二與八之中率。

用法六

有長方形，求作正方形。假如長方形横二尺，直八尺，如上法求得中比例之數爲四尺，以作正方形之邊，則其面積與直形等。

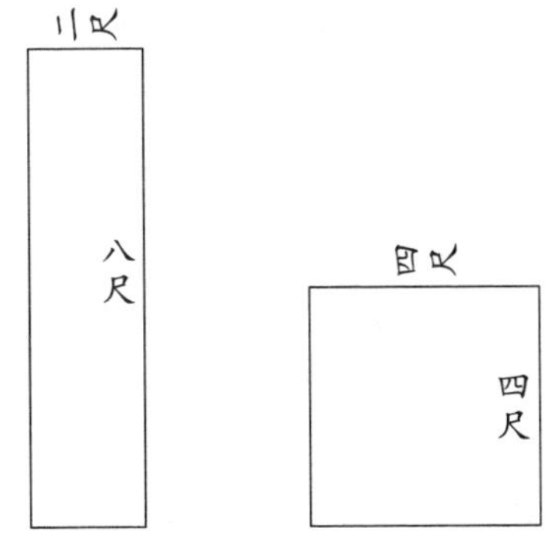

直八尺，横二尺，其積一十六尺。
方形各邊並四尺，其積亦十六尺。

用法七

有設積，求其方根，而不能與他數爲比例，則以一十數爲比例。

假如平積二百五十五，用十數比之，爲二十五倍半。即取十數爲平方線一點之底，而取二十五點半之底，得十六弱爲方根。〔十六自乘積二百五十六，今只欠一小數，故命之爲十六弱。〕

第三更面線

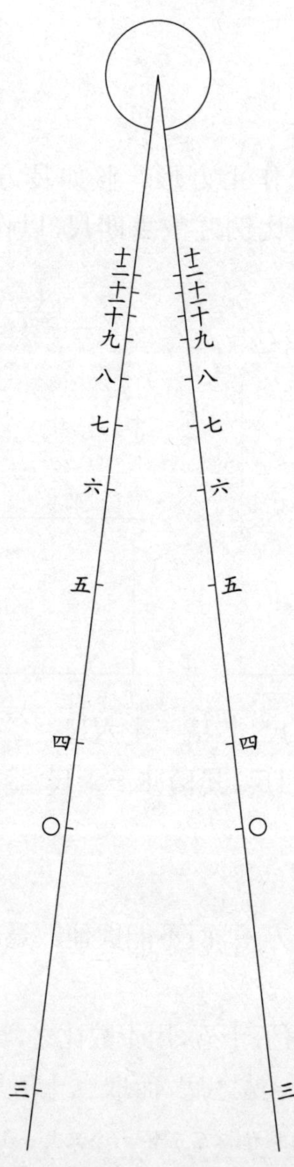

各形之圖

正方形

〔即四角等邊形〕

圓形

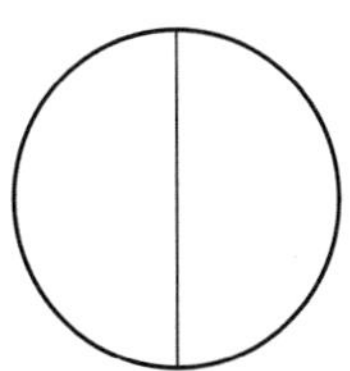

三角等邊形

五角等邊形

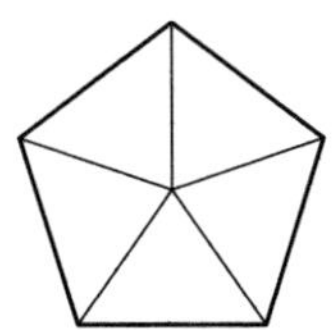

六角等邊形

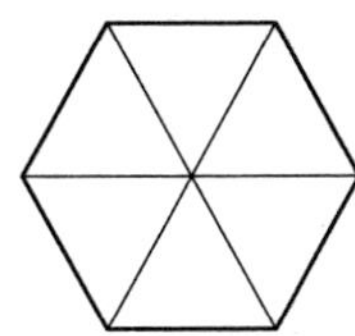

七角等邊形

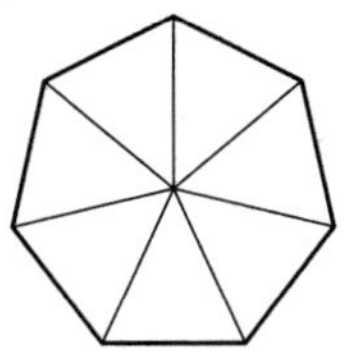

八角等邊形

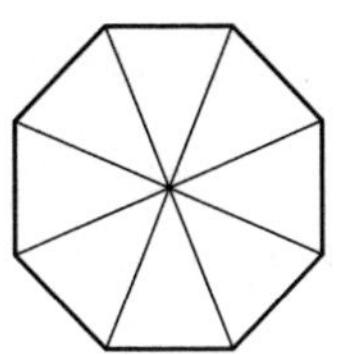

九等邊形以上,可以類推。

〔凡平面形,方必中矩,圓必中規,其餘各形並等邊等角,故皆爲有法之形,而可以相求。〕

分法

置公積四三二九六四,以開方,得正方形之根六五八,三邊形之根一千,五邊形之根五〇二,六邊形之根四〇八,七邊形之根三四五,八邊形之根二九九,九邊形之根二六〇,十邊形之根二三七,十一邊形之根二一四,十二邊形之根一九七,圜徑七四二。以本線爲千平分,而取各類之數,從心至末,取各數,加本類之號。

用法一

有平面積,求各類之根。〔凡三角及多邊各平面形,其邊既等,故並以形之一邊爲根,圓形則以徑爲根。〕法先以設數於平方線上求其正方根,以此爲度,於更面線之正方號爲底定尺。次於各形之號取底,即得所求各形邊。

假如有平面三等邊形積二千七百七十一寸,欲求其邊。法以設積於平方線上,如法開其平方根,〔依前卷用法七,以設數爲十數之二百七十七倍强,各降一位,命爲一數之二十七倍又十之七强。乃以一數爲平方一點之底定尺,而於其二十七點十之七强取底數,得五寸二六,進一位作五尺二寸半强。〕以所得方根爲更面線正方號之底定尺,而取三等邊號之底,得八尺,爲三等邊形根,如所求。

用法二

有平面形不同類，欲相併爲一大形。法先以各形邊爲更面線上各本號之底定尺，而取其正方號之底作線，爲所變正方形之邊。次以所變方邊於分面線上，求其積數而併之，爲總積。

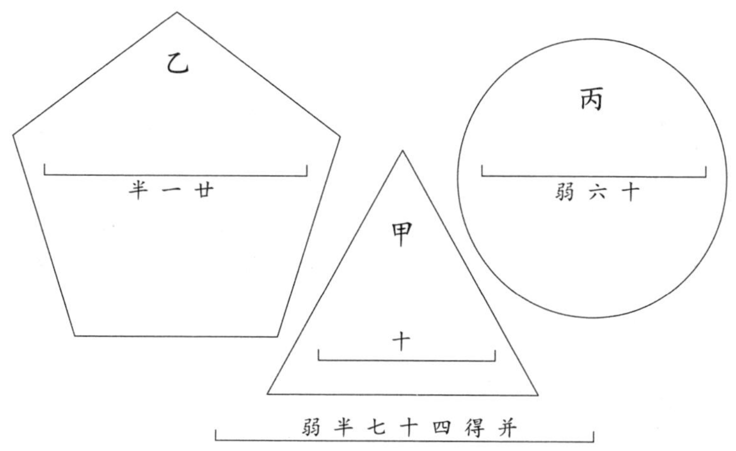

〔形内所書數，皆各形面積，所作線正所變平方根也。〕

〔總積變平方，亦如所作横線。〕

假如有甲〔三角〕、乙〔五邊〕、丙〔平圓〕三形，欲相併。先以甲邊爲三角號之底定尺，而取其正方號之底，作線於甲形内，〔如此則甲形已變爲正方，下同。〕書其數曰十。次以乙邊爲五邊號之底，如前取其平方底，向平方線求之，得二十一半，〔其法以甲邊爲平方十點之底定尺，而以乙所變方邊進退求等度之弦命之。〕即於乙形作方底線書之。次以丙圓徑爲平圓號之底，如前求得十六弱。併三數，得四十七半弱，爲總積。〔此因三形之邊無數，姑以小形命十數定尺，而所得各方積，並小形十數之比例。〕

若三形内先知一形之面積，即用其所變方邊定尺，則所得皆真數。如上三形，但知丙形之積十六，〔或十六尺，或十六寸等。〕如法以丙形邊變方邊，於平方線十六點爲底定尺，餘如上法求之，亦必得甲爲十數，乙爲二十一半，總積四十七半。但前條所得是比例之數，比例雖同，而尺有大小，故以此所得爲真數也。

末以總數於原定尺上，尋平方線四十七點半處，取其底度爲平方邊，則此大平方形與三形面積等。

若欲以總積爲五邊形，則以所得大平方邊爲更面線正方號之底定尺，而於五邊形之號取其底，即所求五邊形之一邊。〔若欲作三角，或圓形，並同一法。〕

用法三

有平面形，欲變爲他形。如上法，以本形邊爲本號之底定尺，而取所求他形號之底。

假如有三角形，欲改平圓，則以所設三角形之邊，加於本尺三角形之號爲底定尺，而取平圓號之底，求其數，命爲平圓徑，所作平圓必與所設三角形同積。

用法四

有兩平面形不同類，欲定其相較之比例。如前法，各以所設形變爲平方。

假如有六邊形有圓形相較，即如法各變爲平方，求其數。平圓數二十，六邊數三十六，即平員爲六邊形三十六之二十。以二十減三十六得十六，爲兩形之較。

第四立方線

〔舊名分體線。凡平方形如棊局，其四邊橫直相等，而無高與厚之數。立方則如方櫃，有橫有直又有高，而皆相等。平方之積曰平積，亦曰面積，亦曰冪積，如棊局中之細分方罫。立方之積曰體積，亦曰立積，並如骰子之積累成方。〕

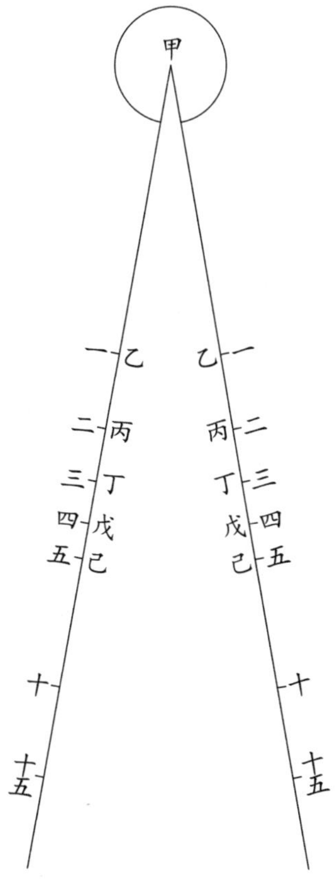

〔舊圖誤以尺樞心甲書於一點上，今改正。甲乙一，亦即一十，則其內細數亦不平分。舊圖作十平分，亦誤，今删去。〕

分法有二：一以算，一以量。

以算分

從尺心甲任定一點爲乙，則甲乙之度當十分邊之積爲一千，〔十分自之，再自之，即成一千。假如立方一尺，其積必千寸。〕紀其號曰一。次加一倍，爲立積二千，開立方求其根，得十二又三之一，即於甲乙上加二又三之一，爲甲丙，紀其號曰二。再加一倍，立積三千，開立方，得數紀三。以上並同。

捷法：取甲乙邊四分之一，加甲乙成甲丙，即倍體邊。又取甲丙七分之一，加甲丙成甲丁，即三倍體邊。又取甲丁十之一，加甲丁成甲戊，即四倍體邊。再分再加，如圖。

元體 甲乙	倍體 甲丙	三倍 甲丁	四 甲戊	五 甲己	六 甲庚	七 甲辛	八 甲壬	九 甲癸	十 甲子
一	加四 之一	七之 一	十之 一	十三 之一	十六 之一	十九 之一	廿二 之一	廿五 之一	廿七 之一

〔右加法，與開立方數所差不遠，然尾數不清，難爲定率，姑存其意。〕

又捷法：用立方表。

以量分

如後圖，作四率連比例，而求其第二。蓋元體之邊與倍體之邊，爲三加之比例也。〔假如邊爲一，倍之則二。若求平方面，則復倍之爲四，是再加之比例也。今求立方體，必再倍之爲八，故曰三加。三加者，即四率連比例也。〕

幾何法曰：第二線上之體與第一線上之體，若四率連比例之第四與第一。〔第一爲元邊線，第二爲加倍之邊線，第三以邊線自乘，爲加倍線上之面，第四以邊線再自乘，爲加倍線上之體。今開立方是以體積求邊線，即是以第四率求第二率也。〕

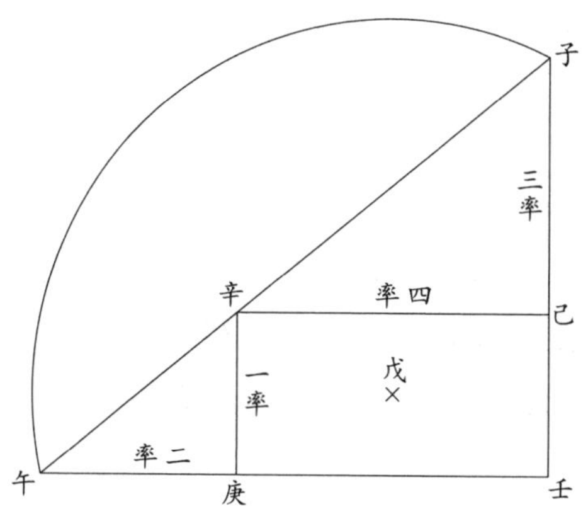

假如有立方體積，又有加倍之積，法以兩積變爲線，〔元積如辛庚，倍積如辛己。〕作壬己辛庚長方形。次於壬己、壬庚兩各引長之，以形心〔戊〕爲心作圈分，截引長線於子於午，作子午直線，切辛角。〔如不切辛角，必漸試之，令正相切乃止。〕即辛庚、〔一率。〕午庚、〔二率。〕子己、〔三率。〕己辛〔四率。〕爲四率連比例。末用第二率午庚爲倍積之一邊，其體倍大於元積。

若辛己爲辛庚之三倍、四倍，則午庚邊上體積亦大於

元積三倍、四倍。〔以上做此。〕

解四率連比例之理

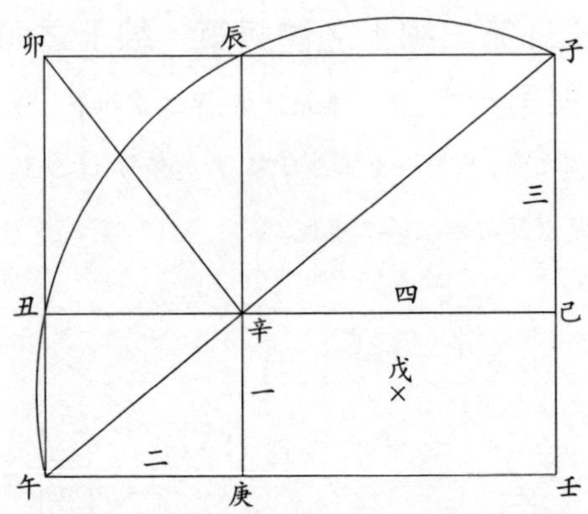

試於辛點作卯辛，爲子午之垂線。次用子壬度從午作卯午直線，截卯辛線於卯。又從卯作直線至子，又從辛點引辛庚邊至辰，引辛己邊至丑，成各句股形，皆相似而比例等。

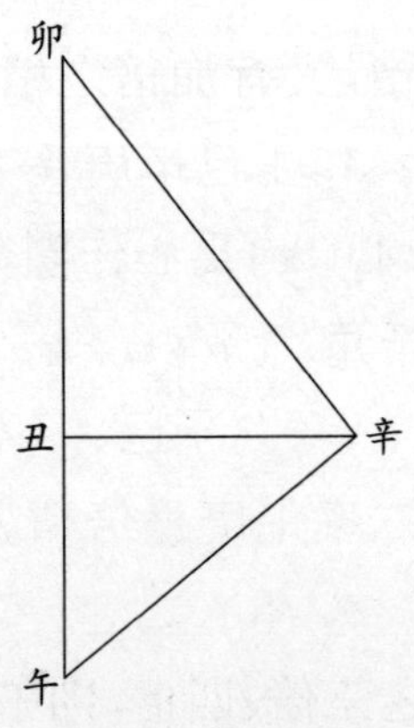

〔卯辛午句股形,從辛正角作垂線至丑,分爲兩句股形,則形相似而比例等。〕

〔午丑辛形以午丑爲句,丑辛爲股;辛丑卯形以丑辛爲句,丑卯爲股,則午丑與丑辛,若丑辛與丑卯也,連比例也。〕

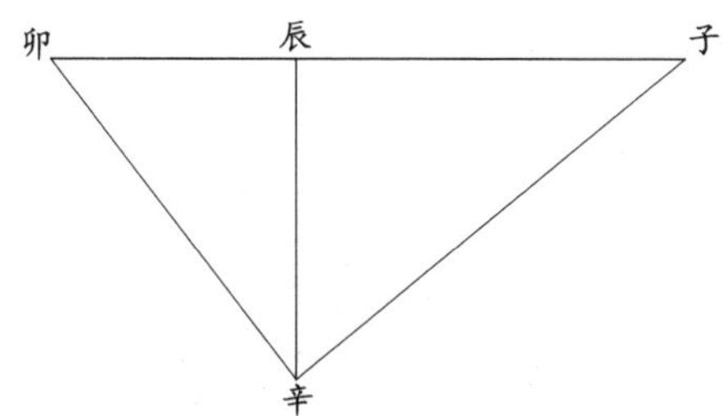

〔卯辛子句股形,從辛正角作垂線至辰,分兩句股形,亦形相似而比例等。〕

〔卯辰辛形,卯辰爲句,辰辛爲股;辛辰子形,辰辛爲句,辰子爲股,則卯辰與辰辛,若辰辛與辰子也,亦連比例也。而辰辛即丑卯,故合之成四率連比例。〕

一率　辛庚　即午丑
二率　午庚　即丑辛　亦即辰卯
三率　子己　即辛辰　亦即丑卯
四率　己辛　即辰子

試法:元體邊倍之,即八倍體積之邊。若三之,即二十七倍之邊;四之,即六十四倍體積之邊;五之,即一百二十五倍體積之邊。

又取二倍邊倍之,得十六。〔八其二也。〕再倍之,得一二八倍體積之邊。〔六十四其二也。〕

三加比例表〔平方、立方同理，即連比例。〕

第一率	第二率	第三率	第四率
元數	一加線	再加面冪	三加體積
一	二	四	八
一	三	九	二十七
一	四	十六	六十四
一	五	二十五	一百二十五
一	六	三十六	二百一十六
一	七	四十九	三百四十三
一	八	六十四	五百一十二
一	九	八十一	七百二十九
一	十	一百	一千

按：第一率爲元數。第二率爲線，即根數也。第三率爲面，平方冪積也。第四率爲體，立方積也。開平方、開立方並以積求根，故所用者皆二率也。〔比例規解乃云："本線上量體，任用其邊、其根、其面、其對角線、其軸，皆可。"其説殊不可曉，今删去。〕

用法一

有立積，求其根。〔即開立方。〕

假如有立方積四萬，法先求其與一千之比例，則四萬與一千，若四十與一，即取十數爲分體線上一點之底定尺，而取四十點之底得三十四强，即立方之根。〔説見平方。〕

用法二

有兩數，求其雙中率。〔謂有連比例之第一與第四，而求其第二、第三。〕

法以小數爲一率，用作本線一點之底，而取大數之底爲二率。既有二率，可求三率。

假如有兩數爲三與二十四，欲求其雙中率。法約兩數之比例爲一與八，即以小數三爲本線一點之底定尺，而於八點取底，得六爲第二率。末以二率、四率依法求中率，得十二爲三率。

一率　三

二率　六

三率　十二

四率　二十四

用法三

設一體，求作同類之體大於設體爲幾倍。〔此乘體之法。〕

假如設立方體八千，其邊二十，求作加八倍之體爲六萬四千，問：邊若干？法以設體根二十爲本線一點之底定尺，而取八點之底得四十，即大體邊，如所求。

用法四

有同類之體，欲併爲一。法累計其積而併之，爲總積，求其根即得。

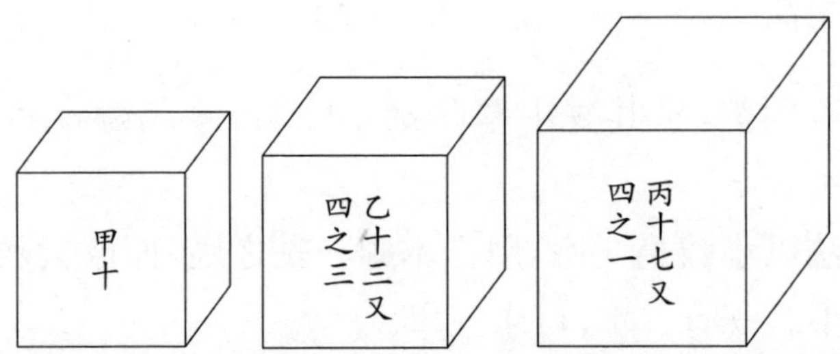

假如有三立方體，甲容一十，乙容十三又四之三，丙容十七又四之一，併得四十一。即以甲容一十爲本線一點之底定尺，而取四十一點之底爲總體邊，如所求。若設體無積數，則以小體命爲一十，而求其比例，然後併之。

用法五

有兩同類之體，求其比例與其較。〔此分體之法。〕

假如甲、丙兩立方體，欲求其較，而不知容積之數。法以甲小體邊爲一點之底定尺，而以丙邊爲底，進退求其等數。如所得爲九，即其比例爲九與一，以一減九，其較八，即於八點取底，爲較形之邊。

用法六

有立方體，欲别作一體爲其幾分之幾。

假如有立方體，欲另作一體爲其八之五，則以設體邊爲本線八點之底定尺，而於五點底爲邊作立方體，即其容爲設體八之五。

第五更體線〔舊名變體線。〕

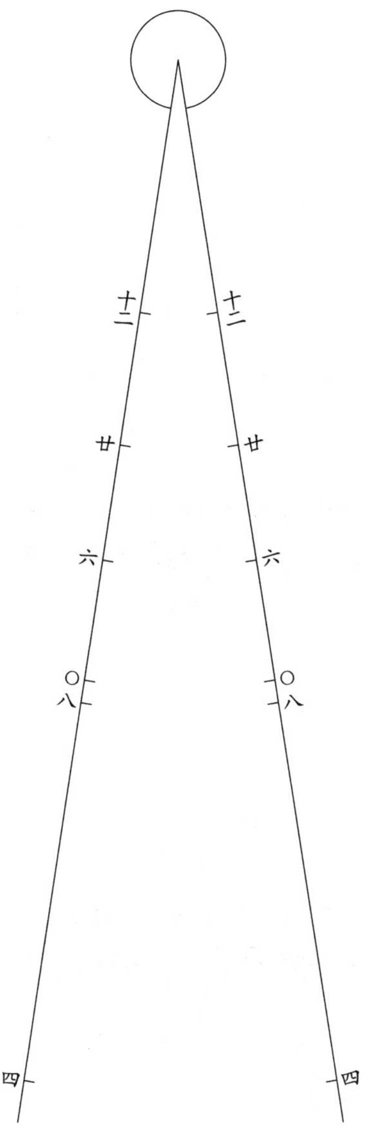

體之有法者，曰立方，曰立圓，曰四等面，曰八等面，曰十二等面，曰二十等面，凡六種，外此皆不能爲有法之體。

六等面體

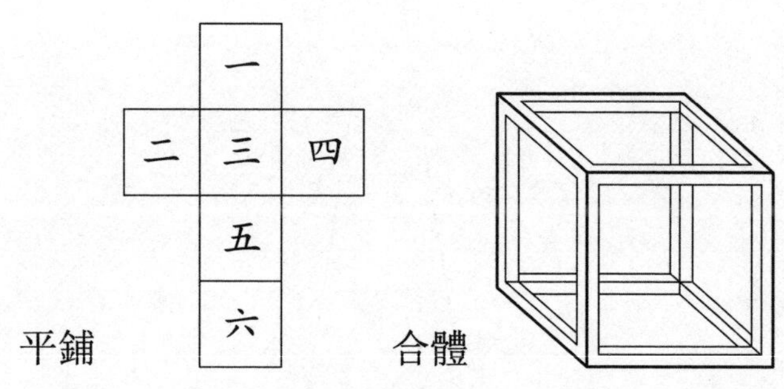

六等面體各面皆正方，即立方也，有十二棱八角。測量全義曰：設邊一百，求其容爲一〇〇〇〇〇〇。

渾圓體

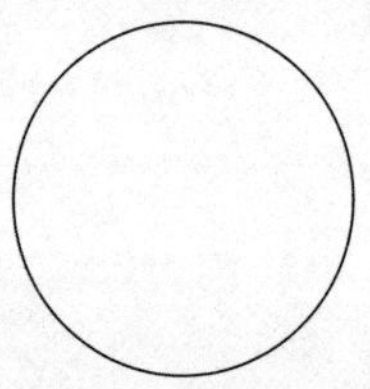

〔渾圓體亦曰球體，即立圓也。幾何補編曰：同徑之立方積與立圓積，若六〇〇〇〇〇〇與三一四一五九二。設徑一百，求其容爲五二三五九八。〕

四等面體

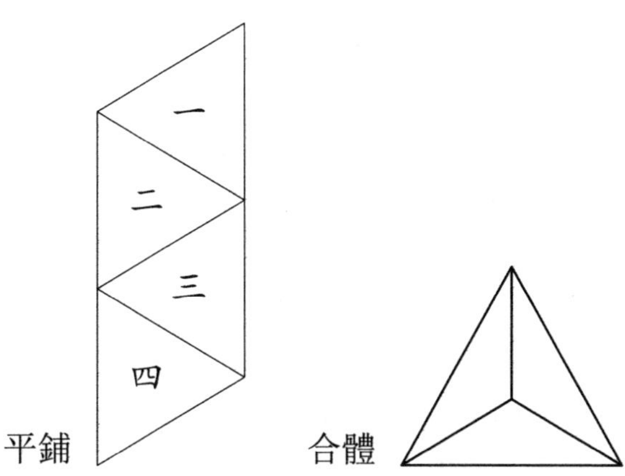

〔此三角平面形相合而成，有六稜四角。測量全義曰：設邊一百，求其容爲一一七四七二半。〕

八等面體

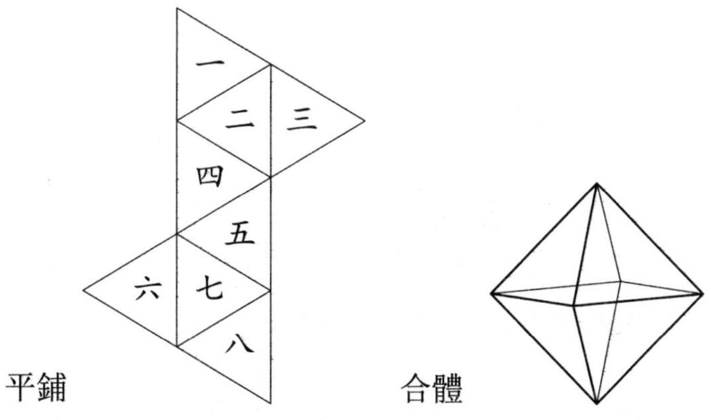

〔此體各面亦皆三等邊形，有十二稜六角。測量全義曰：設邊一百，求其容爲四七一四二五有奇。〕

十二等面體

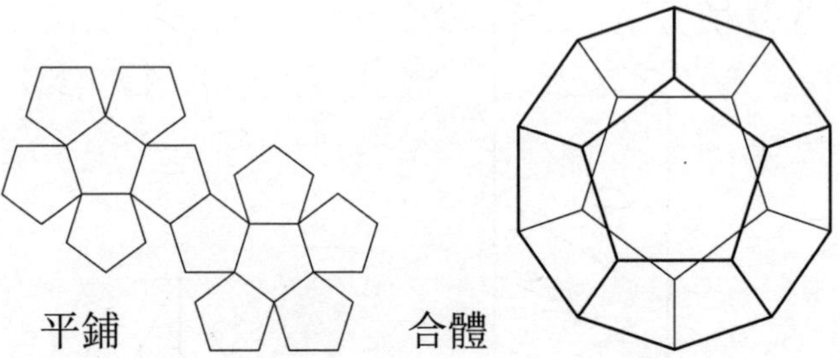

〔此體各面皆五等邊，有三十稜二十角。測量全義曰：設邊一百，求其容爲七六八六三八九。〕

二十等面體

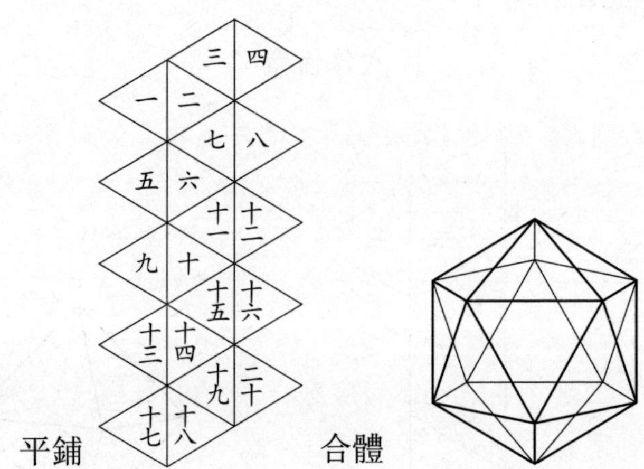

〔此體各面亦皆三等邊，有三十稜十二角。按：幾何補編二十等面體，設邊一百，其積二百一十八萬一八二八。測量全義作邊一百容五二三八〇九。相差四倍，故今不用。〕

分法

置公積百萬，依算法開各類之根，則立方六等面體之根爲一百，四等面體之根爲二〇四，八等面體之根爲一二八半，十二等面體之根爲五〇半强，二十等面體之根爲七七，圓球之徑爲一二四。〔原本十二等面根五〇，二十等面根七六，圓徑一二六。今並依幾何補編改定。〕因諸體中獨四等面體之根最大，故本線用二〇四平分之，從心數各類之根，至本數加字。

用法一

有各類之立體，以積求根。〔即開各類有法體之方。〕法皆以設積於立方線求其根，乃移置更體線，求本號之根，即得。

假如有十二等面體，其積八千，問：邊若干？法以一千之根十爲立方一點之底定尺，而取八點之底得二十，爲所變立方之根。次以二十爲本線上立方號之底，而取十二等面號之底得一十〇强，即十二等面之一邊。〔他倣此。〕

用法二

有各類之立體，以根求積。法先以所設根變爲正方根，乃於立方線求其積。

假如有二十等面體，其邊三十一弱，問：積。法以根三十一弱爲本線二十等面號之底定尺，而取立方號之底得四十弱，爲所變立方之邊。次於立方線以一十爲一點之底，而以四十進退求等數，得〔十六〕點，命其積〔一萬六千〕，如所求。〔邊一十，其積一千，則邊四十，積一萬六千。〕

用法三

有不同類之體，欲相併爲一。〔此以體相加之法，並變爲正方體積，即可相併。〕

假如有三立體，甲渾圓體，〔徑一百二十四。〕乙二十等面體，〔邊七十七。〕丙十二等面體，〔邊五十〇半。〕欲相併，用前條法，各以積變爲立方積，則三體之積皆一百萬，併之得三百萬，如所求。

用法四

有不同類之兩體，求其比例與其較。〔此以體相減之法。〕法各變爲立方體，即可相較，以得其比例，並同更面線法。

度算釋例卷二〔一〕

第六分圓線〔即各弧度之通弦也。舊名分弦線，亦曰分圈。〕

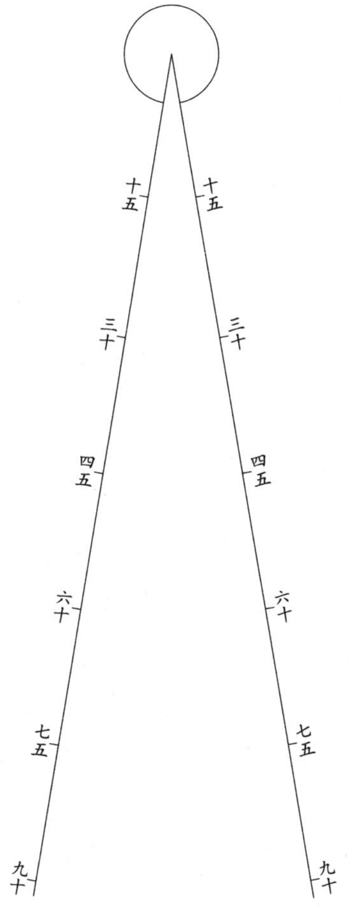

〔一〕此題原無，據中縫補。

分法有二：一以量，一以算。

以量分

法作半方形，如甲乙丙。令甲丙斜弦與本線等長，以乙方角爲心，甲爲界，作象限弧，如甲丁丙，乃匀分之爲九十度，各識之。次從甲點作直線至各度，移入尺上，識其號。若尺小，可作六十度，即本線之長爲六十度號。若尺大，可作一百八十度，即本線之半爲六十度號。

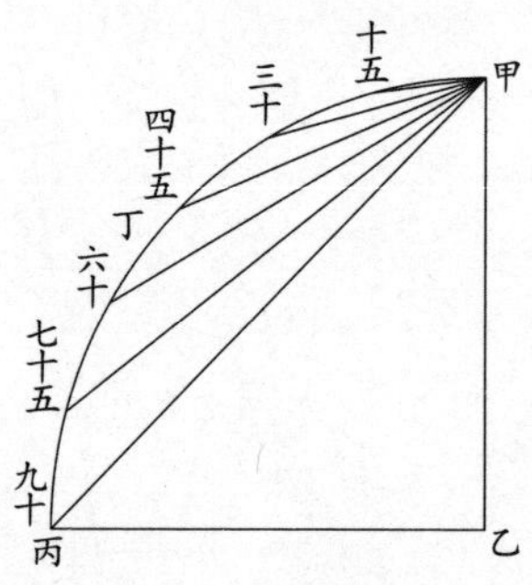

以算分

法用正弦表倍之，爲倍度之通弦。假如求六十度通弦，即以三十度之正弦〔五○○○○〕倍之得〔一○○○○○〕，即六十度之通弦。他皆若是。

試法：十八爲半周十之一，〔即全圈二十之一也。〕三十六爲半周五之一，〔即全圈十之一。〕四十五爲半周四之一，〔即全圈八之一。〕七十二爲半周五之二，〔即全圈五之一。〕九十爲半周之半，〔即全圈四之一，謂之象限。〕百二十度爲半周三之二。〔即全圈三之一。〕

用法一

有圓徑，求若干度之弧，以半徑當六十度取之。

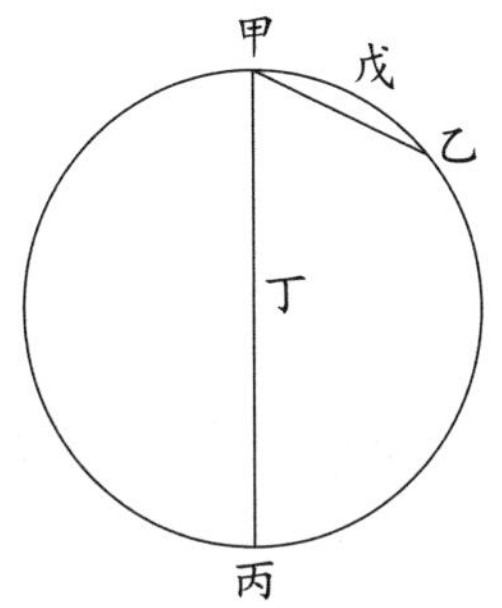

假如有甲乙丙全圈，有甲丙徑，求五十度之弧。即以甲丙徑半之於丁，以甲丁半徑爲本線六十度之底定尺。而取五十度之底如甲乙直線，以切圓分，即得甲戊乙弧爲五十度，如所求。

用法二

若以弧問徑，則反之。

如先有弧分如甲戊乙爲五十度，而問全徑。法從弧兩端聯之作直線，如〔甲乙〕，用爲本線五十度之底定尺，而取六十度之底爲半徑〔甲丁〕，倍之得全徑〔甲丙〕。

用法三

直線三角形，求量角度。

法以角爲心，任用規截角旁兩線作通弦，如法得角度。

假如甲丙乙三角形，不知角，法任用甲丁度，以甲爲心作虛圈，截甲丙線於丁，截甲乙線於戊，次作丁戊直線。次即用甲丁原度，以乙爲心，如法截甲乙於辛，截丙乙於庚，作辛庚直線。末以甲丁爲六十度之底定尺，乃用丁戊爲底，進退求其等度之號，得甲角之度；用辛庚爲底，亦得乙角之度。合兩角減半周，得丙角度。

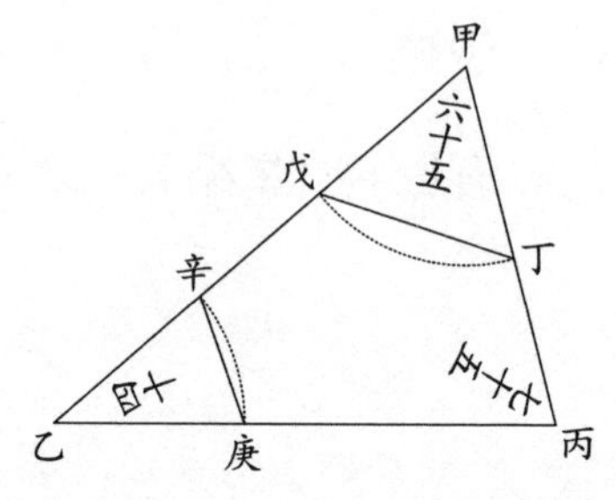

如甲角六十五，乙角四十，則丙角必七十五。

用法四

平面等邊形，求其徑。

假如有五等邊平面形，欲求徑作圖。〔即對角輳心直線。〕法以設邊爲分圓線七十二度之底，而取其六十度之底爲半徑，以作平圓。末以原設邊爲度，分其周爲五平分，即成五等面，如所求。〔他等邊形並同。〕

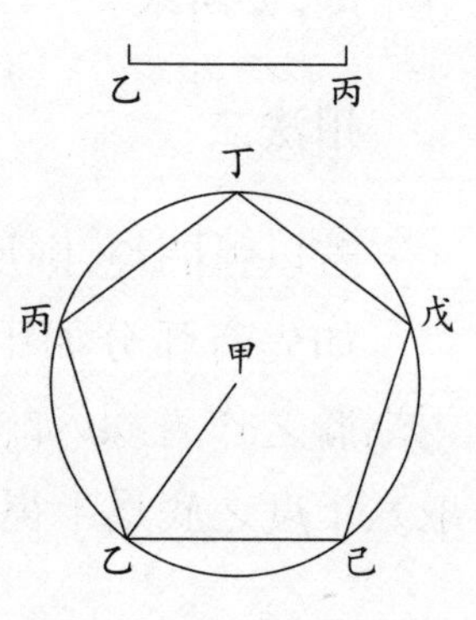

五等邊形有一邊如丙乙，如法求得乙甲半徑，以甲爲心，乙爲界，作平圓。而以丙乙邊度分其圓，得丁、戊、己等點，作線聯之，即成五等邊形，而所作圓即外切之圓。

第七正弦線〔舊名節氣線，以其造平儀時有分節氣之用也。然正弦在三角法中爲用甚多，不止一事，不如直言正弦，以免掛漏。〕

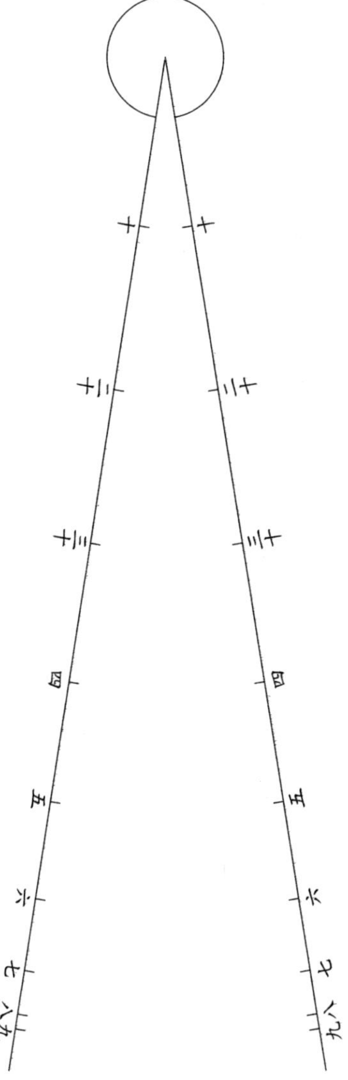

正弦線不平分，亦近樞心大而漸小，與分圓同。

分法：全尺爲一百平分，尺大可作一千，於正弦表取數，從樞心至各度分之，每十度加號。

簡法：第一平分線可當此線，其線兩傍，一書平分號，一書正弦號。

又法：分圓線可當此線，以分圓線兩度當正弦一度，紀其號。

假如分圓六十度齣，即紀正弦三十，但分圓之號直書，則正弦横書以別之。

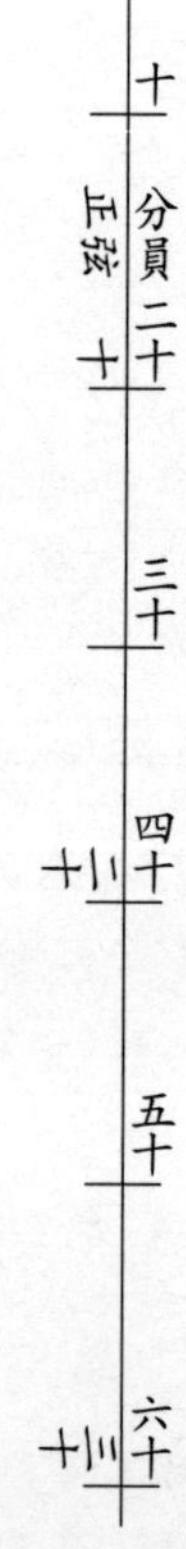

解曰：凡正弦皆倍度分圓之半，故其比例等。然則分圓之一度，即正弦之半度，而半度亦可取用，爲尤便也。

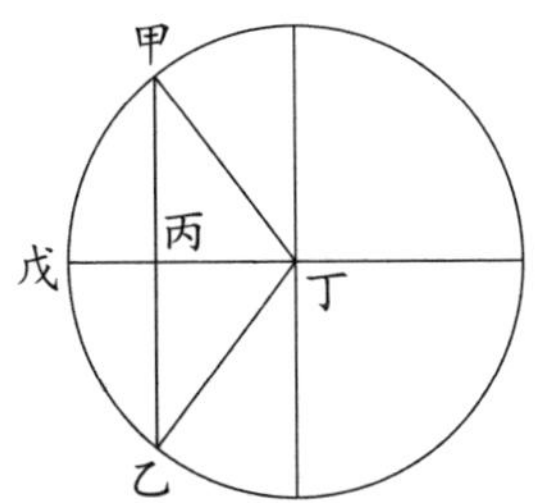

如圖，甲乙爲通弦，甲丙、乙丙皆正弦。

用法一

有設弧，求其正弦，法以九十度當半徑。

假如有七十五度之弧，求正弦，即以本圈半徑爲正弦線九十度之底定尺，而取七十五之底爲正弦，如所求。

用法二

有弧度之正弦數，求徑數，則以前條反用之。

假如有七十五度之正弦數，即用爲本線七十五度之底定尺，而取其九十度之底，得半徑數。

用法三

句股形有角度有弦，求句求股。法以弦當半徑，正弦當句與股。

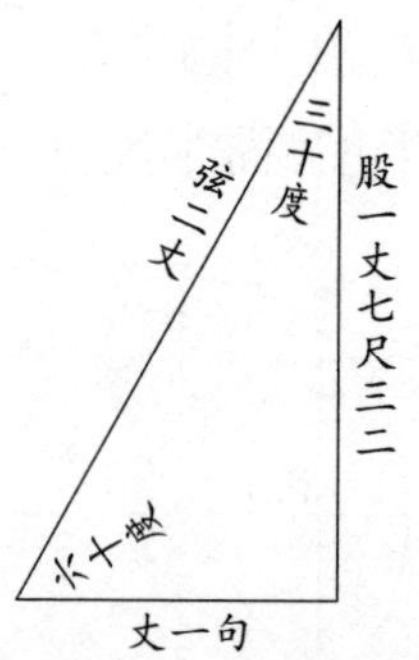

假如句股形之弦二丈，有對句之角三十度，即取平分線之二十當弦數，爲正弦線九十度之底。而取三十度之底得一十，即其句一丈。

又於其角之餘弦〔即六十度正弦。〕取底，得〔一十七又三之二弱〕，即其股爲〔一丈七尺三寸二分〕。

若以句求弦，則反之。如句一丈，其句與弦所作之角爲六十度，其餘角三十度，即取一十數爲三十度之底定尺，而取九十度之底得二十，命其弦二丈。

用法四

三角形以邊求角。假如三角形，有乙甲邊、甲丙邊及丙角度，而求乙角。法以乙甲邊數爲丙角正弦之底定尺，而以甲丙邊數爲底，進退求其等度，取正弦線上號爲乙角度，如所求。

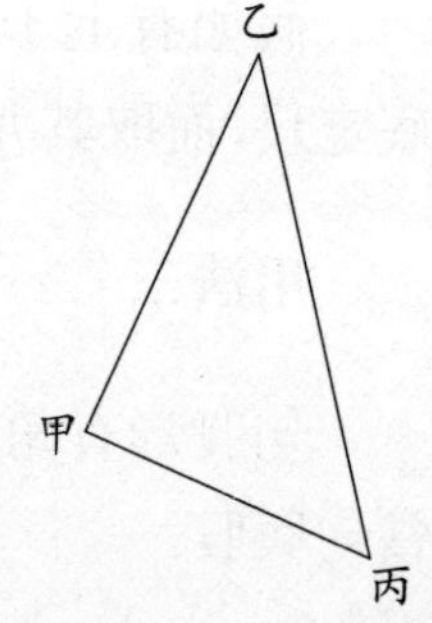

用法五

三角形以角求邊。

假如三角形，有戊角度、己角度及庚己邊，而求庚戊邊。法以庚己邊爲戊角正弦之底定尺，而取己角正弦之底，得數即爲庚戊邊，如所求。餘詳三角法舉要。

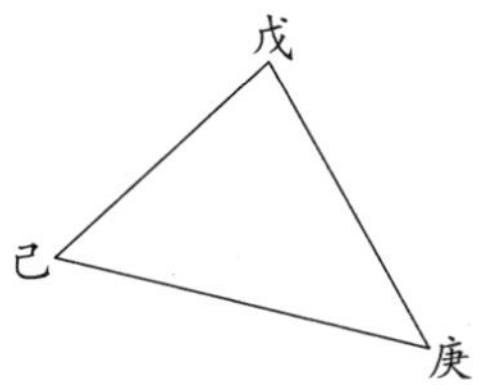

用法六

作平儀，求太陽二至日離赤道緯度。

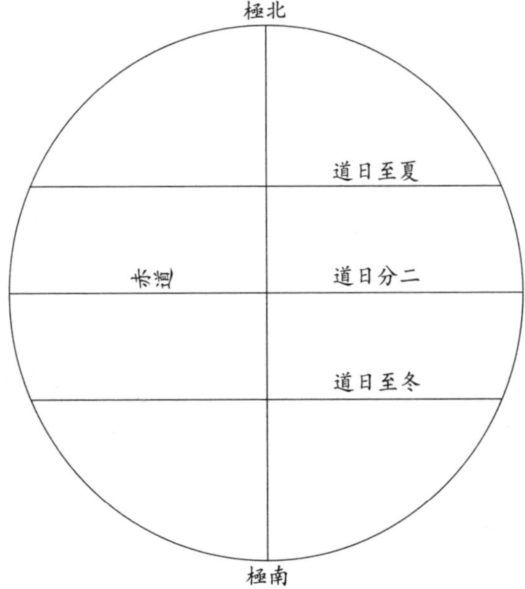

如圖，以十字分大圓，直者爲兩極，横者爲赤道。横直交於圓心，即地心也。赤道即春秋分日行之道也。地心至兩極半徑爲正弦線九十度之底定尺，取二十三度半之底，於地心上下各作點於直線，於此點作横線，與赤道平行，爲二至日道，近北極者夏至，近南極者冬至也。

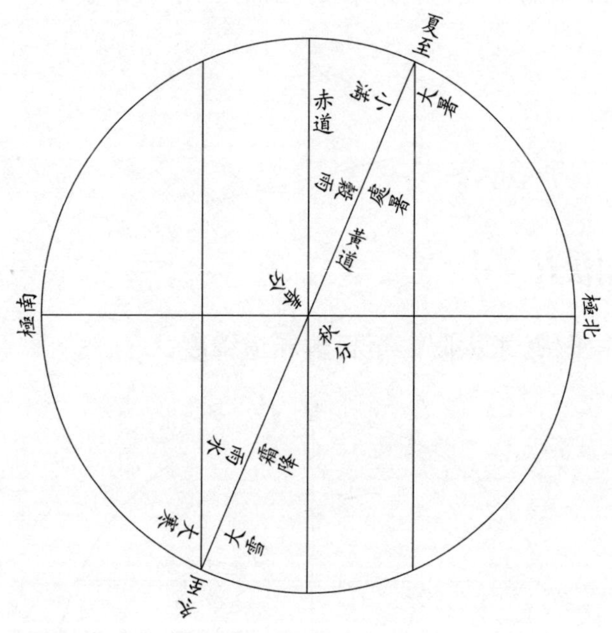

又求作各節氣日道。〔法先求黄道線。〕

法於夏至之一端作斜線，過地心，至冬至之又一端，即成黄道。日行其上，一歲一周天者也。以黄道半徑爲九十度之底定尺，每十五度正弦取底，移至黄道半徑上，〔並從地心起度。〕於地心上下各識之，即各節氣日躔黄道上度也。〔或三十度取底，則所得皆中氣。〕

乃自黄道上各點作直線，並與赤道平行，即各節氣日行之道。此與分至日道皆東升西没，一日一周者也。其各線兩端抵大圓處，即各節氣赤道緯度也。春分以後在赤道北，秋分以後在赤道南。

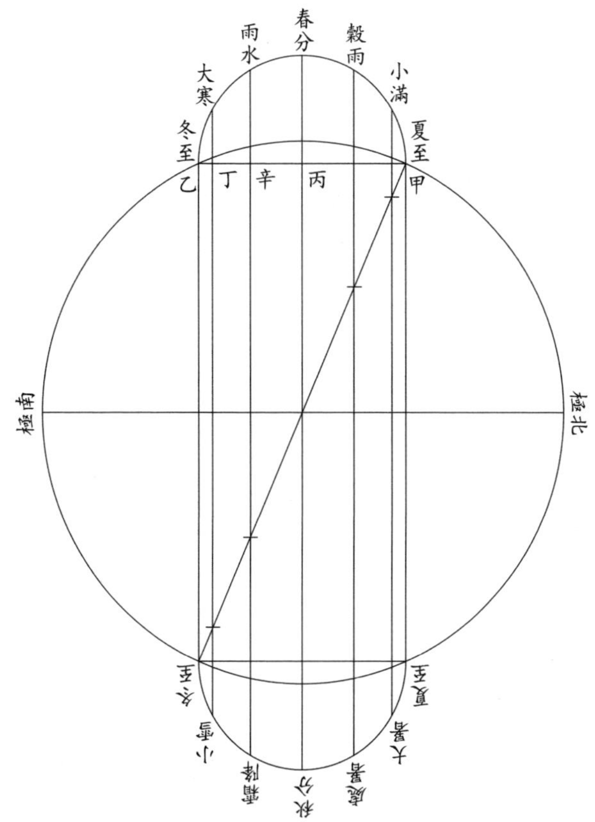

試法：於二至日道兩端作横線聯之，〔如甲乙。〕次以此横線之半爲度，〔如丙乙。〕過赤道處〔如丙。〕爲心，作半圈於大圓之上。〔如乙戊甲半圓。〕亦如法作半圈於下。兩半圈各匀分十二分作識。〔若但求中氣，可分六分。〕上下相向，作直線聯之，即必與先所作日行道合爲一線。又以甲丙爲正弦九十度之底定尺，而於其各正弦取底，亦即與原定日道緯度線合。〔如丙辛，三十度之正弦也，與赤道旁第一緯線合。丙丁，六十度之正弦也，與第二緯線合。左右上下考之，並同。〕

用法七

定時刻。〔仍用平儀。〕

法以平儀上赤道半徑爲正弦線九十度之底定尺，而於各時刻距卯酉之度取其正弦，於赤道作識，〔過兩極軸線

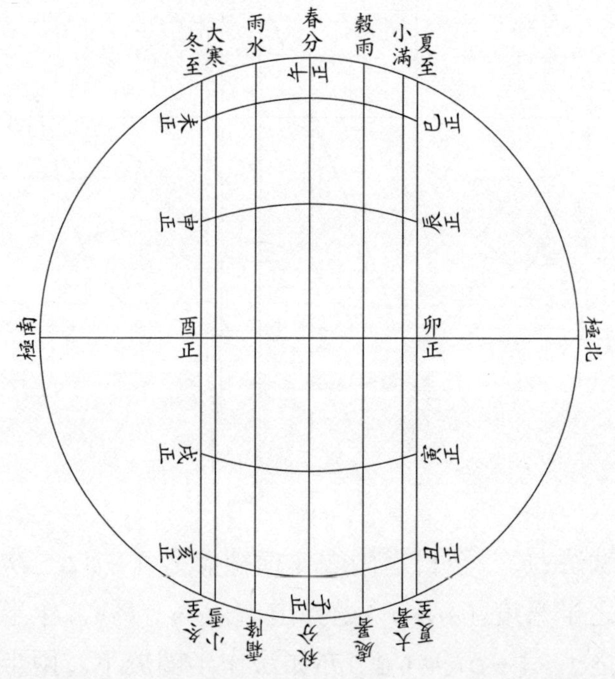

處，即卯正、酉正也。距此而上三十度，午前爲辰正，午後爲申正；距此而下三十度，子前爲戌正，子後爲寅正。距此而上六十度，午前爲巳正，午後爲未正；距此而下六十度，子前爲亥正，子後爲丑正。至圓周處，上爲午正，下爲子正。〕即春秋分之時刻也。欲作各時初、正及刻，準此求之，並以正弦爲用。〔每時分初、正，各加距十五度。初、正又各分四刻，每刻加距三度又四分之三，並取正弦，如前法。〕又以二至日道之半徑爲正弦九十度之底定尺，如法取各正弦作識，即二至之時刻也。末以分至線上時刻作弧線聯之，即得各節氣之時刻。

準此論之，平儀作時刻亦用正弦。比例規解以正弦名節氣線，切線名時刻線，區而別之，非是。

第八切線〔一〕〔舊名時刻線。今按：平儀時刻原用正弦，惟以日景取高度定時刻，斯用切線耳。又如渾蓋通憲等法，亦皆切線，其用甚多，故不如直名切線。〕

切線不平分，先小漸大，至九十度竟平行無界，故只用八十度，或只作六十度亦可。

分法：簡切線本表，八十度之切線五六七〔二〕，即於尺上作五六七平分。次簡各度數分之，逢十加識。

〔一〕圖見次頁。

〔二〕八十度之切線五六七，輯要本取六十度切線一七三，與圖式標號相符。

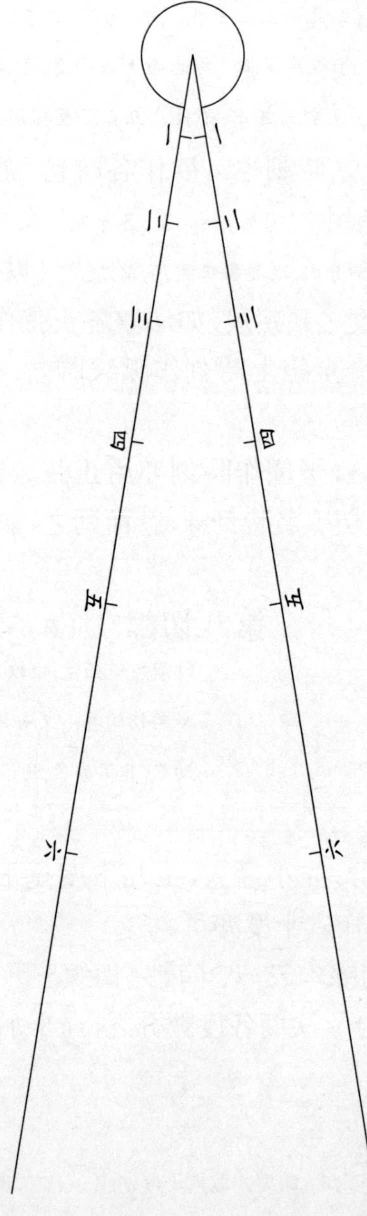
一
二
三
四
五
六
一
二
三
四
五
六

用法一

三角形求角。

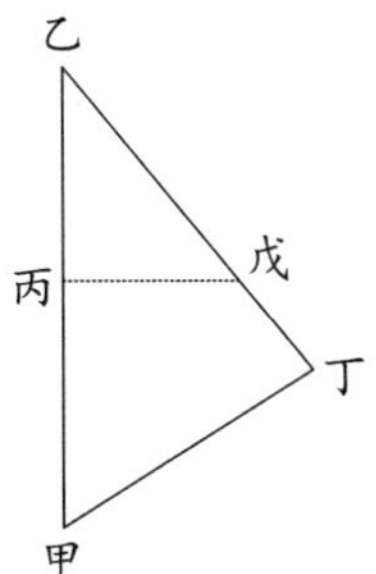

假如乙甲丁三角形，求乙角。任截角旁線於丙，得乙丙十寸，自丙作垂線戊丙，量得七寸。次用十數爲切線四十五度之底定尺，而以戊丙七數爲底，進退求等度，得三十五度，爲乙角。

用法二

求太陽地平上高度。〔用直表。〕

法曰：凡地平上植立之物，皆可當表。以表高數爲切線四十五度之底定尺，而取表影數爲底，進退求等度，得日高度之餘切線。

假如表高一丈，影長一丈五尺。法以丈尺變爲數，用一十數當表高，爲切線四十五度之底定尺。次以一十五數當影長爲底，進退求等度，得五十六度十九分，爲日高之餘度。以減九十度，得日高三十三度四十一分。

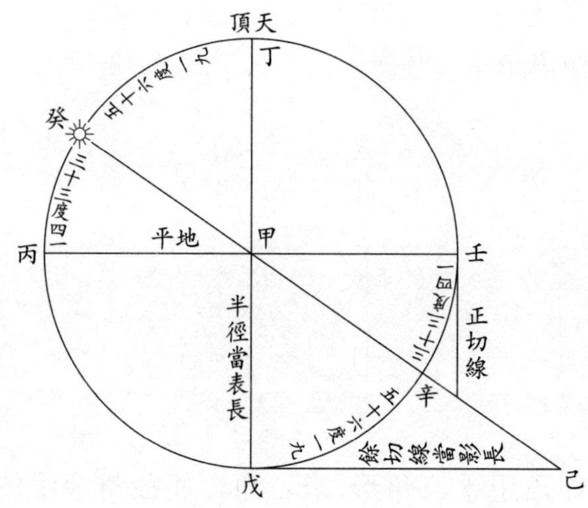

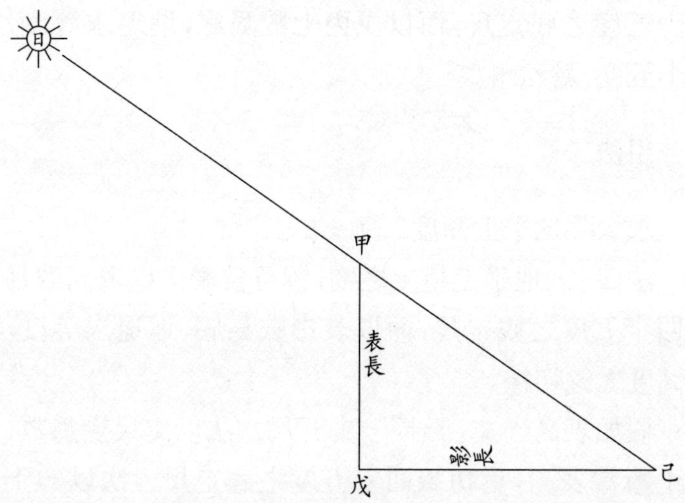

〔癸丙地平上日高度與壬辛等,其餘度癸丁爲日距天頂,與戊辛等。〕

〔甲戊爲表長,其影戊己,乃日距天頂之切線,在日高癸丙爲餘切線也。〕

用法三

求太陽高度，用横表。

植横木於牆，以候日影，即得倒影，爲正切線之度。

假如横表長一尺，倒影在墻壁者長一尺五寸。法用十數當横表，爲四十五度之底定尺。次以十五數當影長，進退求等度，得五十六度十九分，即命爲日高之度。

凡亭臺之内，日影可到者，量其簷際之深，可當横表。

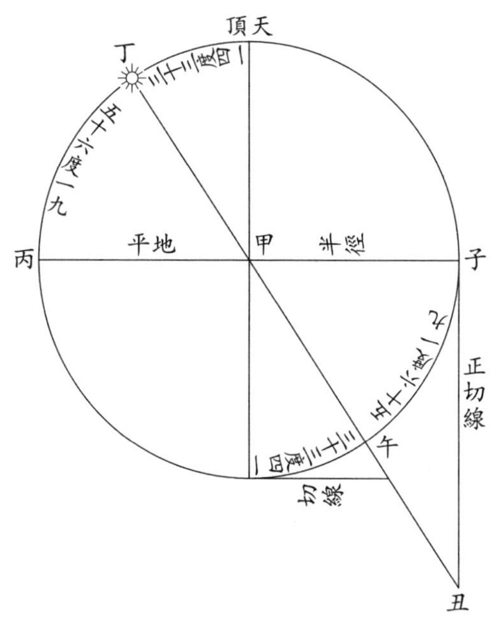

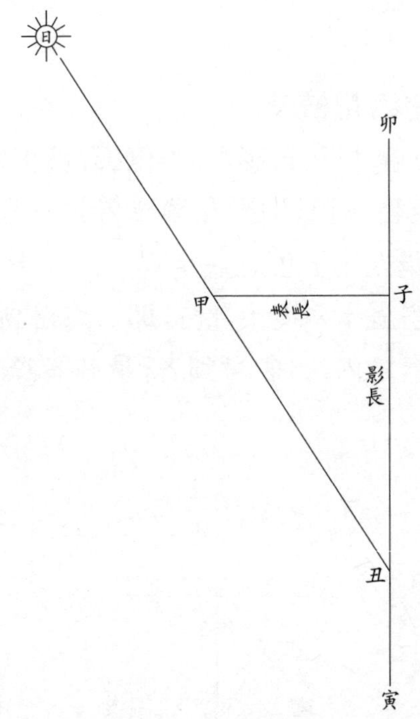

卯寅墻，子甲爲横表，太陽光從丁過表端甲射丑，成子丑倒影。丁丙爲日在地平上高度，與午子度等，故以子丑倒影爲日高度之正切線也。

按：直表之影，低度則影長，高度則漸短。日度益高，則影極短，故以餘切線當直影。〔前圖是也。〕横表之影，低度則影短，高度則漸長。日度益高，則影極長，故以正切線當倒影。〔後圖是也。〕比例規解乃俱倒説，今正之。

用法四

求北極出地度分。

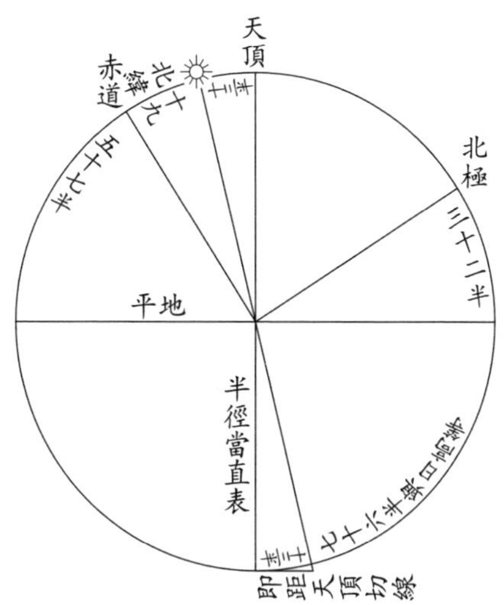

假如江寧府立夏後九日午正，立表一丈，測得影長爲二尺四寸。法以一百數當表高，爲切線四十五度之底定尺，而以二十四數爲底，進退求等數，得一十三度半。如法以減九十度，得七十六度半，爲日出地平上高度。簡黄赤距度表，是日太陽北緯一十九度，以減日高度，得赤道高五十七度半。轉減九十度，得北極高三十二度半。

捷法：以直表所得一十三度半加太陽北緯十九度，即得三十二度半，爲北極高度。

解曰：直表所得，太陽距天頂度也，加北緯，即赤道距天頂度，亦即北極出地度。

又如順天府立春後四日，如法用横表三尺，得倒影二尺一寸。依切線法，求得日高三十五度，簡表得本日太陽南緯一十五度，以加日高度，得赤道高五十度，以減九十度，得北極高四十度。

第九割線〔一〕〔舊名表心線。今按：割線非表心，又割線之用甚多，非只作日晷一事，故直名割線爲是。〕

割線不平分，先小後大，並與切線略同，故亦只作八十度，或只作六十度，亦可。

分法：用割線本表八十度之割線五七五〔二〕，平分之，其初點與切線四十五度等，次依表作度加識。

〔一〕圖見次頁。

〔二〕八十度之割線五七五，輯要本取六十度割線二〇〇，與圖式標號相符。

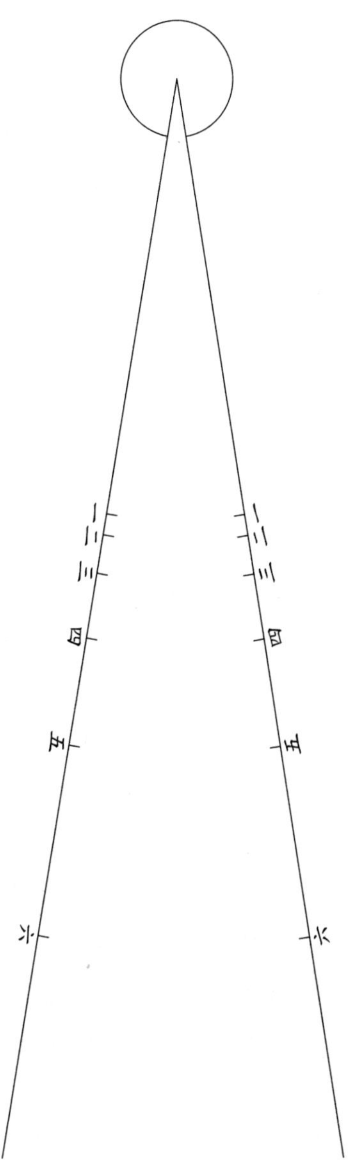
一
二
三
四
五
六
一
二
三
四
五
六

用法一

三角形以割線求角。

假如有甲乙丙三角形,求甲角。法任於甲角旁之一邊截戊甲十寸,作垂線如戊丁。截又一邊於丁,得丁甲十九寸。次以十數爲割線初點之底定尺,而以十九數爲底,進退求等數,得五十八度一十七分,爲甲角之度。

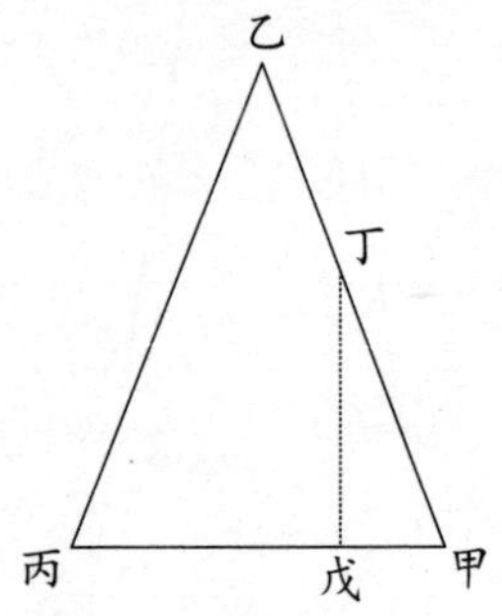

用法二

作平面日晷。〔兼用割、切二線。〕

法曰:先作子午直線、卯酉横線,十字相交於甲,以甲爲午正時。從甲左右儘横線盡處爲度,於切線八十二度半爲底定尺。次於本線七度半取底,向卯酉横線上識之,自甲點起爲第一時,如甲丙、甲乙。次每加七度半取底,如前作識,爲各時分。〔如七度半加之,成十五度,即第二時。又遞加,如二十二度半,三十度,三十七度半,四十五度,五十二度半,六十度,六十七度半,七十五度,至八十二度半,合線末元定之點。〕若遞加三度四十五分,而取底作識,即每時四刻全矣。〔按:每七度半加

點,乃二刻也。今每三度四十五分,則一刻加點。〕

日晷圖

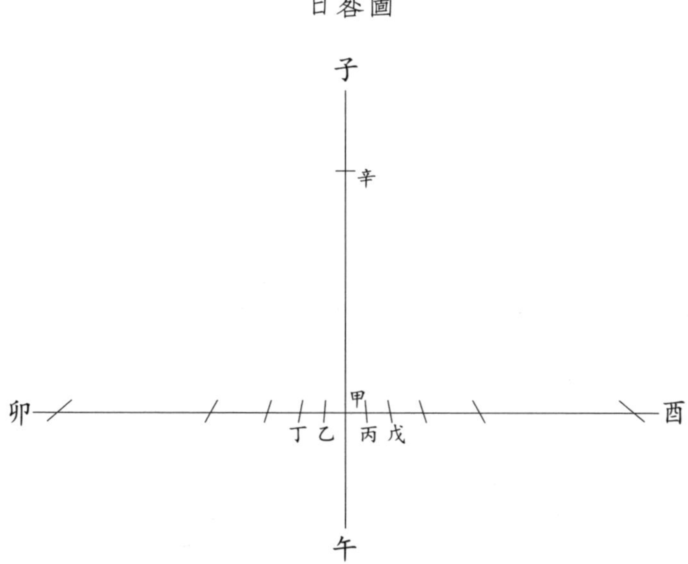

〔此以上説與圖並仍原書,以後則原書有訛,今訂定。〕

訂定法曰:橫線上定時刻訖,次取甲交點左右各十二刻之度,〔即元定四十五度之切線,亦即半徑全數。〕爲割線上北極高度之底定尺,而取割線初點之底爲表長。〔如壬庚。〕

次以表長當半徑,爲切線四十五之底定尺。而檢北極高度之正切取底,自甲點向南截之,如甲壬,以壬爲表位。又於北極高度之餘切線取底,自表位壬向南截之,如壬辛,以辛爲晷心。末自晷心辛向橫線上原定時刻,作斜直線引長之,得時刻。

時刻在子午線西者,乙爲午初,丁爲巳正,癸爲巳初。

訂定日晷全圖

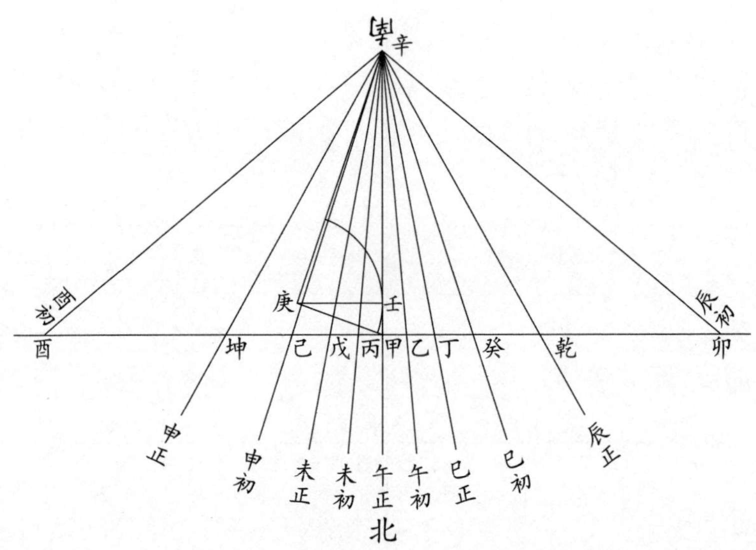

又加之即辰正，又加之即辰初。在子午線東者，丙爲未初，戊爲未正，巳爲申初。又加之即申正，又加之即酉初。並遞加四刻。

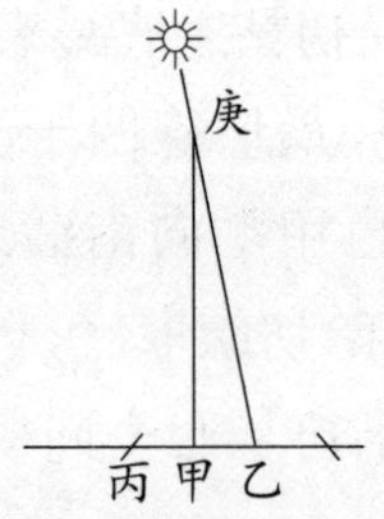

謹按：卯酉線即赤道線也。二分之日，日躔赤道，日影終日行其上。庚甲割線正對赤道，正午時日影從庚射

甲，成庚甲影弦。若巳末午初，則庚點之影不射甲而射乙，而庚甲影弦如半徑，乙甲如切線矣。以庚甲爲切線上半徑，而遞取各七度半之切線，以定左右各時刻之點，並日影從庚所射也。然此時庚甲之度無所取，故即用赤道線四十五度之切線代之。用切線，實用庚甲也。〔庚甲既爲切線之半徑，則必與四十五度之切線同長。〕

以四十五度當半徑，而取切線以定時刻，此天下所同也。然赤道高度隨各方北極之高而變，庚甲割線何以能常指赤道？則必於表之長短及表位之遠近別之，故以庚甲當北極高度之割線，而取其初點爲表長。初點者，半徑也。本宜以半徑求割線，今先有割線，故轉以割線求半徑也。既以庚壬表長爲半徑，庚甲爲割線，則自有壬甲切線，而表位亦定矣。表位既定，則庚甲影弦能指赤道矣。何以言之？表端壬庚甲角既爲極高度，則甲角〔一〕必赤道高度，而庚甲能指赤道也。故北極度高，則庚角大，甲角小，而庚壬表短，壬甲之距遠；北極度低，則赤道高，甲角大，而庚壬表長，壬甲之距近。比例規解乃以表位定於甲點，失其理矣，遂復誤以割線爲表長，餘割線爲晷心，而强以割線名爲表心線，名實盡乖，貽誤來學。此皆習其業者原未深諳，强爲作解，而即有毫釐千里之差，立法者之精意亡矣，故特爲闡明之。

〔一〕甲角，原作“庚角”，據輯要本改。

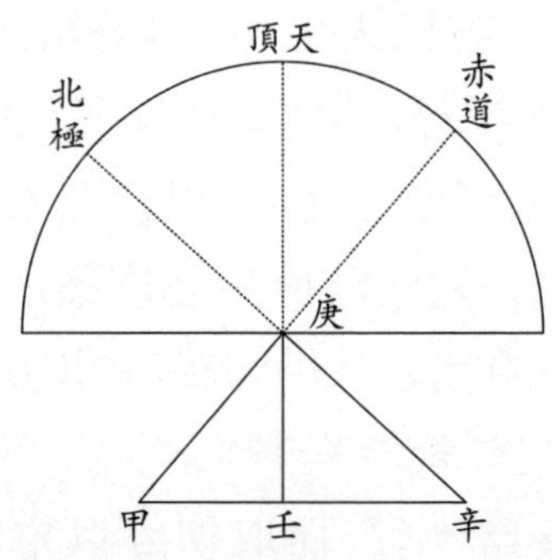

庚壬表，上指天頂，下指地心，爲半徑。

壬表位，壬甲爲正切線。

辛晷心，辛壬爲餘切線。

甲角即赤道高度。

壬庚甲角即北極高度，與辛角等。

用法三

先有表，求作日晷。〔借用前圖可解。〕

法先作子午直線，任於線中定一點爲表位，如壬。乃以表長數壬庚爲切線四十五度之底定尺，而取本方北極出地度之底，得壬甲正切度，於表位北作點。〔如甲。〕次於甲點作卯酉横線，與子午線十字相交，即赤道線，春秋分日影所到也。又取極高餘度之底，得壬辛餘切線，於表位南作點，〔如辛。〕即晷心也。若自表端庚作直線至晷心辛，即爲兩極軸線，辛指南極，庚指北極也。次以表長〔庚壬。〕與壬甲正切相連作正方角，則庚壬如句，壬甲如股，而取其弦線庚甲，即極出地正割線也。次以庚甲爲切線四十五度之底定尺，而各取七度半之底，累加之於甲點左右，作識於卯酉橫線上。末自晷心辛作線，向所識點，即得午前後時刻，並如前法。

用法四

有立面，向正南作日晷，並同平面法。但以北極高度之餘切線定表位，以正切線定晷心，則自晷心作線至表端，能上指北極，爲兩極軸線。又立晷書時刻並逆旋，與平面反。然以立晷正立於北〔一〕，與平晷相連成垂線，則其時刻一一相符。

用法五

用橫表，作向東向西日晷。

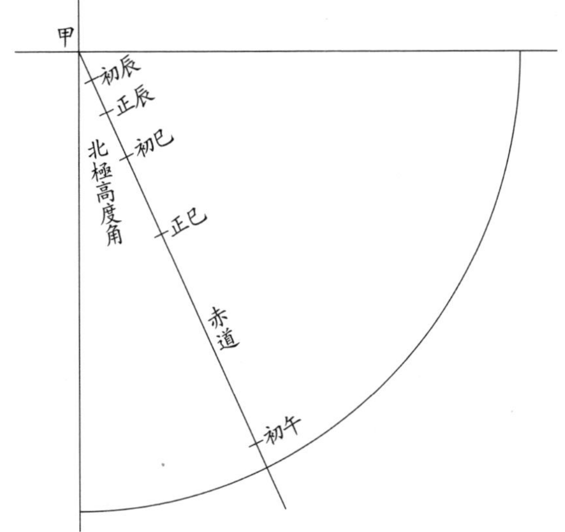

〔一〕北，原作“比”，據輯要本改。

假如立面向正東，法於近南作直線，上指天頂，下指地心；近上作横線，與地平相應。兩線相交於甲，以甲爲心，於兩線間作象限弧，自下起，數至本方北極出地度止，自此向甲心作斜直線，以分弧度，此線即爲赤道。次以甲爲表位，用横表乙甲之長取數，爲切線四十五度之底定尺。遞取十五度切線，從心向赤道線累加之，作識定時，即春秋分日影所到也。〔若分二刻，則遞取七度半，細分每刻，則遞取

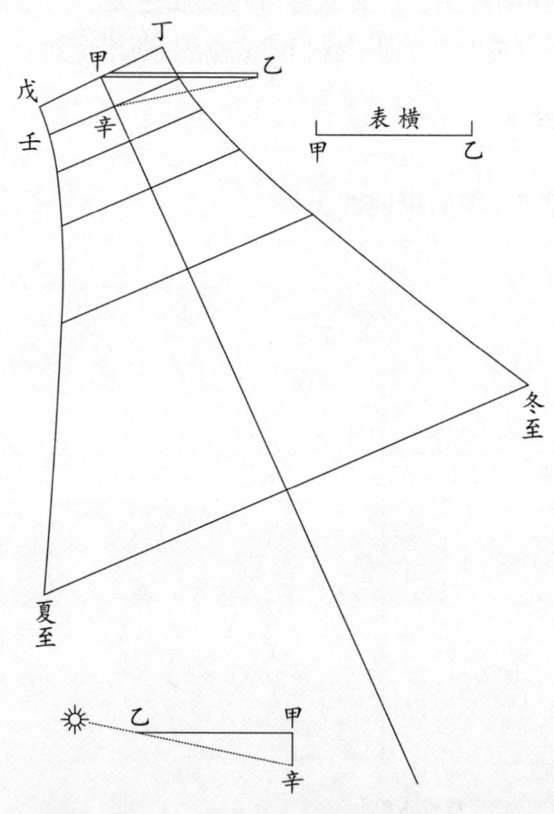

三度四十五分。〕次於甲心作横斜線如丁戊，爲赤道之垂線，其餘時刻點，各作線與丁戊平行。〔亦並與赤道十字相交。〕次於元定尺上，〔即以表長爲四十五度所定。〕取二十三度半之切線爲度，於甲左右截之爲界，〔如丁甲，如戊甲。〕即二至卯正時日影所到也。〔二分日卯正，則乙甲表正對日光無影，分前後則有緯度，而影亦漸生，日日不同。然不離丁戊線，至二至而極。冬至影在北如丁，夏至影在南如戊，以此爲界，向西酉正時亦然。〕仍用元尺取〔每十五度之黄赤距緯〕切線，作於丁戊線内，從甲點左右作識，得各節氣卯正日影。〔或取三十度切線，則所得每月中氣。酉正亦然。〕

次以乙甲表長爲割線初點之底定尺，而取十五度之割線，爲二分日在辰初刻之影弦，如乙辛，即天元赤道上日離午線十五度，其光過乙至辛所成也。就以乙辛割線爲切線四十五度之底，而取二十三度半之底，自辛點左右截横線，並如辛壬，爲冬夏至辰初刻日影所到之界。〔辛壬在南爲夏至，其在北爲冬至亦然。〕又遞取〔每三十度之黄赤距緯〕切線，從辛至壬作點，爲各中氣界。〔此向南日影界，乃赤道北半周節氣；其辛點向北作界，爲南半周亦然。〕自此而辰正，而巳初，而巳正，以至午初，並同。乃於節氣界作線聯之，即成正東日晷。其面正西立晷，作法並同。但其時刻逆書，自下而上，最下爲未初，次未正，次申初，次申正，次酉初，而至酉正，則横表正對日光而無影矣。此亦二分日酉正也。其餘節氣亦有短影，而不出本線，與卯正同。

新增時刻線[一]〔以切線分時刻，本亦非誤，但切線無半度，取度難清，今另作一線，得數既易，時刻尤真。〕

分法

依尺長短作直線，〔如後圖乙丙。〕於線端作横垂線，〔如乙甲，爲乙丙垂線。〕又作直線略短，與設線平行，交横線如十字。〔如甲己線交横線於甲。〕以甲爲心作象限弧，六平分之爲時限，各一分内四平分之[二]爲刻限。次於甲心出直線，過各時限至直線，成六時；過各刻限者成刻，乃作識紀之。〔並如後圖。〕

尺短，移直線近甲心取之。〔移進線並與原直線平行，以遇第六時第二刻爲度，如庚戊[三]虚線遇丁戊線於戊，即戊爲第六時之二刻。〕

用法

凡作日晷，並以所設半徑置第三時爲底定尺，而取各時刻之底移於赤道線上。午前午後並起午正左右爲第一時，依次加識，即各得午正前後時刻。〔並如前法。〕

〔一〕圖見次頁。
〔二〕四平分之，原無"分"字，據輯要本補。
〔三〕庚戊，原作"己戊"，據輯要本改。

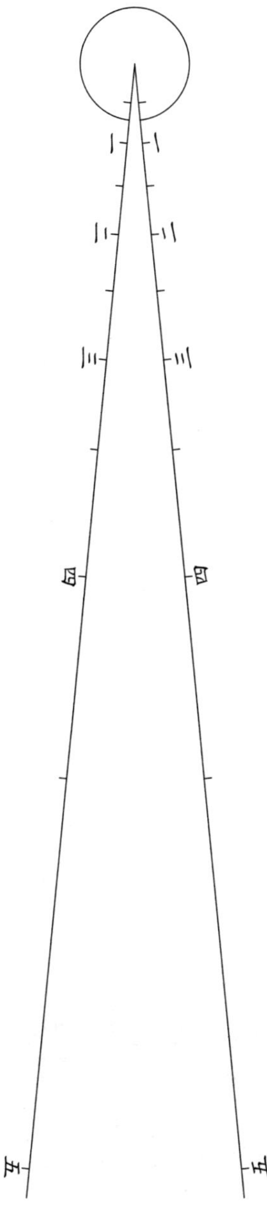
一
一
二
二
三
三
四
四
五
五

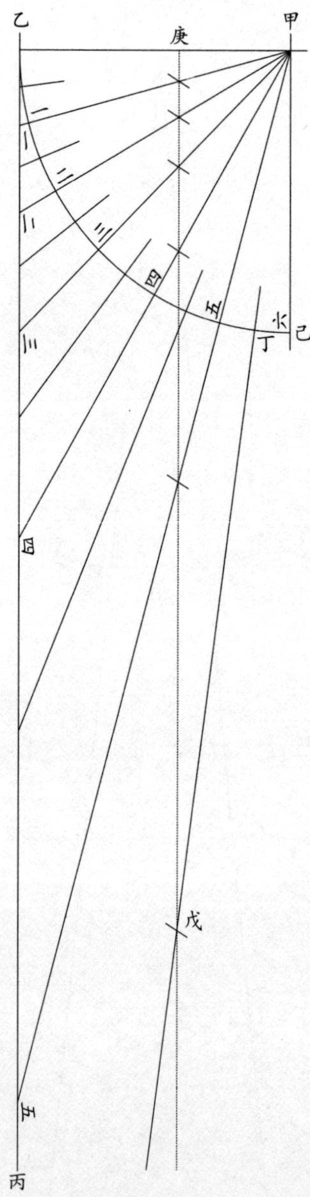
乙
庚
甲
一
二
三
四
五
六
己
丁
四
戊
五
丙

第十五金線〔即輕重之學。〕

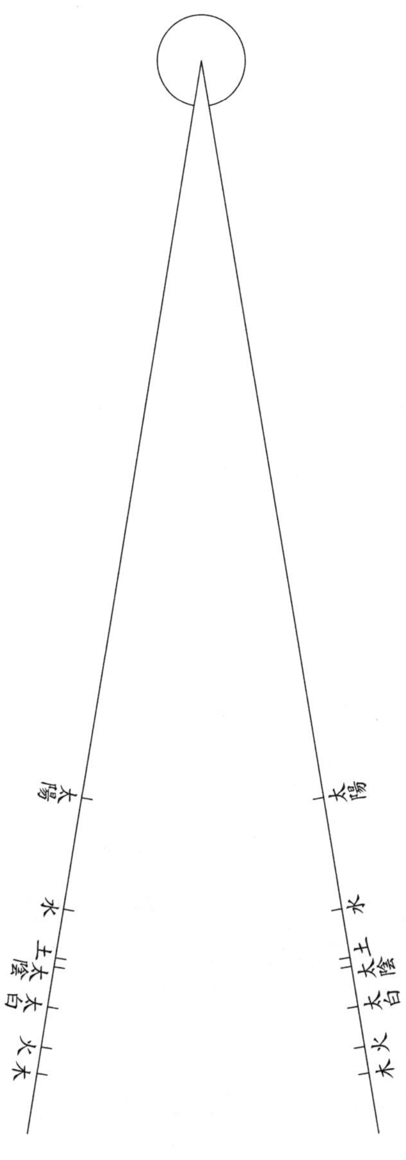

物有輕重，以此權之，獨言五金者，以其有定質也。

五金之性情，有與七政相類者，因以爲識。

金〔太陽〕水銀〔水星〕鉛〔土星〕銀〔太陰〕銅〔太白〕鐵〔火星〕錫〔木星〕

分法

用各分率及立方線。

比例率：〔先取諸色金，造成立方體，其大小一般無二。乃權其輕重，以爲比例。〕

黄金一

水銀一又七十五分之三十八〔儀象志作"九十五分之三十八"。〕

鉛一又二十三分之一十五

銀一又三十一分之二十六

銅二又九分之一

鐵二又八分之三

錫二又三十七分之二十一〔比例規解原作"三十七分之一"，則錫率反小於銅鐵，而輕重之序乖。今依儀象志。〕

金體最重，故以爲準。自尺心向外，任定一度爲金之根率。自此依各率增之，並以金度爲立方線上十分之底定尺。次依各率爲底，進退求等數，取以爲各色五金之根率，自心向金率點外作識。

解曰：此同重異積之率也。於立方線上求得方根作識於尺，則同重異根之率也。金體重，則其積最少；〔謂立方體積。〕各色之金〔謂銀、鉛等。〕體並輕於金，故必體積多而後能與之同重。然立積雖有多少，非開方不得其根之大小，故必於立方線求之也。

又解曰：先以同大之立方權之得各率者，同根異重之率也。而即列之爲同重異根之率，何也？蓋以根求重，則金最重而他色輕；以重求根，則金最小而他色大。其事相反，然其比例則皆等。假如金與銅之比例爲一與二强，若體同大，則金倍重於銅矣；若其重同者，則銅之體必倍大於金，其理一也。

又法：用立方根比例率。

黄金一六六弱

水銀一九一弱

鉛二〇二

銀二〇四

銅二一三

鐵二二二

錫二二八

若金立方根一百六十六，銀立方根二百〇四，則其重相等。他色倣此。

今本線用此，以二二八爲末點，依各色之根作識。

用法一

有某色金之立方體，求作他色金之立方體與之同重。〔或立圓及各種等面體，並同。〕

假如有金球之徑，又有其重，今作銀球與之等重，求徑若干。法以金球徑數置本線太陽號爲底定尺，而取太陰號之底數，作銀球之徑，即其重與金球等。

用法二

若同類之體其根同大，求其重。

假如有金銀兩印章，體俱正方，而其大等，既知銀重而求金重。法以銀圖章之根數置太陰號爲底定尺，而取太陽號底數。次於分體線上以銀章重數爲兩弦，太陽號底數爲底定尺，而轉以太陰底數〔即銀章根數。〕進退求等弦，得數即金章之重。

輕重比例三線法〔附。〕

重學爲西法一種，其起重、運重諸法，以人巧補天工，實宇宙有用之學。五金輕重又重學中一種，蓋他物難爲定率，可定者獨五金耳。然比例規解雖載其術，而數多牴牾，未可全據。愚參以靈臺儀象志，其義始確。因廣之爲三線，曰重比例，曰重之容比例，曰重之根比例。既列之矩算，復爲之表若論，以發其凡。

康熙壬戌長夏勿菴梅文鼎謹述。

重比例〔異色之物，體積同，輕重異。〕

水與蠟若廿二與廿一		一九八	一八九
與蜜若二十與廿九		一二〇	一七四
與錫若五與三十七		〇二五	一八五

續表

與鐵若一與八		〇二四	一九二
與銅若一與九		〇二一	一八九
與銀若三與三十一		〇一八	一八六
與鉛若二與廿三		〇一六	一八四
與澒若七與九十五		〇一四	一九〇
與金若一與十九		〇一〇	一九〇

解曰:重比例者,同積也。積同而求其重,則重者數多,輕者數少。若反其率,則爲容積比例矣。

用法:假如有金一件,不知重。法以水盛器中令滿,權其重,乃入金其中,則水溢。溢定出金,乃復權之,則水之重必減於原數矣。乃以所減之重變爲線,於比例尺置於水點爲底,乃於金點取大底,即金重也。又如有玉刻辟邪,今欲作銅者,與之同大,問:用銅幾何?法如前,以玉器入水,取水減重之數,置水點爲底,取銅點大底,即得所求。〔若作諸器,用蠟爲模,亦同。或以蠟輕難入水者,竟以蠟重於蠟點爲底,而取銅點大底,更妙也。〕

重之容比例〔輕重同,則容積異,亦謂異色之物。〕

臘與水若廿一與廿二		一八九	一九八
水與蜜若廿九與廿		一七四	一二〇
與錫若卅七與五		一八五	〇二五
與鐵若八與一		一九二	〇二四
與銅若九與一		一八九	〇二一
與銀若卅一與三		一八六	〇一八
與鉛若廿三與二		一八四	〇一六
與澒若九十五與七		一九〇	〇一四
與金若十九與一		一九〇	〇一〇

解曰：容比例者，同重也。同重而求其積，則重者積數少，輕者積數多。反其率，亦即爲輕重之比例矣。

又解曰：容積比例以立方求其根，則爲根比例矣，故輕重當爲三線也。

用法一〔一〕

假如有水若干重，盛器中滿十分。有澒與水同重，盛此器中，問：幾何滿？法以水滿十分之數作水點之底，而取澒點小底，則知澒在器中得幾分。

用法二

有同重之兩色物，欲知其立方根。法以容比例求其同重之積，再於分體線求其根。

用法三

有金或銅、錫等不知重，法如前入水，求得水溢所減之重，變爲線。乃以水重置金點爲底，〔若銅、錫，亦置銅、錫點。〕於水點取大底。〔此借容比例求重，故反用其率。〕若用蠟模鑄銅器，亦以蠟重置銅點爲底。〔而於蠟點取大底，即得合用銅斤。〕

解曰：有二法三法，則只須容比例一線足矣，蓋反用之可以求重，既得容可以求根。〔用三線者取其便用，一線者取其簡，可任意爲之也。〕

〔一〕"一"字原無，據上下文補。

又容比例〔附。〕

金與湏若五與七
與鉛若廿三與卅八
與銀若卅一與五十七
與銅若九與十九
與鐵若八與十九
與錫若卅七與九十五
與蜜若廿九與三百八十〇
與水若一與十九
與蠟若廿一與四百一十八

又容比例

金	〇一〇〇〇〇〇〇
湏	〇一四〇〇〇〇〇
鉛	〇一六五二一七三
銀	〇一八三八七〇九
銅	〇二一一一一一一
鐵	〇二三七五〇〇〇
錫	〇二五六七五六七
蜜	一三一〇三四四八
水	一九〇〇〇〇〇〇
蠟	一九九〇四七六一

解曰：容比例有三率也，其實一率而已。第一率以水爲主，取其便用也。第二率以金爲主，取其便携也。第三率平列，乃立方之積數也。其作線於尺，則皆一率而已矣。

此外仍有通分之法，亦愚所演。然其理皆具原表中，故仍載原表，而附之如後。

輕重原表〔一〕

	蠟	水	蜜	錫	鐵	銅	銀	鉛	澒	金
金	十九又廿一之十九	十九	十三又廿九之三	二又卅七之廿一	二又八之三	二又九之一	一又卅一之廿六	一又廿三之十五	一又九十五之卅八	一
澒	十四又一百四十七之卅二	十三又七之四	九又二百〇三之七十三	一又二百五十九之二百廿一	一又五十六之卅九	一又六十三之卅二	一又二百十七之六十八	一又一百六十一之廿九	一	
鉛	十二又廿一之一	十一又二之一	七又廿九之廿七	一又七十四之四十一	一又十六之七	一又十八之五	一又六十二之七	一		
銀	十又六十三之五十二	十又三之一	七又八十七之十一	一又一百十一之四十四	一又廿四之七	一又廿七之四	一			
銅	九又廿一之九	九	六又廿九之六	一又卅七之八	一又八之一	一				

〔一〕表出靈臺儀象志卷二，原題異色之體輕重比例表。

續表

	蠟	水	蜜	錫	鐵
鐵	八又廿一之八	八	五又廿九之十五	一又卅七之三	一
錫	七又一百〇五之八十九	七又五之二	五又廿九之三	一	
蜜	一又二百十〇之一百〇九	一又廿分之九	一		
水	一又廿一之一	一			
蠟	一				

右表靈臺儀象志所引重學一則也，其法同重者以直推見容積，同積者以横推見重，重比例、容比例皆在其中矣。既得容，可以求根，則根之比例亦在其中矣。比例規解五金線蓋原於此。原書金與蠟之比例訛“廿一”爲“廿九”，今改定。

通分法〔亦容比例之率。〕

分母：

湏九五。

鉛廿三，乘得二一八五。

銀卌一，又乘得六七七三五。

銅〇九，又乘得六〇九六一五。

鐵〇八，又乘得四八七六九二〇。

錫卌七，又乘得一八〇四四六〇四〇，爲金率。

以湏分母九十五除金率，得一八九九四三二，以乘分子卌八，得七二一七八四一六。加金率，得二五二六二四四五六，爲湏率。

以鉛母廿三除金率，得七八四五四八〇，以乘子十五，得一一七六八二二〇〇。加金率，得二九八一二八二四〇，爲鉛率。

以銀母卌一除金率，得五八二〇八四〇，以乘子廿六，得一五一三四一八四〇。加金率，得三三一七八七八八〇，爲銀率。

以銅母九除金率，得二〇〇四九五六〇，以乘子一，得如原數。加金率二，得三八〇九四一六四〇，爲銅率。

以鐵母八除金率，得二二五五五七五五，以乘子三，得六七六六七二六五。加金率二，得四二八五五九三四五，爲鐵率。

以錫母卅七除金率，得四八七六九二〇，以乘子廿一，得一〇二四一五三二〇。加金率二，得四六三三〇七四〇〇，爲錫率。

金	一八〇四四六〇四〇	一八强 各取首三位	日	三六强加倍
澒	二五二六二四四五六	二五少强	水	五〇半强
鉛	二九八一二八二四〇	二九太强	土	五九半强
銀	三三一七八七八八〇	三三少弱	月	六六少强
銅	三八〇九四一六四〇	三八强	太白	七六少弱
鐵	四二八五五九三四五	四二太强	火	八五太弱
錫	四六三三〇七四〇〇	四六少强	木	九二太弱

按：自古曆算諸家，於尾數不能盡者，多不入算，故曰半已上收爲秒，已下棄之；其有不欲棄者，則以太、半、少强弱收之。

假如一百分，則成一整數。〔九十爲一弱，百一十爲一强。〕二十五爲少，即四分之一也。〔若二十爲少弱，三十爲少强。〕五十爲半。〔四十爲半弱，六十爲半强。〕七十五爲太，即四分之三也。〔七十爲太弱，八十爲太强。〕

重之根比例〔異色同重之立方。〕

金	一〇〇	折半	五〇	四之三	〇七五
澒	一一二弱		五六		〇八四弱
鉛	一一九半强		六〇		〇八九半强
銀	一二二半		六一		〇九二弱
銅	一二八少强		六四		〇九六少弱
鐵	一三三半弱		六七		一〇〇少弱
錫	一三六太强		六八		一〇二半强
蜜	二三五太强		一一八		一七六太强
水	二六六太强		一三三		二〇〇
蠟	二七三弱		一三六		二〇四太弱

附求重心法

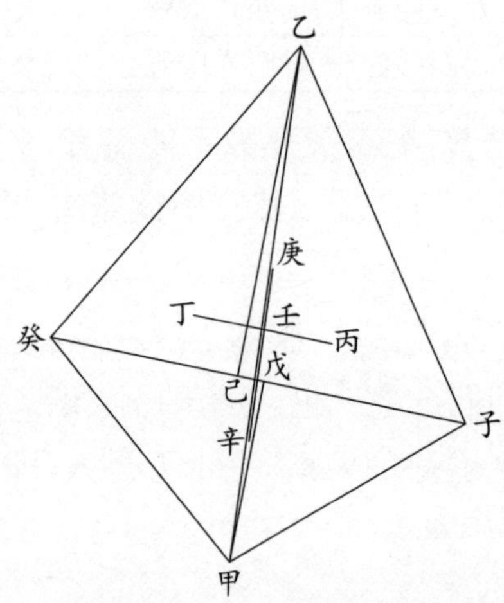

乙甲癸子形，求重心。先作乙甲線，分爲〔乙子甲、乙癸甲〕兩三角形。次用三角形求心術，求〔乙子甲、乙癸甲〕之形

心在〔丙、丁〕，作丙丁線聯之。又作子癸線，分爲〔癸乙子、癸甲子〕兩三角形，求〔癸乙子、癸甲子〕形之心在〔庚、辛〕，作庚辛線聯之。此二線相交於壬，則壬爲本形心，即重心也。

試作乙己正角線至子癸線上，又作甲戊線至子癸線上，此兩線之比例，即兩形大小之比例也。〔法爲癸乙子形與癸甲子形之比例，若乙己與甲戊也。〕

以此比例，於庚辛兩心距線上，求得壬點，爲全形之重心。〔法爲乙己線與甲戊，若辛壬與庚壬。〕

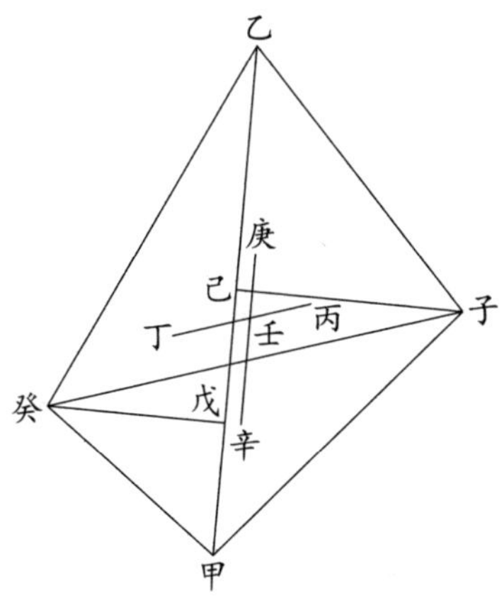

如圖，子己與癸戊之比例，若丁壬與丙壬也。餘並同前圖。

一　子己與癸戊二線并

二　子己

三　丁丙

四　丁壬